先进制造技术

石文天　刘玉德　编著

机械工业出版社

全书共分5章：第1章　先进制造技术概论，主要介绍了先进制造技术的产生背景和需求，先进制造技术的内涵和特点以及发展概况及趋势等；第2章　先进制造工艺技术，主要介绍了先进制造技术的各种工艺技术，包括先进制造工艺技术概述、精密和超精密加工技术、微细加工技术、生物制造技术、高速加工技术、快速成型技术、激光加工技术和高能束加工技术等；第3章　先进制造生产模式，主要介绍了虚拟制造、并行工程、敏捷制造、精益生产、智能制造和绿色制造技术；第4章　先进制造自动化技术，包括计算机辅助设计技术、计算机集成制造技术、数控技术、柔性制造技术、工业机器人；第5章　先进制造管理技术，包括产品数据管理、物料需求计划、企业资源计划、准时生产和质量工程等。

本书可供机械类专业及非机械类专业本科生和研究生学习参考，也可作为从事机械加工制造业相关技术人员的参考资料。

图书在版编目（CIP）数据

先进制造技术/石文天，刘玉德编著. —北京：机械工业出版社，2017.10

ISBN 978-7-111-58959-4

Ⅰ.①先…　Ⅱ.①石…②刘…　Ⅲ.①机械制造工艺　Ⅳ.①TH16

中国版本图书馆CIP数据核字（2018）第010320号

机械工业出版社（北京市百万庄大街22号　邮政编码100037）
策划编辑：曲彩云　责任编辑：曲彩云　李含阳
责任校对：张　薇　封面设计：路恩中
责任印制：常天培
北京圣夫亚美印刷有限公司印刷
2018年4月第1版第1次印刷
169mm×239mm · 15.25印张 · 288千字
标准书号：ISBN 978-7-111-58959-4
定价：59.00元

凡购本书，如有缺页、倒页、脱页，由本社发行部调换

电话服务	网络服务
服务咨询热线：010-88361066	机工官网：www.cmpbook.com
读者购书热线：010-68326294	机工官博：weibo.com/cmp1952
010-88379203	金书网：www.golden-book.com
封面无防伪标均为盗版	教育服务网：www.cmpedu.com

序

国家“十三五”规划纲要指出：实施制造强国战略，促进制造业朝高端、智能、绿色、服务方向发展，培育制造业竞争新优势。发展高端制造业，需要先进制造技术的强大支撑和有力推进。本书详细介绍了先进制造技术的系统结构，包括先进制造技术的内涵、发展以及先进制造工艺技术、先进制造生产模式、先进制造自动化技术、先进制造管理技术等方面的最新成果和发展态势。全书结构紧凑、层次清晰、通俗易懂、循序渐进，对于读者初识先进制造技术，了解先进制造技术的内涵和发展，掌握先进制造技术的要义和精髓有重要的帮助和引领作用。

先进制造工艺技术是先进制造技术的核心部分，也是本书的重点篇幅，细分为精密与超精密加工技术、微细加工技术、微细切削技术、生物制造技术、高速加工技术、快速成型技术和特种加工技术等，囊括了国内外主要的先进制造工艺技术。工艺技术的创新和发展是制造技术先进性的重要体现，直接拓展了先进制造技术的能力范围，各种工艺技术基于自身的能量输出方式，采取不同的原理方法，可以实现同一零件的加工制造，供人们从中选择适合自身要求和条件的加工方式。

先进制造生产模式是工艺技术在工程应用的具体体现，是生产组织的更高层次，进一步体现了生产制造在组织管理上的特点和先进性。例如，虚拟制造是基于计算机技术的模拟制造，突破了传统设计制造的局限，在计算机上可以预先设计制造乃至模拟生产；智能制造作为《中国制造 2025》的重要发展方向，其智能化程度的提高有赖于物联网方面的建设和支撑，可实现制造的更高层级组织和管理；绿色制造则是顺应时代发展潮流，节约地球能源，关注人与自然，对制造业链条的绿色化改造和提升。

先进制造管理技术是企业级别组织大规模生产实用的管理技术方法。只有采用先进的、面向生产制造的管理方法，才能使企业在激烈的市场竞争中脱颖而出，拔得头筹，用较低的成本获得较高的收益，以取得不断发展的动力。科学、有效的管理是现代企业大规模生产的必备内功，其重要程度不亚于甚至高于采用先进的制造工艺技术，是更高层次的统筹和规划。

先进制造工艺技术是制造业的核心竞争力，为实现这一核心竞争力，需要先进制造管理技术作为保障手段。先进制造自动化技术是先进制造工艺技术的底层技术支撑，起到整体架构的作用，正是在自动化技术的发展和引领下，催生了众多的先进制造生产模式和更先进的管理技术和手段。

对本书各章节逻辑关系的概述大致如此，希望对读者阅读本书有所帮助！

前　言

制造水平的提高是人类社会进步的重要标志，先进制造技术则是一个国家整体水平和实力的重要体现。大国担当需要先进制造技术，国之重器需要先进制造技术，国计民生更需要先进制造技术。经过几十年的发展，先进制造技术在传统加工制造技术的基础上，吸收了前沿的各种技术装备和加工手段以及其他学科的最新技术而迅猛发展，研究人员创新性的思维和创造性的探索使得先进制造技术焕发出蓬勃的生命力，在各种工程领域解决了很多技术难题，在科研学术方面引发了诸多学术热点。先进制造技术从最初的先进制造技术工艺拓展而来，包含了先进设计技术方法、先进制造生产模式、先进制造自动化技术和先进制造管理技术等，涵盖了从概念设计、制造工艺到规模生产、组织管理的制造系统各个环节，成为名副其实的先进制造技术系统，有力地支撑了制造业的发展，拓宽了先进制造的内涵和应用，使生产力获得了量的提升和质的飞跃。

先进制造技术的发展非常迅速，其内涵是与时俱进的。先进的工艺技术没有多长时间就会变得不再先进，很多技术只能停留在样品试制方面或者实验室阶段，暂时不具备条件或者根本不能转化为大规模生产，不能获得经济效益，但学术上的研究和探讨却是有益和值得去做的。在此向所有曾经致力于和正在从事先进制造方面工作的学者、工程师、技术人员致敬！只有持续不断的投入，才能引领制造技术的突飞猛进，实现一个又一个人类历史和自身能力的跨越和提升。

本书出版受到北京工商大学和国家自然科学基金项目（51505006）资金资助。在此谨向北京工商大学、国家自然科学基金委员会，以及参与本书撰写、编辑、校对、出版等工作的全体人员致以衷心的感谢！

限于作者水平有限，书中难免有不妥之处，敬请各位专家和读者批评指正。

编　者

目　录

第1章 先进制造技术概论

国家“十二五”规划指出：现代制造业已成为全国产业结构调整和工业化核心战略。先进制造技术是现代制造业的技术基础，要实现我国从制造业大国到制造业强国的质变，必须真正掌握先进制造技术，充分吸收并加以创新，使其应用于现代制造业的各个领域。先进制造技术是最终完成由“中国制造”到“中国创造”转变的技术基础，也是我国发展转型的重要技术支撑。

经过30多年的改革开放和发展，2016年中国GDP总量达74.4万亿元人民币，约合10万多亿美元，稳居世界第2，但人均GDP很低，不到8000美元；同期美国的GDP总量为18万亿美元，人均GDP约5.6万美元，这些数据表明我国的粗放型经济增长方式依然在国民经济中占很高的比重。我国制造业长期以来仍然是依靠出售能源、人力、物力等资源为主的低端制造业，其单位产值的能耗和物耗居世界第一，比发达国家高4~10倍。由于产品技术含量低，创新性不强，尽管产量较高，但其附加值低，在世界产业分工和利益分配格局中处于不利地位，而且有可能被具备同样资源优势的印度、巴西、俄罗斯等国所取代。制造业作为实体经济的首要组成部分，其地位与作用非常重要，在多次经济危机中，实体经济尤其是制造业的健康发展是抵御经济危机的最后防线。2008年，世界范围内爆发的金融危机对德国的冲击小于英美两国，关键就在于工业制造业在德国GDP的比重高达29%。有媒体对金融危机后的德国采访后得出了“德国的实力在工厂”的结论。

制造业是国家科技水平和综合实力的重要标志，先进制造技术和制造装备对于发达国家来讲，也是“国之利器，不可以示人”。国外限制出口到我国的尖端技术，如飞机发动机、超精密数控机床等，多数与先进制造技术有关。尽管近年来我国制造业有了很大发展，取得了一系列重大成就，数十种产品的年产量已居世界第1位，并初步形成了若干个具有一定特色的制造业集中地，以及具有一定规模和实力的制造业大企业集团。但是，人们追求个性化、差异化的市场需求，也使制造业发生了根本转变，从原来的少品种、大批量向多品种、小批量或变批量发展。新崛起的制造大国，如印度、巴西等，也造成了经济全球化一体化的市场竞争。惟有采用先进制造技术，利用先进装备，创新生产工艺，改革生产管理，提高生产效率，才能有效降低劳动成本，快速响应市场多变的产品需求，满足人们的生活需要。随着现代社会对先进制造技术的要求逐步提高，高精尖技术一经出现，其转化为生产力的时间日益缩短，如果不能抓住机遇，努力参与科技创新和技术提升，将会错失产业结构升级调整的历史机遇。国家所提的“必须下大力气发展高端制造业”正是基于这些原因。

美国曾把制造业认为是“夕阳产业”，而忽视对制造业的投入和创新。20世纪80年代，日本和德国制造业的崛起使美国制造业面临着空前的挑战，美国在某些工业领域市场竞争力出现了下降，迫使20世纪90年代的克林顿政府提出了发展先进制造技术的六点行动，重提重视产业技术的发展，以制造业为中心大力进行技术推广，强调产业整体技术水平和市场竞争力的提高。具体举措包括资助先进制造技术的研发、支持敏捷制造、促进建立技术联盟、促进制造工程教育的发展、建立全国制造技术推广中心网及促进环境友好的制造技术的发展等。从1993年到1996年，美国政府先后组织制定和批准了先进制造技术计划、美国先进制造技术发展战略、敏捷制造技术战略发展计划以及美国先进制造技术的发展重点等，通过这些计划的实施，美国制造业迅速发力，重回世界舞台。2010年，美国制造商生产的产品价值约为1.7万亿美元，占美国国内GDP的11.7%；同时，制造业也是美国出口的最大贡献者，其出口额在1.1万亿美元以上，占美国所有出口量的86%和出口总额的60%，美国制造势头强劲，仍是全世界头号制造强国。

1.1 先进制造技术的产生背景

1.1.1 制造业及其发展

制造业是国家经济发展的支柱产业和主要收入来源。在国民经济的划分中，农业为第一产业，工业为第二产业，服务业为第三产业。工业又分制造业、建筑业、水电煤供应业等，我国工业占国民经济比重为52%，其中制造业占到工业产值的45%。制造业是工业化国家经济增长的发动机，也是从业人员较多的领域，在工业化国家中，约有25%的人口从事制造业，是解决就业的主要途径之一；制造业同时也提供国民经济各部门所必需的各种先进手段和装备，为农业、服务业、国防、交通、文化教育等提供技术支持和物质保障。

制造业发展的历史也是人类认识自然、改造自然并与之和谐共处的过程。石器时代，各种石质工具，如石针、石刀、石斧的制造，提高了人类适应自然的生存能力；青铜器时代，铜的使用和各种铜器的制造，加速了人类改造自然的进程；铁的发现和钢的发明至今影响着人类的生产生活，煤炭和钢铁的大规模采掘和冶炼直接或间接促使了第一次工业革命的爆发，也使得人类的发展进入了一个史无前例的高速通道。钢的大规模使用直接促进了制造业的蓬勃发展，其年产量一直是一个国家经济发展的重要指标。应该说，制造业的发展是人类社会进步发展的一个侧影，制造能力的高低直接决定了人类的发展水平，其发展对一个国家的经济、社会、文化会产生重大而又深远的影响。

制造业发展到现在，已经不是传统意义上的制造，尤其是先进制造技术的出现和发展，正在不断深化和拓展着制造的领域和范围。先进制造技术（advanced manufacturing technology，AMT）是美国根据本国制造业面临的挑战和机遇，为增强制造业的竞争力和促进国家经济增长，在 1993 年的联邦科学、工程与技术协调委员会（FCCSET）的先进制造技术计划中首先提出的。此后，欧洲各国、日本、韩国等也相继做出响应。

1.1.2　先进制造技术的产生

20 世纪 70 年代，由于美国政府忽略了制造业的投入和发展，从而导致科技优势和经济竞争能力下降，相对日、德等国呈现明显落后的趋势。在重新认识和评价制造业的地位和作用的过程中，针对日新月异的科学技术、复杂多变的内外环境、频繁变化的供求关系、不断更新的产品类型和日趋激烈的市场竞争，美国的研究学者提出了“先进制造技术”的概念，旨在振兴制造业，缓解市场压力，重获竞争优势。先进制造技术的产生不仅是科学技术发展的产物，而且也是人类历史发展和文明进步的必然结果。先进制造技术的产生和发展有其自身的社会经济、科学技术以及可持续发展的根源和背景。

1. 社会经济发展背景

随着人类社会的不断发展，政治经济生活日趋多样，人们的生产、生活诉求也发生了变化，不再追求大一统，而是刻意强调个性、突出自我、体现差异、不断更新。随之而来的市场消费环境也发生了巨大的变化，主要体现在消费需求日趋个性化、多样化，消费行为更具选择性、突出差异性，这样就造成产品的型号变多、批量变小，生命周期明显缩短，且更加注重产品的内在质量和性能。另一方面，全球性产业结构调整步伐加快，市场不断扩大交融，呈现全球化，制造商不仅要面对着不断增加的来自全球的激烈竞争，同时又必须靠实力和信誉与各类竞争者保持着各种各样的合作。

质量是产品的生命，随着消费结构和层次的变化，产品的质量内涵也在延伸。质量不仅包含产品使用性能等基本功能要求，还应包括环境保护、时尚审美、维修维护、更新升级等非主要功能的诉求，即现代质量观衡量的是产品或制品全面满足客户要求的程度。用户的要求在不断创新的技术产品驱动下不断更新，对于产品质量的要求也在不断延伸，这就给制造业带来了很大的挑战。根据这种情况，制造业应该以创新为驱动力，在激烈的市场竞争中把握时代潮流，引领消费需求，适应市场的不断变化，具备快速设计和开发制造的能力，执创新产品之牛耳，以便赢得竞争优势，进而获得巨大收益。

2. 科学技术发展背景

现今科学技术的发展比以往任何一个历史时期都要迅速，学科之间交叉融合又相互推动，许多新技术成果，如计算机、信息、微电子、自动化技术等，从诞生到大规模使用，直至现在仍然高速度发展，其间所用的时间越来越短，而且它们被广泛地应用于各个行业领域，同时也极大地促进了制造业的发展。制造业融合吸收了自动化技术，使其制造柔性增强，有力促进了制造中的物料流；制造业融合吸收了微电子和计算机技术，使制造中能量的可控性增强，能量流的转换更灵活；制造业融合吸收了信息技术，使传统的制造过程更加智能化，并伴随着大量信息的储存、传递、处理、更新，形成了制造信息流。传统制造业基础上的三流合一是先进制造技术的一大特征，也是科技发展的必然结果。现代制造业的生产方式、生产设备、生产工艺、生产组织体系及产品类型等在新技术的推动下也发生了很大的变化，并焕发出勃勃生机，成为技术不断创新、内容不断更新、让人耳目一新的拥有高技术含量的知识密集型产业。

3. 可持续发展战略

从工业革命时期开始，人类改造自然的能力得到大大加强，在自觉和不自觉的生产活动中，自然界的环境已经受到了极大的影响，出现了诸如资源匮乏、污染加剧、物种灭绝等环境灾难，人类赖以生存的水和大气等自然环境也受到了破坏，反过来影响到了人类自身的安全和发展。纵观人类最近几十年的活动，其对地球产生的影响是以往几千年的总和，在创造了高度发达的物质文明和优越生活条件的同时，人类也牺牲了不可再生的自然资源和后代生存发展的自然条件。世界环境与发展委员会（WCED）把可持续发展定义为“既满足当代人的需要，又不对后代人满足其需要的能力构成危害的发展”，这一定义得到广泛的认可，并在1992年联合国环境与发展大会上取得共识。

各工业化国家都经历了类似的发展道路，在付出巨大的环境代价之后，再竭尽所能加以弥补。发达国家都已经完成了全球化经济分工合作的角色定位，已经经历并摆脱了粗放性、掠夺型的靠简单自然资源发展的历史时期，正在走向集约型、精细化的可持续发展道路，依靠先进的科学技术、强大的制造能力、成熟的管理经验占据了全球产业链的高端，攫取着最高的产业利润。为获得明显的竞争优势，各国政府和企业都在积极寻求对策：一方面加大科技创新的力度，鼓励支持各企业和组织参与科技发展，继续保持领先的发展势头；另一方面保护自然环境，减少不可再生资源的开发使用并积极寻找替代品。作为工业发展的中坚力量，制造业首当其冲，面临着如何有效节约资源、减少废物排放、提高生产效率、增加可回收利用比例等可持续发展问题，迫切需要运用各种先进制造工艺，采用自动化控制技术和信息化管理等方法，吸收其他学科的先进技术并加以融合来解决日益突出的环境资源问题。

1.2 先进制造技术的内涵及体系结构

1.2.1 先进制造技术的内涵和特点

先进制造技术不是一个静态封闭的技术系统，它是不断吸收其他先进技术，并加以融合发展的交叉科学，在不同的历史时期它所包含的技术不尽相同。多数学者认为：先进制造技术是指在制造过程和制造系统中，融合电子、信息和管理技术，以及新工艺、新材料等现代科学技术，并将其综合应用于产品设计、加工、检测、管理、销售、使用、服务乃至回收的制造全过程，以实现优质、高效、低耗、清洁和灵活生产，提高对动态多变的市场的适应能力和竞争能力的制造技术的总称。

先进制造技术从传统的制造工艺发展起来，并集成其他新技术，实现了优质、高效、低耗、清洁及灵活的生产。先进制造技术的技术基础是各类其他学科的先进技术，包括电子、光学、材料、信息、自动化和管理技术等；由于信息技术的融合，使得先进制造技术的适用范围不仅局限于制造这一个简单环节，还拓展到了以制造为核心的产品的整个生命周期，包括设计、制造、检测、管理、销售、使用、服务及回收等；而其最终目标是追求制造过程的高效、清洁、低耗和灵活生产，并保证产品质量的优异。

在经济全球化的浪潮中，先进制造技术以其加工柔性和高效可以应对多型号、少批量的产品加工需求，增强了适应动态多变的产品市场能力，具备了制造上的竞争能力；而且由于吸收了先进管理技术的最新发展成果，先进制造技术实现了制造过程组织和管理体制的简化以及合理化，从而产生了一系列先进的制造模式。这种先进的制造模式和先进制造工艺，以及先进管理技术共同组成了先进制造技术的核心，使得传统制造技术脱胎换骨，以先进制造技术的面目出现在世人面前，并展现出巨大的技术优势和实用价值，成为各国争先发展的核心技术。随着全球化与一体化格局的出现，网络化带来的信息流的加速传播，新的先进制造技术也必将在全球范围内扩展传播、深化发展，呈现出全球化的模式。

与传统制造技术相比，先进制造技术具有以下特点。

1. 系统集成性

先进制造技术是一个交叉性很强的技术系统，属于各种不同专业和学科间渗透、交叉、融合的产物，各学科之间的界限逐渐模糊甚至消失，其发展呈现出系统化、集成化的趋势。与传统制造技术之间泾渭分明的学科、专业界限相比较，先进制造技术体现出其博大精深、有容乃大的系统科学性，而且已发展成为集机械、电子、信息、计算机、自动化、材料和管理技术为一体的新型交叉学科，拓展了制造系统的领域和范围。与传统制造技术只产生物料流和能量流的变化相比，先进制造技术中信息流的作用贯穿始终：在产品的生产过程中，从一开始信息流便介入，有效合理地控制能量流，管理物料流。信息的采集、汇总、储存、传递、反馈及执行等一系列信息流在以制造为核心的设计、加工、检测、管理、销售、使用、服务乃至回收的全过程中发挥着强大的指挥作用，优化了制造的全过程，并产生了诸如并行工程、敏捷制造、精益生产、智能制造等先进生产模式。这些模式的技术核心都是信息技术，执行中都是通过信息流的不断作用而实现的，如并行工程就是依靠信息平行地传递到每个参与研发的设计者手里，同时进行协作开发，最后集成汇总进行设计的一种系统方法。这种方法大大提高了沟通的程度和设计的效率，产品开发人员与其他人员一起共同工作，信息共享程度高，从产品设计开始，就考虑产品整个生命周期中所有的重要环节，使先进制造技术真正成为制造的系统工程。

2. 动态综合性

先进制造技术从诞生起就不是一个静态封闭的技术系统，而是动态变化、与时俱进的发展体系，有其动态综合性。在不同的历史时期和不同的发展环境下，先进制造技术所包含的内容不尽相同。针对特定的应用对象和目标，先进制造技术需要不断地吸收各种高新技术，在吸收中逐渐融合、不断发展，并保持其先进性。先进制造技术追求制造过程的高效、清洁、低耗、灵活生产，并保证产品质量的优异，它脱胎于传统制造技术，与代表着时代发展的新技术结合，既保留了传统制造技术中的有效因素，又吸收了各种高新技术的综合成果。

3. 广泛实用性

先进制造技术解决的是工业应用中的瓶颈问题，是一门面向工业应用、具有很强实用性和广泛性的新技术，其产生和发展具有明确的需求导向，这一点与基础科学研究不同。基础科学中不能用于实际生产的，先进制造技术都无法收入囊中，只有能够解决实际问题的某一技术或者某一理念才能被请进来，揉进去，加以改造利用并得以再生。从先进制造技术的发展来看，无一不是针对某一具体的制造业（如汽车制造、电子工业）的需求而发展起来的先进、适用的制造技术，有其明确的需求导向特征；而且先进制造技术不是以纯粹的追求高新技术为目的，而是注重产生最好的实践效果和应用价值。先进制造技术的广泛性和实用性使其具有强大的生命力和可延展性，是先进制造技术先进性的最主要体现。

1.2.2 先进制造技术的体系结构

先进制造技术是对制造技术不断优化及推陈出新而形成的高新技术群，其体系结构也是与时俱进，不断更新的。在不同的国家、不同的发展阶段，先进制造技术有其不同的内容及组成。下面介绍几个不同的先进制造技术体系划分。

1. AMST 的先进制造技术体系

美国机械科学研究院（AMST）提出的先进制造技术由多层次技术群构成，其体系结构如图 1-1 所示。它强调了先进制造技术是以基础制造技术为核心，吸收新型制造单元技术，发展到先进制造集成技术的过程，也表明了在新型产业及市场需求的带动之下，在各种高新技术（如能源技术、材料技术、微电子技术和计算机技术以及系统工程和管理科学）的推动下，先进制造技术的发展历程。

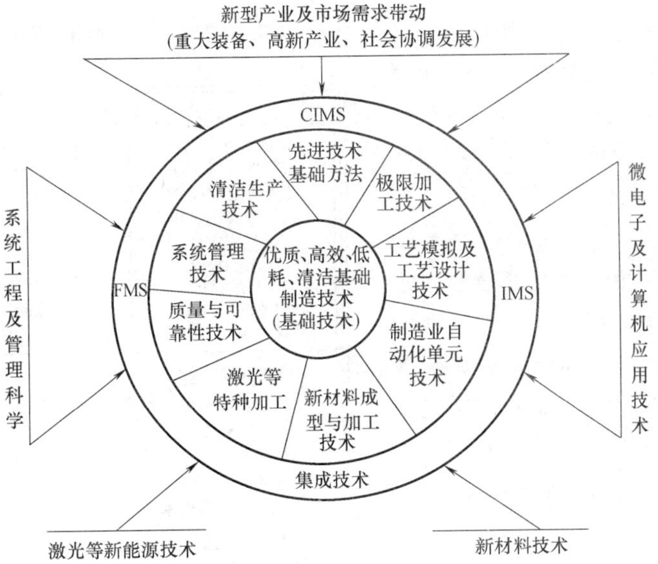

图 1-1　AMST 的多层次先进制造技术体系结构

第一个层次是优质、高效、低耗、清洁的基础制造技术，这也是先进制造技术体系的基础和核心。在这一核心层次中，铸造、锻压、焊接、热处理、表面保护及机械加工等基础工艺至今仍是生产中大量采用、经济适用的技术，这些基础工艺经过优化而形成的优质、高效、低耗、清洁的基础制造技术是先进制造技术的核心及重要组成部分。这些传统的机械加工基础技术，经过发展也具有了近净成形、清洁低耗等特质，主要有精密下料、精密塑性成型、精密铸造、精密加工、精密测量、毛坯强韧化、精密热处理、优质高效连接技术、功能性防护涂层及各种与设计有关的基础技术、各种现代管理技术等。

第二个层次是新型的制造单元技术。这是在市场需求及新兴产业的带动下，制造技术与电子、信息、新材料、新能源、环境科学、系统工程及现代管理等高新技术结合而形成的崭新的制造技术，如制造业自动化单元技术、极限加工技术、质量与可靠性技术、系统管理技术、CAD/CAM、清洁生产技术、新材料成形加工技术、激光与高密度能源加工技术、工艺模拟及工艺设计优化技术等。

第三个层次是系统集成技术，包括采用新的应用信息技术和系统管理技术以及新材料技术等其他集成技术，这是随着微电子及计算机应用技术的发展而逐步集成吸收到先进制造技术体系中的。它是通过网络与数据库等计算机技术对前两个层次的技术集成而形成的，如 FMS、CIMS、IMS 及虚拟技术等。

以上三个层次都是先进制造技术体系的有机组成部分，而且整个体系也会随着其他新兴技术的发展不断扩大而发生变化。

2. FCCSET 的先进制造技术体系结构

1994 年初，美国联邦科学、工程和技术协调委员会（FCCSET）下属的工业和技术委员会先进制造技术工作组提出了有关制造技术的分类目录，这是对先进制造技术内涵的首次较系统的说明。如图 1-2 所示，与 AMST 的描述不同，这种体系不是从技术学科内涵的角度来描绘先进制造技术，而是着重从整个体系的宏观结构组成角度描绘先进制造技术的组成，以及各个部分在制造技术发展过程中的作用。根据这一定义，先进制造技术主要包括以下三个技术群：

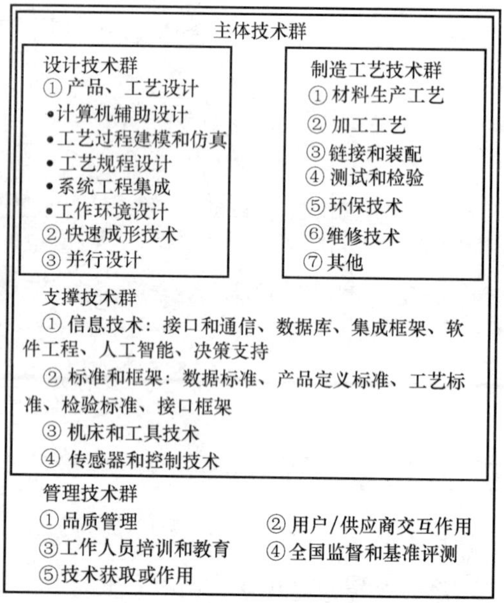

图 1-2　FCCSET 的先进制造技术体系结构

1）主体技术群。包括面向制造的设计技术群和制造工艺技术群。

2）支撑技术群。包括信息技术、标准和框架技术、机床和工具技术、传感器和控制技术。

3）管理技术群。它是指整个先进制造体系中所需要的生产管理技术等，包括品质管理、用户/供应商交互作用、培训和教育、监督和基准评测以及技术获取或作用等。

这三部分作为组成先进制造体系的宏观架构，相互联系，相互促进，是一个完整的体系，每一部分均不可缺少。在实际应用中，它们互相作用，共同支撑，形成了先进的制造技术体系。

3. 我国学者提出的先进制造技术体系结构

我国学者在此基础上进行了改进和充实，根据自己的理解和业内的共识，将其简化，分为三大主体技术群和一个支撑技术群，如图 1-3 所示。

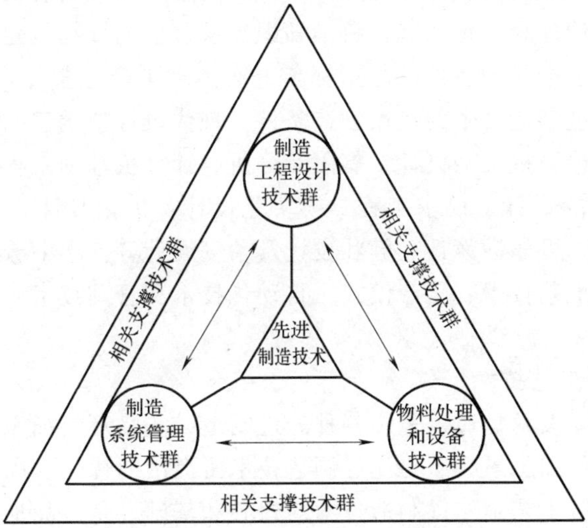

图 1-3　我国学者提出的先进制造技术体系结构

1）制造工程设计技术群。它包括所有与产品和工艺设计有关的技术，如 CAX 技术、DFX 技术、可靠性设计、动态设计、疲劳设计、智能优化设计、反求工程、系统建模与仿真、系统集成、并行设计及快速原型制造等。

2）制造系统管理技术群。它包括与企业管理有关的各种技术，强调信息集成，企业生产模式的创新，人、技术和管理的集成等，如成组技术、全面质量管理、制造资源计划、准时生产、计算机集成制造、并行工程、精益生产及敏捷制造等。

3）物料处理和设备技术群。该技术群是研究与物料处理过程及与物流直接相关的各项技术，如材料生产工艺及设备、加工工艺及设备、少无切削加工、精密工程技术、超高速加工技术、特种加工技术、加工设备及其监控及质量控制技术等。

4）相关支撑技术群。相关支撑技术是制造工程科学的理论基础，是三大主体技术群赖以生存并不断取得进步的相关技术，包括计算机技术、微电子技术、信息技术、自动化技术、系统工程、管理科学及材料科学等。

1.2.3　先进制造技术的主要内容

先进制造技术主要包括以下几个方面。

1. 现代设计技术

现代设计技术是先进制造技术的重要支撑，它的发展和应用是先进制造技术体系先进性的前提保证。与传统设计技术相比，现代设计技术并不是进行产品某一独立环节的设计，而是整体考虑并涉及与产品全生命周期有关的各个环节，综合采用先进的设计理念、运用现代科学知识体系、借助计算机化的设计手段，从制造的源头保证了产品的各项性能指标，进而体现了产品整体设计上的先进性，同时也为后续先进制造技术的运用创造条件。现代设计技术包括了有关的各项工程设计技术，如计算机辅助设计、有限元分析、计算机辅助工程、计算机辅助工艺设计、面向 X 的设计、反求工程、模块化设计、优化设计、智能设计、创新设计、动态设计、可靠性设计、健壮设计及精度设计等。本书着重于介绍与先进制造有关的制造工艺技术、生产模式、自动化技术和管理技术，对于现代设计技术部分不做阐述。

2. 先进制造工艺技术

先进制造工艺技术是通过采用各种先进制造方法将坯料加工制造成产品的工艺及其过程，产品加工最终满足先进制造技术所提出的优质、高效、低耗、清洁的要求。先进制造工艺是先进制造技术的核心和基础，是产品加工制造中先进性的集中体现，如果没有与之相适应的工艺技术，先进制造技术将难以发挥优势。美国国防关键技术计划指出："制造工艺是将先进技术转化为可靠、经济、精良武器装备的关键"。

先进制造工艺技术包括精密和超精密加工技术、微细加工技术、高速加工技术、生物制造技术、快速成型技术、激光加工技术及高能束加工技术等内容。

3. 先进制造模式及现代生产管理技术

先进制造模式是制造业生产组织管理的新模式，包括虚拟制造（CIM）、并行工程（CE）、敏捷制造（AM）、精益生产（LP）、智能制造（IM）及绿色制造（GM）等。采用先进制造技术进行大规模生产和应用的过程，包括前期市场开发、产品调研设计、生产制造加工、质量控制检测和产品营销售后等阶段，先进制造模式及现代生产管理技术应用而生并得以快速发展。现代生产管理技术是企业运行中采取的各种计划、组织、控制及协调的方法和技术的总称，包括产品数据管理（PDM）、生产信息管理（PMM）、物流管理（LM）及工作流程管理（WPM）等。围绕先进制造技术进行开发的现代管理应用系统已从最初的物料需求计划（MRP）发展到今天广为采用的制造资源计划（MRPⅡ）、企业资源计划（ERP）、客户关系管理（CRM）、供应链管理（SCM）、企业经营过程重组（BRP）及伙伴关系管理（PRM）等，从而大幅度提高企业的绩效，实现整个制造系统资源优化。

4. 先进制造自动化技术

随着计算机技术的提高，自动化技术得以快速发展，同时也为先进制造技术的发展注入了活力，提供了大批量生产的解决途径。在大批量生产中，先进制造技术不仅要采用先进制造模式，应用现代生产管理技术，为提高生产效率、降低劳动成本、快速变换生产对象和形成流水化连续生产，还要吸收自动化技术，从而诞生了面向大批量制造的先进制造自动化技术。制造自动化包括物料的存储、运输、加工、装配和检验等各个生产环节的自动化，制造自动化能显著降低操作者的劳动强度、提高生产效率、减少生产成本、保证生产连续进行，而且还是确保产品质量稳定可靠的必要手段。制造自动化技术包括了计算机集成制造技术、数控技术、工业机器人技术、自动化加工装备技术、物流自动化技术、网络化制造技术、传感技术、自动检测技术、信号处理和识别技术以及制造过程监测与控制技术等方面的内容。

1.3　先进制造技术的发展概况与趋势

1.3.1　各国先进制造技术的发展概况

先进制造技术在世界各国倍受关注，进行其相关技术的研究、开发和应用，已成为各国的高新技术和战略优先发展的领域。美国率先提出了先进制造技术这一概念，日本、西欧各国以及亚洲新兴工业国家纷纷做出响应，积极开展此类技术的研发、创新和应用推广工作。我国对先进制造技术的快速发展也非常重视，多次召开了先进制造技术学术会议并制定了相应的发展规划。

1. 美国

20 世纪 80 年代中后期，由于美国制造业国际竞争力大大下降，一向重视保持绝对领先优势的美国政府决定大力发展先进制造技术。1994 年，美国国家最高科技决策机构——国家科学技术委员会指定其所属的民用工业技术委员会，制订国家级先进制造技术发展战略，其主旨有如下四点：①支持国家实验室、大学与工业界联合研究开发先进制造技术；②通过国家级工业服务网络帮助企业快速采用先进技术；③开发并推广有利于环境保护的制造技术；④积极实施与工程设计和制造相关的教育与培训计划。1996 年，美国国家先进制造联合会发表了《面向 21 世纪的美国工业力量》白皮书，建议美国今后应重点发展如下先进制造技术：集成产品与过程开发、并行工程、虚拟产品开发、快速原型与过程仿真、可扩展的企业体系结构、综合资源规划、产品数据交换标准、高速网络、人工智能、传感器数据融合、专家系统、电子数据交换、纳米/微米制造技术、高级控制器及全能制造系统的制造单元技术等；同时建议国防承包商采用大批量定制技术，重点发展柔性制造技术与系统。

2012 年 2 月，美国国家科学技术委员会又发布了《先进制造业国家战略计划》。该计划从投资、劳动力和创新等方面提出了促进美国先进制造业发展的五大目标及相应的对策措施，这是美国从国家战略层面提出的加快创新、促进美国先进制造业发展的具体建议和措施。该计划明确了三大原则：①完善先进制造业创新政策；②加强“产业公地”建设；③优化政府投资。该计划提出的五大目标：①加快中小企业投资；②提高劳动力技能；③建立健全伙伴关系；④调整优化政府投资；⑤加大研发投资力度。

2. 日本

日本非常重视具有高附加值技术含量的先进加工制造业的发展，为保持其经济强国地位，他们不断发展高精尖技术，在现有技术基础上开发新产品、新工艺，提高竞争实力，创造新的市场和产业，而且全部由国家统一协调、规划，持续不断的出台重大计划，保证对于先进制造技术的持续研发和领先地位。日本通产省在 1989 年发起了“智能制造系统（intelligent manufacturing system，IMS）”，并邀请美国、加拿大、澳大利亚等国参加研究，形成了一个大型国际共同研究项目，由日本投资 10 亿美元保证计划的实施。其目标为：全面展望 21 世纪制造技术的发展趋势，先行开发未来的主导技术，促进科技成果转化，改善自然环境，并同时致力于全球信息、制造技术的体系化、标准化。

1995 年，日本通产省发起了旨在推动工业基础研究的“新兴工业创新型技术研究开发促进计划”，该计划分为三个技术领域：①工业科学技术，旨在创造新工业，开发新技术；②能源与环境技术，旨在改善自然环境、保证能源供应稳定，加速创建新工业；③支持中小企业开发基础性和创造性技术，旨在促进中小企业的工业现代化进程。同年，日本文部省发起了“风险企业型实验室计划”，该计划旨在促进创新性研究活动，为新工业和风险企业培养年轻后备科技人才，主要进行著名大学实验室的资助，受资助的实验室大多从事微型机械制造、虚拟现实软硬件技术、微毫米加工技术等。2004 年，日本又启动了“新产业创造战略”，为制造业寻找未来战略产业，这引起了美国、欧洲、日本在机械制造技术上新一轮的竞争。

3. 德国

德国是世界工业强国，在与美国，欧洲和亚洲其他国家的竞争中，为继续保持传统制造业的经济增长，进行了积极的调整，将更多的精力和资源投入到先进制造技术上来，他们积极推动工业界采用信息技术改造传统制造技术与制造企业，并制定了相关的计划。德国政府于 1995 年提出了实施“2000 年生产计划”，以推动信息技术促进制造业的现代化和提高制造领域的研究水平；2002 年又分别推出了“IT2006 研究计划”和“光学技术——德国制造”计划，投资 30 多亿欧元，研究电子制造技术和设备、新型电路和元件、芯片系统以及下一代光学系统。

近几年，德国先后发起了“质量保证计划”“工作和技术计划”“保护环境的生产计划”“微系统技术计划”及“工业基础技术研究计划”等，这些计划旨在研发可靠的质量管理系统、工业机器人编程、大规模流程作业中的柔性生产结构、计算机多媒体系统、工业生产的发展和保护环境之间的协调及微系统制造技术，利用工业基础研究成果开发新产品、新工艺和新技术等。经过这些计划的执行，德国制造业出现较好的复苏趋势，并加快了传统制造业向先进制造业转变。近年来，德国技术密集型产品出口持续增长，占世界总额的比值仅次于美国，稳居第二位。其中，2004 年德国机械制造业产值达 1360 亿欧元，稳居世界机械市场份额第一（19.3%）和出口第一的宝座。

4. 英国

英国政府支持工程和技术规划及制造系统工程方面的研究，开展了计算机集成制造系统（CIMS）、单元式制造系统、快速原型制造技术、人机工程学及并行工程等方面的研究。他们发布了 2008 制造战略（2008 Manufacturing Strategy）和新产业新工作战略（New Industry, New Jobs strategy，2009 年 4 月发布），形成了支持发展新产业和新工作机会的主要框架。英国的商务、创新和技能部基于这些战略积极采取行动，制定了一揽子重要的新措施，为先进制造业发展扫清诸多障碍，并帮助业界开发市场的巨大潜力。这一揽子重要措施主要由以下四部分组成：①获得信息与投资，包括扩大制造业咨询机构、发展制造技术中心网络、低碳工业战略及创新基金等；②先进制造技术技能，包括学徒培训计划、成立制造和材料生产供应国家技能院校、与产业界一起设立基础学位，并在工作场所培训；③采取新技术，包括扩展软性电子中心、制造竞争力计划增加资金投入、发展设计创新网络、低碳工程研发计划、为 SAMULET 航空制造计划提供支持、产业化生物技术示范和中小企业基金、新的复合材料战略、新的软性电子战略；④解决特殊产业面临的挑战，包括通过向罗尔斯·罗伊斯（Rolls Royce）提供政府补助，提高英国航天航空和民用核工业领域的先进制造技术；提升先进复合材料航天器机翼的设计和开发能力，如通过新项目提供可偿还启动投资，包括 Bomburdier Aerospace 公司的 Cseries 飞机项目、GKN 航空航天公司和空中客车公司的 A350XWB 项目等；发布空间创新与发展小组（Space IGT）报告等。

5. 韩国

1991 年，韩国提出了“先进技术国家计划”，目标是到 2000 年将韩国的制造技术实力提高到世界第一流工业发达国家的水平。该计划包括先进制造系统、新能源、电气车辆、人机接口技术等七项先进技术和七项基础技术，其中的“先进制造系统”是一个将市场需求、设计、车间制造和营销集成在一起的系统，旨在改善产品质量和提高生产率，最终建立起全球竞争能力。该项目由三部分组成：①共性的基础研究，包括集成的开放系统、标准化及性能评价；②下一代加工系统，包括加工设备、加工技术、操作过程技术；③电子产品的装配和检验系统，包括下一代印制电路板装配和检验系统、高性能装配机构和制造系统、先进装配基础技术、系统操作集成技术和智能技术。

6. 中国

我国对先进制造技术的发展也给予了充分重视。1995 年 9 月《中共中央关于制定国民经济和社会发展“九五”计划和 2010 年远景目标的建议》中明确提出，要大力采用先进制造技术，先进制造技术是一个国家、一个民族赖以昌盛的重要手段。《全国科技发展“九五”计划和到 2010 年长期规划》中明确将先进制造技术专项列入高技术研究与发展专题。在“九五”期间实施一批发展先进制造技术项目。2000 年，中国科学院在沈阳成立国家先进制造技术基地；2002 年，在沈阳浑南开发区建设“先进制造技术 AMT 产业园”，形成了电子信息、生物技术、新材料、机电一体化、激光 5 大领域的高新技术产业群，其中尤以电子信息产业的发展最为引人注目，已成为我国最重要的生产、研究开发基地之一。2011 年，《我国国民经济和社会发展“十二五”规划纲要》明确提出，坚持走中国特色新型工业化道路，适应市场需求变化，根据科技进步新趋势，发挥我国产业在全球经济中的比较优势，发展结构优化、技术先进、清洁安全、附加值高、吸纳就业能力强的现代产业体系。

2011 年 8 月，由中国机械工程学会组织百位专家编写的《中国机械工程技术路线图》正式出版。该书对未来 20 年机械工程技术的发展进行了预测和展望，为中国机械制造业描绘出了走向 2030 年的美好蓝图。据该路线图描述，先进制造技术共包括 11 个技术领域，其中产品设计、成形制造、智能制造、精密与微纳制造、再制造及仿生制造六个技术领域是机械工程技术中的基础共性技术领域，对机械制造业的发展至关重要。此外，机械工程技术还有大量的产品制造技术，也是机械工程技术的重要组成，包括带有基础性的有流体传动与控制、轴承、齿轮、模具和刀具五个领域。该书对这 11 个技术领域的发展路线和目标做了分析和描述。

1.3.2 先进制造技术的发展趋势

随着信息技术的出现以及蓬勃发展，制造技术的面貌焕然一新。先进制造技术必须适应当今世界需求多样化、技术集成化、效益最优化、环境生态化及网络智能化的必然要求，未来先进制造技术将朝着精密化、柔性化、网络化、虚拟化、智能化、清洁化、集成化及全球化的方向发展。2011 年出版的《中国机械工程技术路线图》，将机械工程技术的发展趋势精练地概括为绿色、智能、超常、融合、服务。这 10 个字也是中国机械工程领域顶尖专家群体对未来机械制造业发展趋势的判读。先进制造技术的发展主要体现在以下几个方面。

1. 绿色制造是先进制造技术未来发展的必然选择

科学技术的迅速发展，也使人类社会在经济发展的同时面临着环境污染、资源匮乏等问题，各国开始重视人类活动对于自然环境的影响，如何在保持经济发展的同时有效利用自然资源，使人类社会的发展与自然界和谐统一，是先进制造技术以及未来制造业必须解决的问题。为此，美、日及欧洲各国大力发展“低碳经济”“循环经济”“绿色制造”和“清洁生产”，致力于研究开发生态安全型、资源节约型制造技术。

绿色制造，是一个综合考虑环境影响和资源效益的现代化制造模式，其目标是使产品从设计、制造、包装、运输、使用到报废处理的整个产品生命周期中，对环境的影响最小，资源利用率最高，并使企业经济效益和社会效益协调优化。绿色制造这种现代化制造模式，是人类可持续发展战略在现代制造业中的体现。绿色制造正在成为未来制造业的发展方向，并将贯穿于制造业各环节，主要表现在以下三个方面：

1）绿色产品设计技术。在设计阶段就考虑到环境因素和预防污染的问题，并采取应对措施将之纳入产品设计中，把环境性能作为产品的设计目标和出发点，力求使产品对环境的影响最小。

2）绿色制造技术。它使产品从设计、制造、包装、运输、使用到报废的整个产品生命周期中，不产生环境污染或环境污染最小化，符合环境保护要求，在整个制造过程中综合考虑环境影响和资源效率，在保证产品的功能、质量、成本的前提下，使产品制造过程对生态环境无害或危害极少，节约资源和能源，使资源利用率最高，能源消耗最低。

3）再制造技术和产品的回收。再制造是一种先进的制造逻辑与工业理念，它要求工业设计不仅要面向材料与功能，更要面向可回收再制造。它是“资源—产品—废弃物—再生资源或再生产品”的反馈式循环模式。再制造是新材料、新技术、新工艺、新装备与新方法等一系列高新技术与手段的集成运用，因此可以保证再制造产品的性能和质量不低于新产品，甚至在某种情形下可以使其质量高于新产品。

2. 智能化、网络化是先进制造技术未来发展的前景趋势

现代制造系统的运行过程是对大量物流、能量流和信息流的处理过程，尤其是对于信息流的处理能力是传统制造技术所不具备的。大量有关物料、机床参数、加工参数、产品性能的复杂信息需要不断更新，实时处理，以应对瞬息万变的市场需求和激烈竞争的复杂环境，这就要求制造系统要具有某种智能，能够处理纷繁复杂的有关数据和信息，因而智能制造应运而生。

智能制造系统综合了计算机、多媒体、模糊控制、神经网络等多学科技术，实现了高速、高精、高效控制，可以自动修正、调节与补偿加工过程中的各项参数，具有在线诊断和智能化故障处理功能；未来的先进制造系统将具有更高级的智能功能，集数字化、自动化、集成化、网络化和智能化于一身，成为具有专家知识和人工智能的人机一体化系统。智能制造系统可以在制造的过程中，以柔性化、集成化、模块化、网络化有机结合的方式，建立高度智能化的闭环控制结构，借助计算机模拟人类专家的智能活动，进行信息的读取、分析、判断、推理、构思和决策，延伸或替代制造过程中人的智能劳动，同时收集、存储、处理、完善、共享、继承和发展类似人类专家的智能水平。该技术目前尚处在起步阶段，但它的前景却非常广阔。

所谓制造业网络化，就是指在产品设计、加工与生产管理等活动，甚至企业整个业务流程中全面采用网络技术，实现对整个制造业的结构调整、资源合理配置、优化组合及共用。这是由于当代制造业在激烈的市场竞争中，面临市场需求不断变化、采购成本不断提高、产品更新速度加快等多方面的压力，企业必须在生产组织上实行深刻的变革，从而促使网络化制造模式的兴起。制造技术网络化将并行工程、虚拟制造、虚拟企业等先进制造理念、方法和技术引入制造业，为制造系统和制造过程提供了快速方便的信息交互手段和环境，促使了“虚拟制造组织”的兴起，它通过网络化制造服务平台将地理上异地分布、组织上平等独立的多个企业联为一体，建立起密切合作的“虚拟企业”或“企业联盟”，实现资源集成、优势互补、资源共享，以提高制造业的竞争力，提升制造企业的快速反应能力和市场竞争力。

3. 集成化、融合性是先进制造技术未来发展的方向

目前，集成化主要表现在以下几个方面。

1）设计集成。产品设计是先进制造技术的灵魂和先导，未来设计技术集成化的趋势主要表现为：设计过程由单纯考虑技术因素转向综合考虑技术、经济、社会和环境因素等；设计向产品全生命周期设计发展，设计思想与方法更新，采用如并行设计、面向 X 的设计、健壮设计、优化设计和反求工程技术等进行设计。

2）信息集成。其主要目的是通过网络和数据库把各自动化系统和设备及异种设备相连起来，实现执政系统中数据的交换和信息的共享，帮助人做出正确的决策。

3）功能集成。主要实现企业要素，即人、技术、管理组织的集成，进而实现企业生产经营各功能部分的整体集成。

4）过程集成。主要通过产品开发过程的并行和以多功能项目组为核心的企业扁平化组织，实现产品开发过程、企业经营过程的集成。

5）企业的集成。通过采用敏捷化企业组织形式、并行工程环境、全球计算机网络或国家信息基础设施，实现跨地区甚至跨国家的企业间的动态联系，即动态集成，由此能迅速集结和运筹该产品所需的知识、技术和资源，从而迅速开发出新产品，响应市场需求，赢得竞争。

4. 自动化和虚拟化是先进制造技术研究的重点领域

所谓自动化是指机械装备在无人干预的情况下，按规定的程序或指令自动进行操作或控制的过程。自动化技术的发展是一个与时俱进的过程，起初的自动化是以机械的动作代替人力操作，自动地完成特定的作业。20 世纪 40 年代中期以来，随着电子和信息技术的发展，特别是计算机的广泛应用，自动化进一步拓展为采用机器代替人的体力劳动和代替或辅助人的脑力劳动，以自动地完成特定的作业。制造自动化技术研究已经突破了以往只是研究数控技术、过程控制、过程监控和计算机辅助技术等单元和专门技术的范围，目前关于制造系统中的集成技术和系统技术的研究正方兴未艾，逐渐成为制造自动化研究的重点领域。

随着计算机网络和虚拟现实等先进技术的出现，20 世纪 90 年代产生了“虚拟制造”这一全新的制造概念及其理论，它已成为先进制造技术研究的重点领域。虚拟制造是使用计算机模型对制造过程的仿真，以辅助被制造产品的设计与生产，包括从产品设计开始就实时地、并行地对产品结构、工作性能、工艺流程、装备调试、作业计划、物流管理资源调配及成本核算等一切生产活动进行仿真，检查产品的可加工性和设计的合理性，预测其制造周期和使用性能，以便及时修改设计，更有效地灵活组织生产。虚拟制造可以缩短产品的研制周期，获得最佳的产品质量、最低的成本、最短的开发周期。虚拟制造已能对加工制造过程进行物理仿真，如切屑的形成，力、热和几何因素对制造误差的影响等仿真。虚拟制造技术的广泛应用从根本上改变了现行的设计、试制、修改设计和规模生产的传统制造模式。虚拟制造技术决定着企业的未来，也决定着制造业在竞争中能否立于不败之地。

5. 服务的理念将贯穿未来先进制造过程的始终

制造的终极目标是更好地为人服务。以人为本、加强服务是先进制造技术的根本目标，这就需要在制造过程中加强服务的理念。倡导“以人为本”，就是要充分调动人在构思与设计、创新与改进、制造与加工、检验与管理、使用与维护、营销与服务乃至在制造业产业链各个环节的主动性与创造性，大力开发人性化的制造技术。合理使用人性化的制造技术，正确地、全局地、长远地处理好其各有关方面的关系，使之真正服务于人类，谋求社会的可持续发展。深化教育改革是走向“以人为本”的先进制造技术的根本途径，教育理念和教学方法必须顺应世界先进制造技术发展趋势，并结合我国国情，培养造就出新一代高素质先进制造技术专业人才。

第 2 章　先进制造工艺技术

2.1　概述

先进制造工艺是加工制造过程中基于先进技术装备的一整套技术规范和操作工艺，它是在传统机械制造工艺基础上逐步形成的一种制造工艺技术，并随着技术的进步不断变化和发展。先进制造工艺是先进制造技术的核心和基础，是高新技术产业化和传统工艺高新技术化的具体表现和实际结果，一个国家的制造工艺技术水平是核心竞争力的具体体现，其高低决定了制造业在国际市场中的实力。

2.1.1　先进制造工艺技术的产生

机械制造工艺技术的内涵和面貌随着科技的进步和发展不断发生变化，而且速度越来越快，常规工艺不断优化并得到普及，原来严格的工艺界限和分工，如下料和加工、毛坯制造和零件加工、粗加工和精加工、冷加工和热加工、成形与改性等在界限上趋于淡化，在功能上趋于交叉。先进制造工艺技术包括了常规工艺经优化后的工艺，以及不断出现和发展的新型加工方法。当前比较成熟的先进制造工艺技术主要有：精密加工与超精密加工、微细加工、高速与超高速加工、生物制造技术、快速成型制造技术、激光加工技术、高能束加工、先进切削加工技术、新型材料加工、重型及大型零件加工、表面功能性覆层技术及复合加工等。

先进制造工艺技术是任何高级的自动控制系统都无法取代的，是一个国家制造业核心竞争力的集中体现，特别是对于我国这样一个必须拥有独立完整的现代化工业体系的大国，先进制造工艺技术水平的发展程度决定了制造业的现代化水平，是关系国防建设和国家发展的关键力量和核心技术，是我国完成制造业大国向制造业强国转变的重要技术保障。

2.1.2　先进制造工艺技术的分类和特点

先进制造工艺技术是把各种原材料、半成品加工成为产品的方法和过程。先进制造工艺技术可以划分为以下几类：

（1）先进高效切削加工工艺技术　它包括精密与超精密加工技术、微细加工技术、高速或超高速切削技术和磨削加工技术及复杂型面的数控切削加工技术等，此类技术主要是以先进制造装备为依托，采用新的快速响应控制技术，结合先进刀具、加工工艺等使传统切削加工技术焕发了新的生机，出现了许多新的研究方向和加工工艺。

（2）先进高效或精密成形技术　包括少无余量成形技术、增量制造技术、精密洁净铸造以及塑性成形工艺、优质高效焊接及切割技术、生物制造成形技术及快速成型制造技术等，它是生产局部或全部无余量或少余量半成品工艺的统称，既有以传统去除余量为主的成型技术，也有以 3D 打印、快速原型制造等增量为主的成型技术，还有结合生物技术，以控制约束生长或者刻蚀成形为主的新技术。

（3）特种加工技术　它是指那些不属于常规加工范畴的加工工艺，如激光加工、高能束（电子束、离子束）加工、电加工（电解和电火花）、高压水射流加工、超声波加工、多种能源的复合加工及纳米加工技术等。

（4）表面改性、涂层技术　它指采用物理、化学、金属学、高分子化学、电学和机械学等技术及其组合，使表面具有耐磨、耐蚀、耐（隔）热、耐辐射和抗疲劳等特殊功能，从而达到提高产品质量，延长寿命，赋予产品新性能的新技术统称，是表面工程的重要组成部分，可以采用化学镀、非静态合金技术、节能表面涂装技术、表面强化处理技术、热喷涂技术、激光表面熔敷处理技术和等离子化学气相沉积技术等。

从先进制造工艺技术的内涵和发展，可以清晰地看出，先进制造工艺技术具有绿色低耗、优质高效、柔性灵活等方面的显著特点。

（1）绿色低耗　随着人类制造水平的提高，对制造所产生的负面效应也得到了应有的关注，先进制造工艺技术应该在满足人类需求的同时，尽量减少对资源的消耗和环境的影响。先进制造工艺技术应满足节省原材料、降低能源消耗、提高能源重复利用率的要求，以减少对于资源的浪费；先进制造工艺技术还应做到少排放或零排放，生产过程不污染环境，符合日益增长、逐渐严苛的环境保护要求。

（2）优质高效　以先进制造工艺和加工制造出的产品应具有产品质量高、性能好、加工精度高、表面处理好、内部组织致密、无缺陷杂质等特点，最终产品零件具有使用性能好、使用寿命长和可靠性高的性能。与传统制造工艺技术相比，先进制造工艺技术还应具有高效加工的特征，即极大地缩短加工时间，提高劳动生产率，降低生产成本和操作者的劳动强度，加工过程具有优良的可操作性和易维护性。

（3）柔性灵活　它指加工方法能够快速变化、灵活适应。快速变换的市场需求对下游产品的加工也提出了快速反应的要求，即能够快速地变换生产过程和种类，以及对产品设计内容进行灵活更改，可进行多品种的柔性生产，适应多变的产品消费市场需求。

2.1.3 先进制造工艺技术的发展趋势

1. 高效超精密加工

先进制造工艺技术不仅要实现高精度、超精密加工，还要实现高速、高效加工。现在的高精度、超精密加工技术已进入纳米加工时代，加工精度达几十纳米，表面粗糙度达纳米级。超精密加工机床由专用机床向多功能模块化方向发展，加工精度逐步提高；超精密加工材料的范围由金属扩大到高分子材料、复合材料等。以高速切削加工技术为例，对于易切削的铝合金，最高切削速度可以达到6000m/min，进给速度为2~20m/min，最高可以达到100~150m/min。

2. 成形精度高、余量小

塑性成形工艺是先进制造工艺技术的重要分支，热加工方面提出了“近无缺陷加工”的目标，零件成形方法出现了“少无余量、近净成形”的发展方向。为实现少、无缺陷，采取的主要措施有：增大合金组织的致密度，优化工艺设计以实现一次成形及试模成功，加强工艺过程监控及无损检测，进行零件安全可靠性能研究及评估，确定临界缺陷量值等。

在“少无余量，近净成形”的制造工艺过程中，加工余量越来越小，毛坯与零件的界限也趋于减小，有的毛坯成形后，仅需要简单的磨削甚至抛光就能够达到零件的最终质量要求，不需要额外加工，如精铸、精锻、精冲、冷温挤压、精密焊接及切割等。

3. 围绕新型材料拓展加工工艺

新型材料由于其性能优良，强度、硬度较高，采用传统方法加工存在一定困难。通过采用高能束、激光、等离子体、微波、超声波、电液、电磁和高压射流等新型能源载体，形成了多种让人耳目一新的特种加工技术，这些新技术不仅提高了加工效率和质量，还解决了超硬材料、高分子材料、复合材料和工程陶瓷等新型材料的加工难题。将来围绕不同的新材料，还会研发出新的、有针对性的加工工艺，解决其加工问题。

4. 模拟技术和优化控制的广泛采用

随着计算机软硬件技术的发展，将其应用于制造技术，进行模拟加工、预测成形、虚拟装配等体现出了巨大的技术优势，可以低成本地为制造技术服务。模拟技术已向拟实制造成形的方向发展，成为分散网络化制造、数字化制造及制造全球化的技术基础。例如，在材料的热加工过程中，可以预测工艺结果，并通过调整不同参数以优化工艺设计，确保大件一次制造成功；可以使成批件一次成形及试模成功，改性与加工的工艺过程预先掌握。这些工艺过程，特别是热加工过程中会发生一系列复杂的物理、化学、冶金变化，是极其复杂的高温、动态、瞬时过程，其直接观察、间接测试十分困难，而采用模拟成形技术可以部分掌握其动态变化过程，再现成形过程，为其机理的研究和工艺优化提供了一种有力的研究工具。

先进制造工艺技术的控制技术也随着计算机软硬件的发展而不断跃升，形成了从单机到系统，从刚性到柔性，从简单到复杂等不同档次的多种自动化成形加工技术，使工艺过程控制方式发生了质的变化。其发展历程经历了应用集成电路、可编程序控制器、计算机等实现工艺设备的单机、生产线或系统的自动化控制，以及应用新型传感、无损检测、理化检验及计算机、微电子技术，实时测量并监控工艺过程的温度、压力、形状、尺寸、位移、应力、应变、振动、声、像、电、磁及合金与气体的成分、组织结构等参数，实现在线测量、测试技术的闭环控制，进而实现自适应控制；综合整个系统，运用计算机辅助工艺编程（CAPP）、数控、CAD/CAM、机器人、自动化搬运仓储、管理信息系统（MIS）等自动化单元技术，将其用于工艺设计、加工及物流过程，形成不同档次的柔性自动化系统，最终形成数控加工、加工中心（MC）、柔性制造单元（FMC）、柔性制造系统（FMS）和柔性生产线（FTL），乃至形成计算机集成制造系统（CIMS）和智能制造系统（IMS）。

5. 加工设计集成并趋于一体化

由于 CAD/CAM、FMS、CIMS、并行工程、快速原型等先进制造技术的出现，在设计阶段便可以进行制造阶段的模拟仿真以及虚拟检测等，使加工与设计之间的界限逐渐淡化，并趋于一体化，而且冷、热加工之间，加工过程、检测过程、物流过程、装配过程之间的界限也趋向淡化、消失，而集成于统一的制造系统之中。在集成化的智能制造系统和计算机集成制造系统中，可以实现优化设计、模拟加工、预测成形、过程控制、虚拟装配及检验优化等一系列传统制造技术无法完成的工艺环节，实现快速开发和高效生产。

2.2　精密与超精密加工技术

2.2.1　概述

精密与超精密加工技术是先进制造工艺技术先进性的直接体现，是高精尖技术的重要组成部分，对于航空航天、国防军事等领域起到重要的支撑作用。以超精密加工技术为支撑的高性能武器，对现代战争的进程及结果发挥了决定性作用，因而受到世界各国的极大重视，并投入大量的人力、物力进行相关领域的开发研究，近年来得到快速发展。

以制导导弹中决定其命中精度的陀螺仪为例，1kg 的陀螺转子，其质量中心偏离对称轴 0.5nm，将造成 100m 的射程误差和 50m 的轨道误差；美国民兵 3 型洲际导弹射程可达 12500 公里，其系统陀螺仪的精度为 0.03°~0.05°，命中精度的圆概率误差为 500 米。如果能将飞机发电机转子叶片加工精度由 60μm 提高到 12μm，加工表面粗糙度由 0.5μm 降低到 0.2μm，则发电机的压缩效率将由 89% 提高到 94%。由于太空的失重状态，人造卫星的仪表轴承为真空无润滑轴承，其孔与轴的表面粗糙度达到 1nm，圆度和圆柱度均以 nm 为单位。

精密与超精密加工技术旨在提高机械零件的几何精度，以保证机器部件配合的可靠性，运动副运动精度，长寿命、低能耗和低运行费用。现代科学与技术所需要的一个共性发展趋势就是对于零件精度的要求越来越高。目前超精密加工精度大体上处于亚微米级水平，在某些领域已经接近纳米级水平，表面粗糙度达到 0.1nm 级，正在向超精密加工的极限水平即原子级加工精度逼近；而且，超精密加工技术也正在向小型化和大型化的两极方向发展，这是因为生物工程和微机电系统等需要微小的超精密零件，而航天航空领域需要大型超精密零件。超精密零件整体尺寸小则几百微米，大的可达几米，这样对超精密加工技术提出了更高的尺度要求。采用原来加工和检测分开的方法难以保证其精度，必须采用在线检测和误差补偿方法来提高精度，这样形成集实时加工、在线检测、误差补偿的综合加工方向。

目前，国内外已开发了多种精密和超精密车削、磨削、抛光、特种加工等机床设备，有力地支撑了各种加工方式的超精密加工技术，并使得精密加工和精密测量技术有了更新的发展。

2.2.2 精密与超精密加工技术的分类及影响因素

一般根据加工精度和表面质量两项指标来划分精密与超精密加工技术，但是随着科技水平和生产工艺的提高，超精密的概念不断更新，其划分界限也逐渐向前推移，原来视为超精密加工技术的工艺现在只能归为精密加工的范畴。从加工技术发展过程来划分，精密加工指在一定的发展时期，加工精度和表面质量达到较高程度的加工工艺，超精密加工指加工精度和表面质量达到最高限度的精密加工工艺。目前，一般将精度为 0.1~0.01μm 的亚微米水平，加工表面粗糙度小于 0.05μm 的加工视为超精密加工；把加工精度为 10~0.1μm，加工表面粗糙度小于 0.1μm 的加工视为精密加工；低于精密加工精度的划分为普通加工。

精密与超精密加工技术涉及精密和超精密切削机床、超微量切除技术、高稳定性和高净化的工作环境、计量技术、工况检测及质量控制等多方面，若想达到预定的高精度要求，必须严格控制产品的整个加工和检测的全过程，任何一个环节的疏忽都会对最终精度造成影响。以下是精密与超精密加工技术必须注意的几个影响因素：

1. 恒温、恒湿、超净、防振的加工环境

超精密加工要求处于恒温、超净、防振的工作环境中。由于其加工精度很高，热变形对加工的影响不可以忽略。热变形是造成超精密加工误差的主要因素之一，如 100mm 长的钢材，在常温下的线胀系数以平均值 11×10^{-6}℃$^{-1}$计，温度每升高 1℃，其长度会伸长 1.1μm，已经远远超出超精密加工的加工精度量级，必须对温度予以控制，才能尽量减少热胀冷缩对加工精度的影响，所以超精密加工中的恒温控制是必须掌握的技术难点。因此，可采用线胀系数小的材料，如花岗岩、陶瓷等作为机床的工作台面或某些零件的材料等，尽量减少机床和零件自身的温度影响；还可以采用恒温油槽或者循环水流等措施尽量减少机床运转部件的发热，使温度在局部范围内保持恒定。机床的工作环境温度一般稳定在 20℃ ± (0.01~0.005)℃之间，如美国 Moore 公司的 M-18AG 超精密车床有粗细不等的若干细管，如蜘蛛网一般布局并连通到机床各部分，进行恒温油的浇淋，保持机床恒温。此外，保持恒定的湿度可以防止机器的锈蚀、石材膨胀，以及一些仪器（如激光干涉仪）的零点漂移等，这些都有可能影响加工精度，故一般超精密加工中湿度应保持在 55%~60%。

精密与超精密加工要求有一个净化的空间。空气中绝大部分尘埃的直径小于 1μm，但也有不少直径为 1~10μm，甚至大于 100μm。在进行超精密加工时，如果没有洁净的工作环境，这些尘埃落在工件的已加工表面，就会划伤表面加工质量较好的表面；落在量具的测量面上，就会造成测量误差。超精密加工一般要求洁净度为 100 级以上（即每 in^3㊀空间内大于 0.5μm 的尘埃不超过 100 个），另外还有更高级洁净度 10 级的要求，尘埃粒度减小到 0.1μm。由于大面积超净间的造价很高，且不易达到高洁净度，因此出现了超净工作台、超净工作腔等小面积的超净环境。

普通加工中未予考虑的振动情况也是超精密加工必须解决的问题，减振、隔振是精密及超精密加工机床非常重要的问题。如果不采取措施进行隔振，其他地方的振动会对机床造成较大的影响，以致机床达不到加工的精度要求。例如，在精密磨削中，要获得表面粗糙度低于 0.01μm 的精度，需将磨削时的振幅控制在 1~2μm 以下。因此，超精密机床多安放在带防振沟和隔振器的防振地基上，还可使用空气弹簧对低频振动进行隔离，机床主轴部件也需经过精密动平衡以减少振动。

2. 超精密的计量手段

精密与超精密加工必须具备相应的检测技术和手段，要求测量仪器的精度至少比机床的加工精度高一个数量级。目前，超精密加工所用测量仪器多为激光干

㊀ $1in^3 = 1.63871\times10^{-5}m^3$。

涉仪和高灵敏度的电气测量仪，激光干涉仪的测量精度为 0.4×10^{-6}，而多次光波干涉显微镜的分辨能力可达 0.5nm；电气测量仪的放大倍数可达 100 万倍，重复精度为 0.5nm，已能满足纳米级精度的测量要求。

3. 误差补偿措施

在超精密加工中，必须包括在线误差补偿系统以对加工精度进行补偿。误差补偿系统一般由测量装置、控制装置及补偿装置三部分组成。测量装置向补偿装置发出脉冲信号，后者接收信号后进行脉冲补偿。每次补偿量的大小，取决于加工精度及刀具磨损情况。每次补偿量越小，补偿精度越高，工件尺寸分散范围越小，但对补偿机构的灵敏度相应也要求越高。

2.2.3 超精密加工技术包含的领域

超精密加工技术主要包括以下四个领域：

（1）超精密切削加工　超精密切削加工指采用金刚石刀具等超硬材料进行超精密切削，加工各种镜面。其加工表面粗糙度可达几十纳米，并成功地解决了用于激光核聚变系统和天体望远镜中的大型抛物面加工，它包括超精密车、铣、镗及复合切削等。

（2）超精密磨削　超精密磨削指采用细粒度或超细粒度的固结磨料砂轮，以及高性能磨床实现去除，加工精度可达到或者高于 0.1μm，加工表面粗糙度小于 0.025μm 的加工方法，是超精密加工技术中能够兼顾加工精度、表面质量和加工效率的一种先进手段。

（3）超精密抛光　超精密抛光是利用微细磨粒的机械作用和化学作用，在软质抛光工具或化学液、电磁场等辅助作用下，为获得光滑或者超光滑表面，减少或完全消除加工变质层，从而获得高表面质量的加工方法。其加工精度可达到几纳米，加工表面粗糙度可达到 0.1nm 级，超精密抛光的材料去除量十分微小，一般小于几 μm，是目前最主要的最终加工手段。

图 2-1 所示为目前各种典型超精密加工的精度范围。

（4）超精密特种加工　如在大规模集成电路芯片上，采用电子束、离子束的刻蚀方法制造图形，目前可以实现的最小线宽为 0.1μm。

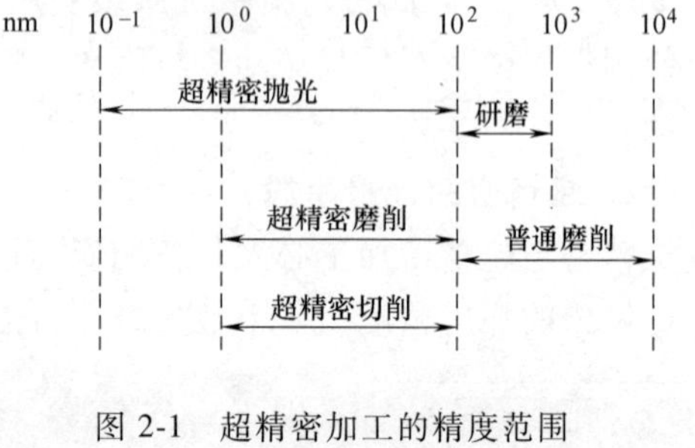

图 2-1　超精密加工的精度范围

超精密加工不单纯是工艺问题，而是一项包括内容极其广泛的系统工程。实现超精密加工，不仅需要超精密的机床设备和工具，也需超稳定的环境条件，还需要运用计算机技术实时检测和反馈补偿。只有将各领域的技术成就集成起来，才有可能实现和发展超精密加工。

2.2.4　超精密切削加工

超精密切削加工的典型代表为采用金刚石刀具，进行有色金属、合金、光学玻璃、石材和复合材料的超精密加工，制造加工精度要求很高的零件，如陀螺仪、天文望远镜的反射镜、激光切割机床中的反射镜、计算机磁盘、录像机磁头及复印机硒鼓等。

以图 2-2 所示的计算机硬盘基片的高精度加工为例，对铝合金软质基片采用单晶金刚石刀具进行镜面车削，比敷砂研磨加工获得的表面粗糙度更低；当磁层厚度小于 1μm 时，金刚石镜面车削比研磨加工的表面粗糙度可提高 14%，而且效率更高。超精密切削加工的关键是能够在被加工表面上进行微量切除，其切除量小于被加工工件的精度，如果能切削 1nm，则其加工水平为纳米级。

图 2-2　计算机硬盘基片

以金刚石刀具超精密切削和金刚石微粉砂轮超精密磨削为代表的精密与超精密加工技术，其加工原理就是微量切削。与传统切削不同，因为这时的切屑厚度极小，可能小于晶粒的大小，切削可能在晶粒内部进行，因此切削力一定要超过晶粒内部非常大的原子、分子结合力才能进行切除，而不是通过晶粒之间滑移完成切除。

超精密切削加工刀具必须具备以下特征：

1. 锋利的切削刃

切削刃要非常锐利，切削刃钝圆半径要很小，才能有进行微量切削的能力。微量切削可以获得光滑而加工变质层较小的表面，微量切削的最小切削厚度取决于刀具切削刃的圆弧半径，其半径越小，刀具最小切削厚度越小，因此能够制造和设计具有纳米级刃口锋利度的超精密切削刀具是进行超精密切削加工的关键技术。国外金刚石刀具制造厂商主要有英国的康图公司，日本的大阪钻石工业株式会社；我国尚不具备制造高精度圆弧刃金刚石刀具的能力，只能达到 0.1～0.3μm，与国外数纳米的刃磨水平相比，还有一定的差距。

2. 高强高硬的刀具材料

超精密加工的刀具切削刃应能承受巨大切应力的作用。切削刃在受到很大切应力的同时，切削区会产生很高的热量，切削刃切削处的温度会很高，要求刀具材料应有很高的高温强度和高温硬度。只有超硬刀具材料，如金刚石、立方氮化硼等才能胜任精密加工工作。金刚石材料质地致密，具有很高的高温强度和高温硬度，经过精密研磨，几何形状精度高，表面粗糙度很低，是目前进行极薄切削的理想刀具材料。超精密切削采用的金刚石刀具也有缺点，如金刚石很脆，怕振动，要求切削稳定；此外，金刚石与铁原子的亲和力大，不适于切削钢铁材料。

3. 切削刃应无缺陷

切削过程是切削刃形复映在工件表面的加工，切削刃的任何缺陷都会造成工件的加工精度下降，不能得到理想的光滑表面；同时，刀具材料应与工件材料的抗黏结性好、亲和力小、摩擦因数低，以得到综合性能好的加工表面完整性。

超精密切削加工机床是实现超精密加工的首要条件，一般是采用高精度空气静压轴承支承主轴系统，刚度高、动态性能好。采用精密数字伺服方式，控制部分为内装式 CNC 装置和激光干涉测长仪，实现随机测量定位。在 DC 伺服机构内装有压电式微位移机构，可实现纳米级微位移，实现刀具的微量进给。采用恒温油淋浴系统，消除了加工中的热变形。采用压电晶体误差补偿技术，保证高加工精度的稳定性与可靠性空气静压导轨支承进给系统的结构模式。要实现超微量切削，必须配有微量移动工作台的微量进给驱动装置和满足刀具角度微调的微量进给机构，并能实现数字控制。超精密加工机床必须具备以下性能要求：

（1）极高精度　包括主轴回转精度、导轨运动精度、定位精度、重复定位精度、分辨率及分度精度。如精密主轴部件要求达到极高的回转精度，转动平稳、无振动，关键在于其高精度的回转轴承，故多采用空气静压回转轴承，其回转精度可达到 0.025~0.05μm，运动平衡，温升较小，故得到广泛采用；但空气静压轴承刚度较低，承载能力较弱，抗振性能较差，故大型超精密机床常采用液体静压轴承，如美国 LLL 实验室的 DTM-3 型机床，主轴径向轴承采用液体静压轴承，止推轴承采用的是空气静压轴承。

（2）高的静刚度　动刚度、热刚度和稳定性。超精密机床的总体布局多采用 T 形结构，主轴箱带动工件做纵向运动，横向运动由刀架完成，机床横、纵向导轨都做在机床床身上，成 T 形布局，有利于提高导轨的制造精度和运动精度；而且测量系统安装简单，可以大大提高测量精度。超精密机床床身和导轨采用线胀系数小、阻尼特性好、尺寸稳定的花岗石制造。稳定性指机床在使用过程中能够长时间保持高精度、抗干扰、抗振动及耐磨，能够可靠稳定地工作。

美国 Lawrence Livemore 实验室和美国空军联合研制的大型光学金刚石超精密车床，可以加工大直径、高分辨率光学镜头，其采用双立柱立式车床结构、六角刀盘驱动、多重光路激光干涉测长进给反馈，分辨率为 0.7nm，定位误差为 25nm；采用低线胀系数材料组合技术进行床身结构的设计以减少热变形的影响，并采用恒温液体冷却，液体温度控制在 20℃±0.0005℃范围内。

（3）具有微量进给装置　能实现数字控制，达到微量切削的目标。超精密切削加工的切削进给和切削深度都较小，必须有精密的微量进给装置，能够进行微米级甚至纳米级切深的精准控制，保证切削用量。可用的微量进给装置有机械传动结构、电磁和弹性变形式结构、压电陶瓷机构等。压电陶瓷机构可达到的精度最高，但其运动范围只能达到微米级，适用于工作行程小、定位精度要求高的场合；机械传动机构可以达到毫米级运动范围，但其定位精度不高，只能达到微米级，因此适用于工作行程较大、精度要求不高的场合；电磁式和弹性变形式机构的工作行程和定位精度介于以上两者之间，其中弹性变形机构的刚度大，抗干扰能力强，适用于工作环境较差的场合。要实现大范围的纳米级微量进给，一般需要采用多种运动机构相结合，如压电陶瓷和机械传动相结合的进给方式。

目前，常采用压电陶瓷式传感器作为微动执行元件，利用其电致伸缩效应实现微位移。我国已可做到分辨率为纳米级，重复精度为 50nm 的微量进给装置。日本东北大学精密工程系纳米实验室开发的多自由度微量进给机构，机构的分辨率可达到 50nm，行程可达 200mm，可进行半导体的加工。

图 2-3 所示为英国 Cranfield 公司的大型立式超精密机床中使用的电致伸缩微量进给结构。其位移部分由两个弹性变形元件即薄膜支撑在本体的外圆筒中。当电压导致压电伸缩传感器向下伸长时，位移部分被推动并带动刀具向前运动，实现微量进给。其内部装有差动式电容测微传感器，用于随时检测微进给数值。

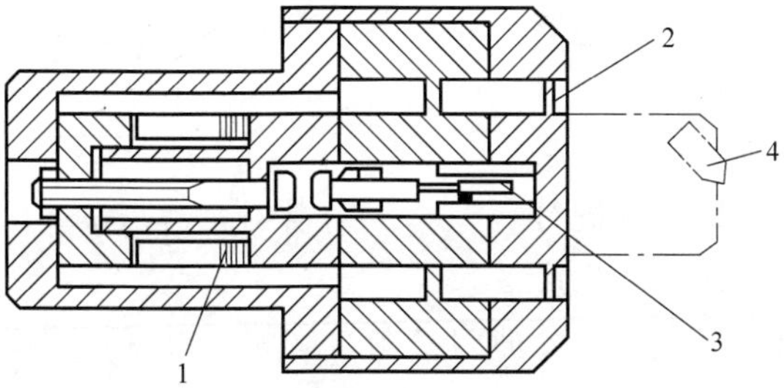

图 2-3　英国 Cranfield 公司的电致伸缩微量进给结构

1—压电伸缩传感器　2—弹性薄膜　3—差动电容测微仪　4—金刚石刀具

2.2.5　超精密磨削加工

随着科学技术的不断发展，在尖端技术和国防工业领域中，高精度、高表面质量的硬脆材料得到了广泛应用，如单晶硅片、蓝宝石基片、工程陶瓷、光学玻璃及光学晶体等，对于硬脆材料的加工，超精密切削的方式无法进行加工，必须采用超精密磨削，超精密磨削就是针对这些超硬材料的高精度、高表面质量的加工逐渐发展起来的。由于硬脆材料可获得高度镜面的表面质量，具有很大的应用潜力，但其磨削加工相对困难，砂轮磨削的面状接触比刀具刃部切削阻力要大几倍甚至上百倍，需要高刚度的工艺系统支撑。此外，磨削加工后，被加工表面受切削力和切削热的影响，易产生加工硬化、残余应力、热变形和裂纹等缺陷。

超精密磨削的主要加工刀具是砂轮。目前主要选用金刚石、立方氮化硼砂轮，要求砂轮锐利、耐磨、颗粒大小均匀、分布密度均匀。超精密磨削砂轮常用的结合剂有树脂结合剂、陶瓷结合剂和金属结合剂。树脂结合剂因结合剂较软易脱落，砂粒露出从而提高了砂轮的自锐性，比金属结合剂砂轮的磨削质量好。用于超精密镜面磨削的树脂结合剂砂轮的金刚石磨料平均粒径可小至 4μm。用 8000#粒度铸铁结合剂金刚石砂轮精磨 SiC 非球镜面，*Ra* 可达 2-5nm，形状精度很高。对极细粒度超硬磨料磨具来讲，砂轮表面容易被切屑堵塞，容屑空间和砂轮锋锐性很难保持。日本物理化学研究所提出的在线电解修整（ELID）磨削技术，利用在线的电解作用对金属基砂轮进行修整，砂轮始终以最佳磨削状态进行工作，从而实现了超精密镜面磨削，其工作原理如图 2-4 所示。即在磨削过程中浇注电解液，并在砂轮和工具电极之间加直流脉冲电流，这样会使作为阳极的砂轮金属结合剂产生阳极溶解效应逐渐被去除，磨料磨粒凸出砂轮表面，从而实现了砂轮的在线修锐。采用粗粒度的 ELID 磨削技术可代替普通磨削，采用 1~10μm 的微磨粒可替代一般的超精密磨削和研磨，采用 0.1~1μm 的超微磨粒可进行超精密镜面磨削。现在已经生产出粒度为 0.5nm，以铁粉为结合剂的金刚石砂轮，可进行 *Ra*0.5nm 表面粗糙度的磨削。

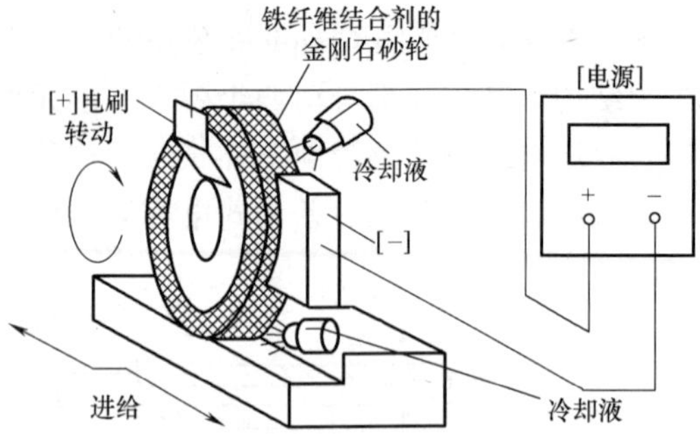

图 2-4　ELID 磨削工作原理

超精密磨削机床要求有较高的精度和刚度，而且要求主轴有较高的转速。磨削过程中需要对砂轮不断进行在线修整，保持砂粒的锐利，制作能够避免磨屑堵塞的超细砂轮，并保持一定的容屑空间。如果能控制单颗磨粒对工件的法向载荷，使工件仅发生弹性变形，则可实现无亚表面损伤的加工或塑性域加工。日本茨城大学用 1~3μmCeO_2 的酚醛树脂砂轮对单晶硅进行化学机械磨削，与化学机械抛光（CMP）相比，均能达到 *Ra* 约为 1nm 的表面粗糙度，但没有 CMP 所产生的加工变质层（约 3nm）。化学机械抛光的原理是干式加工状态下的 CeO_2 与 Si 发生固化反应，由于 CeO_2 硬度介于 Si 和反应生成物之间，会去除反应生成物而不损伤 Si 工件。

超精密砂带磨削同时具有磨削、研磨和抛光的多重作用，同样可以达到超精密磨削的效果。砂带磨削是一种高精度、高效率、低成本的磨削方法，广泛应用于各种材料的磨削和抛光，由于其接触面小、发热量少、可有效减少工件变形和烧伤，工件表面粗糙度 *Ra* 可达到 0.05~0.01μm。

此外，还有确定量微磨技术，最初是由美国罗切斯特大学光学研究中心提出，采用高刚度、高精度、高稳定性机床，通过精确控制砂轮的进给、切深及磨削速度，减少磨削加工的不确定性，减少工件表面损伤，达到高精度、高效率和高质量的加工。确定量微磨技术成形表面粗糙度可达到方均根值为 3nm，优于研磨加工质量和效率。日本根据电泳沉积原理制作了超细磨粒的砂轮，这种砂轮可以有效避免传统砂轮产生的微细磨粒易团聚、均匀性差、无气孔和易脱落等缺点。采用 SiO_2 磨料制作的砂轮对单晶硅、蓝宝石等进行磨削，得到了 *Ra*0.6nm 的超光滑表面。

2.2.6　超精密抛光加工

超精密抛光加工是目前最主要的终加工手段，具有去除量小、加工精度极高的特点，其加工精度可达到几纳米，加工表面粗糙度可达到 *Ra*0.1nm 级。其加工机理是利用微细磨粒的机械和化学作用，在软质抛光工具或电磁场及化学液的作用下，采用物理和化学作用的复合加工，进行微量去除，获得光滑或超光滑表面，得到高质量的加工表面。

抛光加工可分为机械抛光、化学抛光、化学机械抛光、液体抛光、电解抛光和磁流变抛光等，针对硅片加工发展起来的化学机械抛光是目前应用广泛、技术成熟的超精密抛光技术。1977 年，日本 YASUNAGA 等利用 SiO_2 抛光蓝宝石，用 $BaCO_3$、$CeCO_2$、$CaCO_3$ 抛光单晶硅，获得了 *Ra*0.1nm 级表面粗糙度的表面，提出并验证了化学机械抛光的概念。该方法通过磨粒、工件和加工环境之间的机械和化学作用，实现了工件材料的微量去除，能获得少无损伤、超光滑的加工表面。在硅片的化学机械抛光过程中，加工液会在硅片表面生成水合膜，减少加工变质层的发生。目前，化学机械抛光广泛应用于超大规模集成电路制造中硅片的全面平坦化，是半导体工业中的主导技术之一，而且也正在不断拓展它的应用范围。关于超精密抛光的机理及其近几十年发展起来的众多超精密抛光技术如图 2-5 所示。经过对加工方法的合理控制，图 2-5 中所示的加工方法都可以达到无加工变质层、无表面损伤，其表面粗糙度可达亚微米级。

2.2.7　精密与超精密加工技术的发展趋势

精密与超精密加工技术要求的加工精度高，受整体加工环境约束明显，如刀具材料、刀具制造精度、机床精度、被加工材料、加工工艺和控制精度，以及监测反馈系统、温湿度等基本加工环境都会对最终精度造成影响，单一方面的改进对精

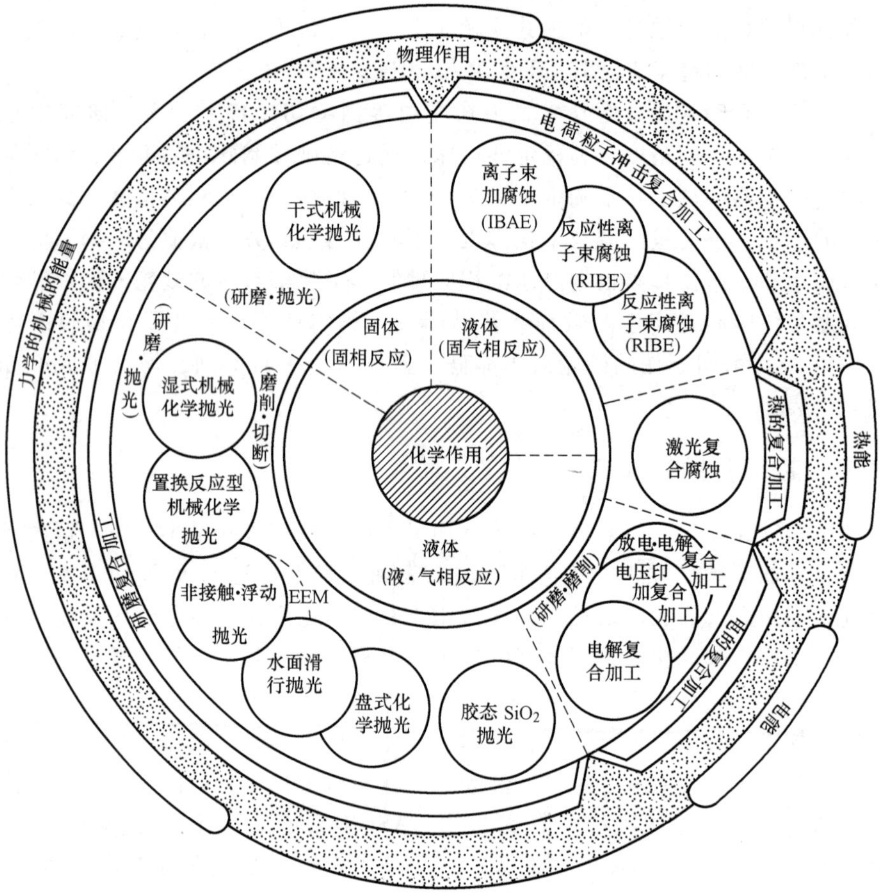

图 2-5　超精密抛光的机理及超精密抛光技术

度提升的作用有限，必须采用系统工程、综合平衡的技术手段去解决问题。随着制造业规模和要求精度的不断提升，精密与超精密加工技术的发展呈现以下趋势。

1. 向更高精度、大型化方向发展

加工精度的提高和加工质量的提升是相辅相成的，现阶段的超精密加工技术正从亚微米级、纳米级和亚纳米级向突破纳米尺度的方向发展，这就促使超精密机床、高精度微型刀具、快速响应控制反馈系统及恒温湿超洁净环境等支撑系统得到快速发展。作为系统工程的一环，任一技术条件的缺失都会使最终加工效果大打折扣。

超精密加工正在向高效率、大型化加工方向发展。航天航空、电子通信等领域的快速发展，不仅需要高精度、高质量的加工效果，同时对加工效率和加工尺寸也提出了要求，如大型天文望远镜、激光核聚变和大型光学镜面的加工，要求

其形状精度达到纳米级，且需求量较大，这就迫使人们研制各种大型超精密加工设备，以同时满足高效率和大型化的加工需要。国防科技大学李圣怡教授研制出我国首台具有自主知识产权的大型纳米精度磁流变和离子束抛光装备，从而实现了将光学零件的方均根值面形误差控制在几纳米以内，突破了大型光学零件高效、高精度和无损伤制造的技术瓶颈。

2. 向微型化方向发展

精密与超精密加工技术除了向大型化发展以外，也正在向微型化发展。人们对于产品小型化、微型化的需求，使得某些具有微纳几何尺度特征元器件，如微型传感器、微电子原件和微型马达等的高精度、低成本加工成为超精密加工亟待解决的问题。探求更微细的加工技术，即超微细加工技术成为下一步的重要研究方向。

3. 向集成化、完整复合加工方向发展，并呈现出加工、检测和补偿一体化的趋势

精密与超精密加工装备正向完整复合加工方向发展，其自身设计既能保证所需的恒温、恒湿和超洁净环境，又能进行车、铣、磨、抛、检测和补偿加工等一系列超精密加工工艺；而且光电检测技术和手段的不断发展也有力地促进了超精密加工技术。例如，对于高精度的尺寸、几何形状及位置尺寸等，可采用分辨率为 0.01~0.001μm 的电感测微仪以及激光干涉仪等来检测；对主轴回转精度可用电容测微仪来测量；对导轨直线度可用自准直仪、激光干涉仪来测量；对表面形貌及表面粗糙度可用表面轮廓仪、隧道显微镜来测量；对表面层的应力、变质层和微裂纹等缺陷可用 X 光衍射法、激光干涉法等来测量。误差预防、误差补偿和误差预报是精密与超精密加工中提高加工精度的重要举措。误差预防是通过提高工艺系统精度、保证工作环境的条件等来减少误差源；误差补偿是通过修正措施来抵消或消除误差；而误差预报是根据误差出现的发展趋势，得到预报值，采取相应的补救措施，真正做到无滞后的实时补偿。

常规材料在某些领域已经满足不了人们的需求，某些线胀系数趋向于零的材料，如陶瓷、环氧树脂和石墨复合材料等，以及具有某些特殊性能的材料，如铁氧体、锆合金和纤维增强复合材料等，也成为超精密加工的被加工材料，为此必须研发适用于这些材料的新原理、新方法，以适应现代先进制造业的需求。

2.3　微细加工技术

2.3.1　概述

1. 微机械

微机械或微型机电系统（micro electro mechanical systems，MEMS）指可以批

量制作的集微型机构、微型传感器和微型执行器，以及信号处理和控制电路，甚至外围接口、通信电路和电源等于一体的微型器件或系统。MEMS 是一个新兴的、多学科交叉的高科技前沿研究领域，涉及电子、电气、机械、材料、制造、信息与自动控制，以及物理、化学、光学、医学和生物技术等多种工程技术和科学。MEMS 能通过传感器采集光、声、热、电、磁、重力和运动等外部信号，将其转化为电信号，通过电子系统协调统一控制这些信号，并发出指令给自动执行部件，完成所需的动作。一个集成的、具有信息获取、处理和执行功能的微型器件组成的 MEMS，具备自动化程度高、智能可靠的优点，开辟了全新的应用领域和产业，制造出很多产业中所需要的重要元器件，如微传感器、微执行器、微电子器件和微陀螺等。

微机械具有体积小、重量轻、能耗低、精度高、性能可靠和灵敏度及效率高等优点，易于实现整个系统的小型化、智能化，降低原材料和能源的消耗，从而可以降低成本，适于大批量生产。微机械符合产品小型化的趋势，在航空航天、生物医学、国防军事及精密仪器等领域有着广泛的应用前景，针对微机械应运而生的各种微细加工技术也得到了快速的发展。

2. 微细加工技术及其特点

微细加工技术指能够制造出微小型尺寸零件的加工技术的总称，起初是由半导体集成电路制作工艺发展而来的工艺方法，其典型的应用就是大规模集成电路（VLSI）和超大规模集成电路（ULSI）的加工制造。微细加工技术包括微细切削技术、光刻技术、刻蚀技术、超薄膜形成技术、离子注入加工技术、特种电加工技术和超声微加工技术等，其中光刻技术是微细加工技术的主流技术，也是应用最广的一种技术，如实验室内利用飞秒激光（femotosecond laser）进行的微纳米加工技术，可以达到的精度为 10nm；离子刻蚀技术致薄探测器探头，可以大大提高其灵敏度。例如，致薄月球岩石样品，能从 10μm 致薄到 10nm；能在 10nm 厚的 Au-Pa 膜上刻出 8nm 的线条来。

传统微细加工技术虽然可以达到极小的加工尺度和较高的加工精度，但只适于对特定材料和二维以及二维半几何形状的加工，不能满足微机械零件材料多样化、结构三维化、功能复杂化和批量柔性化的发展趋势。微细切削技术具有加工精度高、加工成本低、加工效率高、三维加工能力强及适用工件材料范围广等优点，成为微细加工技术的重要手段，在近几年得到了飞速发展。微细切削技术是建立在传统机械切削技术基础之上，并融合应用超精密加工技术、数控机床技术、CAD/CAM 技术、超精密检测技术、金属切削实验技术和微小型刀具设计技术等发展起来的针对微小型零部件及总成的一种微细加工技术。

微细加工与常规尺度加工在原理和方法上有许多不同，并不是在常规尺度机械加工基础上加工尺寸的简单减小，而是有其自身的加工特点，主要表现在以下方面：

(1) 材料去除机理不同 微细加工尺度较小，以微细切削技术为例，切削深度一般为 $10^{-4} \sim 10^{-2}$mm，其切削过程不同于常规尺度切削。常规尺度加工时，由于吃刀量较大，晶粒大小可以忽略而作为一个连续体来看待，而微切削却是在晶粒内进行，晶粒作为不连续体而被切削。从常规尺度到微、纳尺度切削加工的变化，对应材料的去除机理则是宏观尺度下的位错剪切滑移变形到微观尺度晶粒内部的剪切断裂，其对应刀具单位面积上所承受的力急剧增大，使得材料去除变得更为困难；同时影响材料成形表面质量的因素也大大增加，为得到较高加工表面所采取的工艺措施将更为复杂。

(2) 精度衡量标准不同 常规尺度加工的精度是用其加工误差与加工尺寸的比值来表示，这就是精度等级的概念。在微细加工中，由于加工尺寸很小，加工误差与加工尺寸的比值相应较大，需要用误差尺寸的绝对值来表示加工精度，即用去除材料的大小来表示，从而引入了加工单位的概念。微细加工的加工单位可以小到分子级和原子级，而常规尺度的精度评定标准在微细尺度下不再适用，必须建立一整套微、纳加工尺度下的新的精度评定标准。

(3) 尺度效应影响 加工尺寸的减小会带来几何上的尺度效应、力的尺度效应以及其他物理上的尺度效应。几何尺度效应会使微、纳尺度零件加工时表现出与宏观尺度截然不同的现象，如表面力和表面物理效应将取代宏观尺度下的体积力而占主导作用，即各种作用力的相对重要性发生变化，如雷诺数反映了惯性力和摩擦力的作用大小。宏观领域下，雷诺数一般大于 1，表示惯性力占主导作用，而微、纳尺度作用下，雷诺数一般小于 1，摩擦力作用突出，如空气中飘浮的尘埃，其表面的空气摩擦力大于自身重力。尺度的缩小会使宏观尺度下的很多假设，如介质的连续性和均匀性等不再成立，相应的力学理论需要修正，由此分子动力学应运而生。此外，动能、动量、摩擦因数和速度等多方面也表现出了一定的尺度效应。

3. 微细加工技术的发展趋势

微细加工技术随着微机械的迫切需求和产业化应用而快速发展，并表现出巨大的应用前景，它是多学科交叉融合、互相推动的结果。微细切削加工技术的进步必将有力地推动微机械电子系统的发展，进一步提高加工效率，降低制造成本，制造出更多具有优良性能和广泛用途的微小型器件。

微细加工技术表现出以下发展特点：

(1) 微细复合加工方法 微细加工技术虽然目前仍是以使用物理和化学能量的特种加工为主，但在实际应用中，正在向多种方法复合加工的方向发展，如微细切削、化学腐蚀、光刻、高能束加工和电火花放电等方法及这些方法的复合加工。复合加工方法有利于发挥各种微细加工技术的优势，从而大大拓展了微细加工技术的适用范围。

（2）加工材料多样性　微细加工技术源于对硅片的刻蚀加工，但它能加工的材料绝不止于此，从单一的硅片已经扩展到铜、铝、碳钢、不锈钢、钛及高温合金等金属材料，以及碳纤维、芳纶纤维等纤维增强复合材料。可以断定的是，随着微机械的发展，还会有更多的具有优良性能的材料需要采用微细加工技术进行制造加工。

（3）三维加工能力越来越强　微机械的应用越来越广，产品结构也越来越复杂，在强大的市场需求推动下，微细加工技术从原来的平面化二维加工正向三维复合加工发展。以图 2-6 所示的微小型座体类零件为例，零件本体属于回转件，宏观特征符合车削加工工艺，而本体上的台阶、孔和微槽等又符合铣削加工特性，零件整体呈现三维立体结构，必须采用微细车铣复合工艺进行零件的三维加工。

图 2-6　微小型座体类零件

2.3.2　技术

1. 微细切削技术

鉴于微细切削技术的迅速发展，本部分内容将于本章 2.4 节做详细介绍。

2. 微细电加工技术

电加工是一种特种加工工艺，对于某些具有特殊性能的超硬材料，用机械加工的方法很难实现，必须使用电加工、光刻化学加工或生物加工等方法。微细电加工的基本原理与普通电火花加工相同，区别在于为实现微细加工，必须进行微小型工具电极的制备，同时控制放电的微小能量、进行微量进给的伺服控制，以及加工中进行检测和系统控制等。

线电极放电磨削（WEDG）和线电极电化磨削（WECG）就是典型的两种电加工方法，WEDG 与 WECG 的加工机床和工艺基本相似。图 2-7 所示为用电火花线电极放电磨削（WEDG）技术加工微小型刀具的简明工艺流程。WEDG 技术可以稳定地制成 $\phi 10\mu m$ 的钻头，最小可达 $\phi 6.5\mu m$，这是传统磨削技术等所达不到的。图 2-7 中用作加工工具的电极丝在导丝器导向槽的夹持下靠近工件，在工件和电极丝之间设有放电介质。加工时，工件做旋转和直线进给运动，电极丝在导向槽中低速滑动，通过脉冲电源使电极丝和工件之间不断放电来去除工件的加工余量。微细加工所用的脉冲电源的放电能量只是一般电火花加工的 1%，WECG 与 WEDG 相似，只是在工件和电极丝之间浸入电解液，并采用低压直流电源。

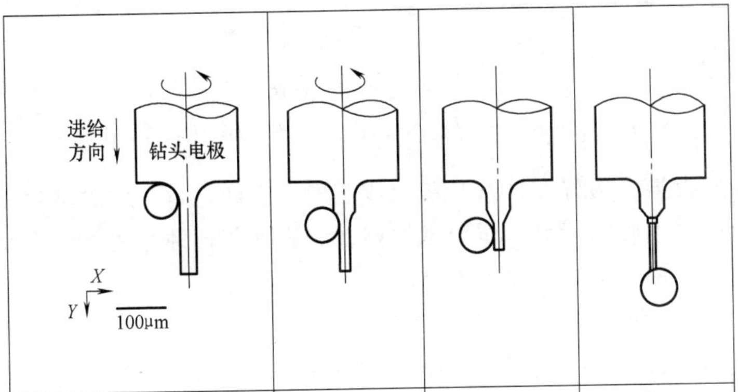

工艺	粗加工	精加工	加工前刀面	加工后刀面
电压	100V	60V	60V	60V
电容	3000pF	杂散电容	杂散电容	杂散电容
工件旋转	有	有	无	无

图 2-7　用 WEDG 加工微小型刀具的简明工艺流程

3. 光刻加工技术

光刻加工是微细加工中广泛使用的一种加工方法，最早用于微电子集成电路制造。光刻加工是用成像或光敏胶膜在基底上图形化，将光刻掩模上的图形印刷在涂有光致抗蚀剂的薄膜或基材表面，然后进行选择性腐蚀，刻蚀出所需要的图形。所用的基材有各种金属、半导体和介质材料，光致抗蚀剂又称光刻胶或感光剂。光刻技术主要用于集成电路的 PN 结、二极管、电容器、整流器和晶体管等元器件的制造。

光刻加工一般要经过涂胶、前烘、曝光、显影、坚膜、刻蚀和去胶七个步骤，而在集成电路的生产中，要经过数百次这样的光刻过程。以负胶光刻为例，光刻加工工艺的基本流程如图 2-8 所示：

1）涂胶。涂胶过程就是在氧化硅的表面涂一层黏附性好的光刻胶膜。为保

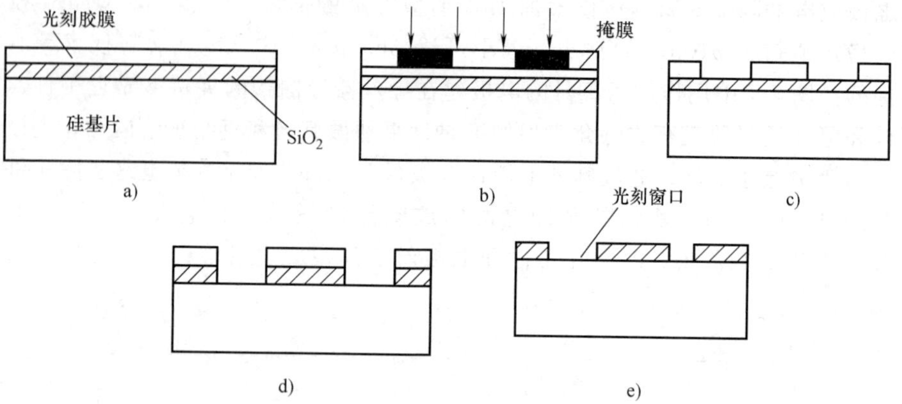

图 2-8　光刻加工工艺的基本流程

a）涂胶、前烘　b）曝光　c）显影、坚膜　d）刻蚀　e）去胶

持良好的涂胶效果，最好在硅基片氧化或蒸发后立即进行，此时基片表面清洁干燥，易于涂胶。涂胶的厚薄一定要掌握好，胶膜太薄耐蚀能力差；太厚分辨率会降低，应使可分辨线宽为膜厚的 5~8 倍。

2）前烘。前烘就是使胶膜里的溶剂慢慢挥发出来，使胶膜变得干燥，并增加了黏附性和耐磨性。一般通过试验的方法来确定不同胶和膜厚情况下前烘的时间和温度。

3）曝光。曝光是使曝光部分的光刻胶在显影液中的溶解性改变，经显影后在光刻胶膜上得到和掩膜相对应的图形，是一种有选择性的光化学反应。常采用波长为 200~400nm 的紫外光，通过接触曝光、接近曝光以及投影曝光的方法进行。由于光学曝光系统的分辨率受光衍射的限制，有效分辨率仅能达到 400~800nm，所以采用短波长的曝光源可以提高分辨率，如采用 11~14nm 的极紫外光。

4）显影。显影是把曝光后的基片放在适当的溶剂中，通过溶解反应去除光刻胶膜，以获得溶蚀时所需要保护图形。显影液的选择原则是：需要去除的胶膜溶解较快，溶解度大；需要保留的胶膜溶解度较小；显影液内所含有害的杂质少、毒性小。显影时间随胶膜种类、膜厚、显影液种类、显影温度和操作方法不同而不同。

5）坚膜。坚膜是在一定温度下对显影后的基片进行烘焙，除去显影时胶膜所吸收的显影液和残留水分，改善胶膜与基片的黏附性，增强胶膜的耐蚀能力。

6）刻蚀。刻蚀过程指采用适当的刻蚀剂，对未被胶膜覆盖的二氧化硅或其他代加工薄膜进行刻蚀，以获得清晰、完整、准确的光刻图形，从而为选择性扩散或金属布线做准备。光刻工艺对刻蚀剂的要求是：只对需要去除的物质进行刻蚀，而对胶膜几乎不产生影响；要求刻蚀图形边缘整齐、清晰，刻蚀液环保无毒性，使用方便。刻蚀分湿法和干法刻蚀两种，湿法刻蚀是采用化学溶液，通过化学反应将不需要的薄膜去掉的图形转移方法；干法刻蚀是利用具有一定能量的离子或原子，通过物理轰击、化学腐蚀或者两者协同达到刻蚀目的。

7）去胶。去胶的过程就是把二氧化硅或者其他薄膜上的图形刻蚀出来后，将覆盖在基片上的胶膜去除干净。后续可以采用掺杂、氧化、蒸发、溅射以及外延等工艺方法，在硅基片的指定区域形成不同电特性的薄膜，从而完成基本元器件的制造。

4. LIGA 技术与准 LIGA 技术

LIGA 是一种使用 X 射线的深度光刻、电铸成形和注射相结合，实现深宽比大的微细构件的成形方法。该技术是在 1986 年由德国卡尔斯鲁厄核研究中心为提取铀 235 研制微型喷嘴结构的过程中产生的，是一种全新的三维实体微细加工技术。

LIGA 的加工过程大致为：

1）深层同步辐射 X 射线光刻。即将 PMMA 等 X 射线感光材料，以 0.1～1mm 厚度涂在金属基板上，把从同步辐射源放射出的 X 射线作为曝光光源，在光致抗蚀剂上生成曝光图形的三维实体。与普通 X 射线相比，同步辐射源放射出的 X 射线不仅具有波长短、分辨率高和穿透力强的同类优点，而且还具有几乎完全平行的 X 射线辐射；可进行大焦深（>10μm）的曝光；减少了几何畸变的影响；具有比普通 X 射线强度高两个数量级以上的高辐射强度；可使用灵敏度较低但稳定性较好的光刻胶来实现单层胶工艺；曝光时间短，生产效率高等优点。

2）电铸成形。用曝光蚀刻的图形实体作为电铸用胎膜，用电沉积方法在胎膜上沉积金属，直到电铸成形的结构刚好把光刻胶模板的型腔填满；最后在剥离溶剂中对光刻胶形成的初级模板进行腐蚀剥离，剩下的金属结构即形成所需要的金属微结构件。

3）注射成型。将电铸制成的金属微结构作为注射成型的模具，即能加工出所需的微型零件。

LIGA 技术可制作深宽比大的、具有较厚结构的微小型机械结构，这是一般的微电子工艺技术所不具备的。由于 X 射线的平行度很高，使微细图形的感光聚焦深度比光刻法大很多，一般可达 25 倍以上，刻蚀厚度较大，制出的零件具有较强的实用性；另外，X 射线的波长极短，小于 1nm，使断面的表面粗糙度最小能达到 *Ra*0.01μm。此外，用此法除可制造树脂类零件外，也可在精密成形的树脂零件基础上再电铸得到金属或陶瓷材料的零件。例如，目前应用 LIGA 法制作出直径为 130μm、厚度为 150μm 的微型涡轮；制作出厚度为 150μm 的微型涡轮；制作厚度为150μm、焦距为500μm的柱面微型透镜时，可获得非常光滑的表面。

LIGA技术极大地扩大了微结构的加工能力，使得原来难以实现的微机械能够制造出来；缺点是它所要求的同步辐射源比较昂贵、稀少，致使其应用受到限制，难以普及。后来出现了所谓的准LIGA技术，它是用紫外光源代替同步辐射源，虽然不具备和LIGA技术相当的深度或宽深比，但是它利用的是常规的设备和加工技术，这些技术更容易实现。如图2-9所示为利用准LIGA技术制作的微齿轮模具型腔和通过注射得到的镍微齿轮。

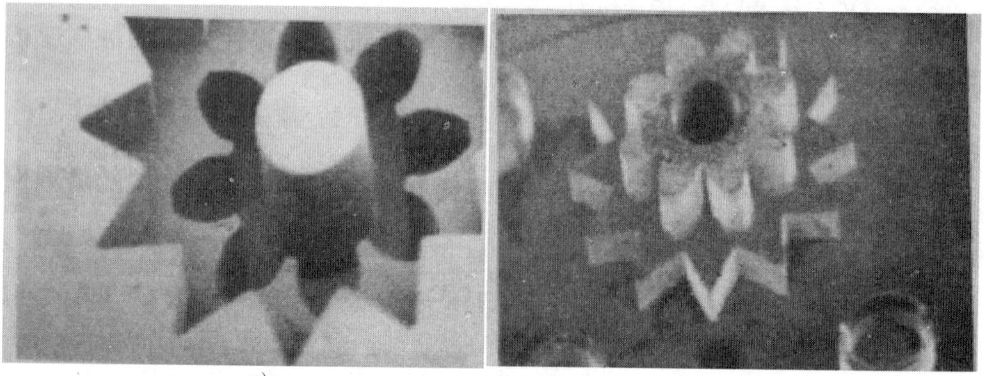

a)　　b)

图2-9　准LIGA技术制作的产品

a）微齿轮模具型腔　b）镍微齿轮

5. 封接技术

封接技术在微机械加工中也占有重要位置，是微机械系统的关键技术。其目的是将分开制作的微机械部件在使用黏结剂的情况下连接在一起，封在壳中使其满足使用要求。通过封接技术可以把微小型零部件组成微系统，进而影响到整个微系统的功能和尺寸。常用的封接技术有反应封接、淀积密封膜和键合技术。反应封接是将多晶硅结构与硅基片通过氧化封接在一起；淀积密封膜是用化学气相淀积法在构件与衬底之间淀积密封材料；键合技术是把两个固体部件在一定的温度与电压下直接键合在一起的封装技术，其间不用任何黏结剂，在键合过程中始终处于固相状态。键合技术可分为硅-硅直接键合和静电键合两种，硅-硅直接键合是将两个经过磨抛的平坦硅面在高温下依靠原子的力量直接键合在一起形成一个整体；静电键合主要用于硅与玻璃之间的键合，在400℃下，在硅与玻璃之间加上电压，通过产生静电引力而使两者结合成一体，它可实现硅与玻璃一体化微型机械结构，不存在界面失配问题，有利于提高器件性能。为了提高微系统的集成度，一些新的工艺方法，如自动焊接、倒装焊接也得到了广泛的应用。

6. 分子装配技术

扫描隧道显微镜（STM）和原子力显微镜（AFM）的发明，使人类可以达到操作和使用原子的水平，用其探针的尖端可以俘获和操纵分子和原子，并可以按照需要拼成一定的结构，进行分子和原子的装配制作微机械，这是一种纳米级微加工技术，是一种从物质的微观角度来构造、制作微机械的工艺方法。STM 和 AFM 具有 0.01nm 的分辨率，是目前世界上精度最高的表面形貌观测仪。美国的 IBM 公司用 STM 操纵 35 个氙原子，在镍板上拼出了“IBM”三个字母；中国科学院化学研究所用原子摆成我国的地图；日本用原子拼成了“Peace”一词。可以在铜 Cu（111）表面上成功地移动了 101 个吸附的铁原子，写成中文的“原子”两个字，如图 2-10 所示，这是首次用原子写成的汉字，也是最小的汉字。有理由相信，STM 和 AFM 技术将会在微细加工方面有更大的突破。

图 2-10　用原子写成的汉字

2.3.3　微细加工技术的发展趋势

微细加工技术在生物工程、化学、光学、国防、航天、工业控制、医疗、通信，以及信息处理、农业和家庭服务等领域有着巨大的应用前景。当前，在某些领域大批量应用和生产的微型机械产品，如微型压力传感器、微细加速度计和喷墨打印头已经非常成熟，并占领了巨大市场。一些令人瞩目的微系统引起人们的广泛关注，各种微型元件被开发出来，显示出现实和潜在的价值，微细加工技术已被认为是微机械发展的关键技术之一。从目前来看，微细加工技术呈现如下的发展趋势：

1）加工材料多样化。从单纯的硅开始，正在向各种不同类型的材料发展。随着微小型器件的大规模应用，某些具有特殊性能的材料，如玻璃、陶瓷、树脂、金属及一些有机物，也将会被用作微小型结构件的材料，从而可以大大扩展微机械的应用范围，满足不同的特种需求。

2）加工方法多样化。微细加工技术不仅是传统机械加工和电加工在微小尺度的延伸，更是集合了其他特种加工工艺方法，如在半导体光刻加工和化学加工等高集成、多功能化微细加工的基础上提高其去除材料的能力，使其能制作出实用的微小型零件的机器。不仅如此，加工方法也从单一加工技术向复合一体化加工技术发展，未来的微细加工技术必将整合多种微细加工工艺方法，可对尺度达几十微米至纳米级微小型零件进行高效、高精度加工，为此，必须研制相应的机械加工装备，并开发一系列的控制、工艺和检测方法。

3）可实现高效率、低成本加工。随着微小型零件需求的日益增加，必须开发出高效率、低成本的复合加工工艺方法，以实现加工规模由单件向批量生产发展。LIGA 工艺的出现可以进行微机械的批量生产，微细成型、微细制模和微细模铸等方法也能适用于批量生产微型零件，但是必须降低生产成本才能得到大规模的应用。务必要寻求一种可进行的、高效率、低成本加工的复合一体化微细加工工艺方法。

4）深入研究微细加工的机理。微细加工技术中出现一系列的尺度效应，如构件的惯性力、电磁力的作用相应地减少，而弹性力、表面张力和静电力等的作用将相对较大；表面积与体积之比相对增大，传导、化学反应等加速，表面间的摩擦阻力显著增大。深入研究微细加工的机理，对于发展微细加工的相关工艺方法和制造加工工艺的制订有很大的实际应用意义。

2.4 微细切削技术

微细切削技术是建立在传统机械切削技术基础之上，并融合众多高新技术发展起来的针对微小型零部件及总成的一项微细加工技术。微细切削技术在加工微小型复杂、异型、高强度和多尺度金属结构件方面有独特优势，符合微机械零件材料多样化、结构三维化、功能复杂化及批量柔性化的发展趋势成为国内外研究的热点和重点。从技术体系的角度来说，微细切削技术也是精密与超精密加工技术的重要组成部分，它脱胎于常规尺度的机械切削，在基础理论和工艺方法上又和常规机械切削有所区别。

2.4.1 微小型机床

微小型机床是微细切削技术的重要装备保障，它是基于精密与超精密机床的基础上发展起来的一种专用机床，仍处于实验室和研究阶段，没有量产。各国在微细切削机床研究方面都有很大投入，其中日本、德国在微细切削技术方面的研究较为领先，取得了较大成果，我国各高校和科研院所也进行了微小型机床的研发，并开发成功了具备相似功能的机床。

日本金泽大学（Kanazawa University）开发出了一种用于微细切削的车削系统，如图 2-11a 所示。该系统由工件与夹盘、刀具与刀座、机床主机、传感器件、观测单元和操作单元等部分组成，整体尺寸很小，可以放置在桌面上。针对微小型工件直接观察比较困难的问题，专门配备了光学显微镜。其主轴转速为 3000~15000r/min，主轴的末端安装有一个四爪夹头，能够夹持直径为 0.3mm 的工件。

日本通产省工业技术研究院（MEL）于 1996 年开发出世界上第一台微型车床，主轴电动机额定功率为 1.5W，质量约为 100g，外形尺寸为 32mm×25mm×

30.5mm，如图 2-11b 所示。用该机床切削黄铜时，可得到加工工件的圆度为 2.5μm，其最小外圆直径为 60μm，沿进给方向的表面粗糙度为 Rz1.5μm。该微型车床的开发不仅验证了可以使生产设备微小型化以及微型企业的概念，而且证明了微型机床能够节省能源和空间，从而进一步节约生产资源。

a)

b)

图 2-11　微小型机床

a）微小型车床（日本金泽大学）　b）日本 MEL 的微型车床

德国卡尔斯鲁厄大学（University of Karlsruhe）机床与制造科学研究所设计了一种三轴微细铣削机床，如图 2-12 所示。机床外形尺寸为 400mm×150mm×220mm，定位精度为 1μm；主轴最高转速达 160000r/min，是当时世界上转速最高的机床，能够保证足够的线速度；与高速主轴相匹配的是钢轴承座和陶瓷滚珠的混合轴承，具有很好的刚性，适合于加工淬硬钢等硬材料；轴承跳动小于 0.3μm。

我国上海交通大学研制的微小型铣床如图 2-13 所示。其外形尺寸为270mm×190mm×220mm，加工范围为 30mm×30mm×30mm；主轴最大转速为 60000r/min，工作台定位精度为 1.6μm，重复定位精度为 0.3μm，X 向直线度为 ±0.2μm，Y 向直线度为±0.3μm。可加工壁厚最薄为 20μm、深度为 200μm 和最大深径比为 10：1 的微小型同心圆形槽。

图 2-12　德国卡尔斯鲁厄大学设计的三轴微细铣削机床

哈尔滨工业大学研制的三轴微小型立式铣床及附属设备如图 2-14 所示。采用全闭环控制，分辨率可达 0.1μm。其尺寸为 300mm×300mm×290mm，主轴最大转速为 160000r/min，最大径向跳动为

图 2-13 上海交通大学研制的微小型铣床

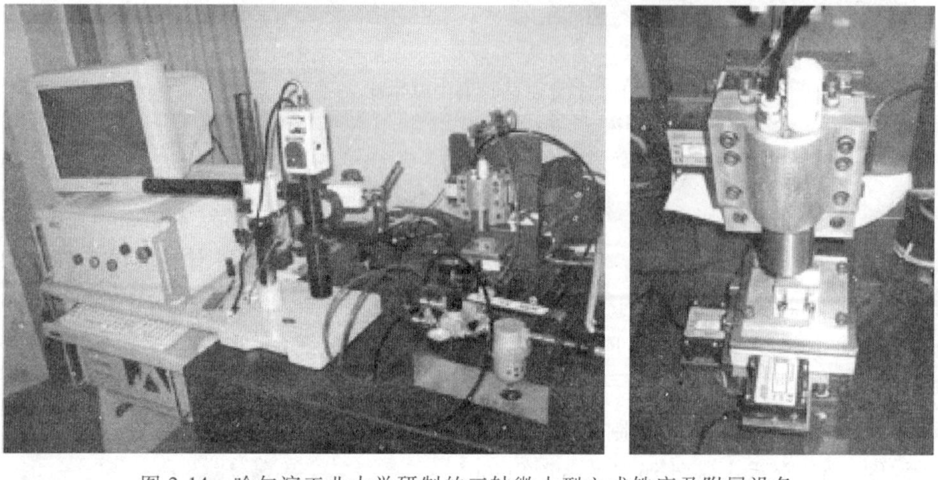

图 2-14 哈尔滨工业大学研制的三轴微小型立式铣床及附属设备

1μm；驱动系统重复定位精度为 0.25μm，速度为 1μm～250mm/s。

2.4.2 微细切削刀具

1. 微细切削刀具的材料

高速工具钢、细晶粒和超细晶粒硬质合金、单晶金刚石材料由于其高硬度、耐磨、耐热以及较好的工艺性，是较理想的微小型刀具材料。

（1）高速工具钢 高速工具钢是在高碳钢中加入规定含量的合金元素并经热处理工艺，得到比普通钢材更硬、更耐高温磨损和更有韧性的优质合金工具钢。高速工具钢经热处理后的使用硬度为 63～69HRC，在 600℃左右的工作温度下仍能保持约 60HRC 的高硬度，其抗压屈服强度在 2000～3000MPa 之间，而且其韧性、耐磨性和耐热性均较好。高速工具钢还具有一定的热塑性、可磨削性等工艺性能。

高速工具钢中的主要合金元素有钨、钼、铬和钒，还有一些高速工具钢中加入了钴、铝等元素。但是这类钢属于高碳高合金莱氏体钢，其主要的组织特征之一是含有大量的基本不能再固溶的一次碳化物，此碳化物占钢的 10%～20%（质量分数），尺寸为 2～20μm。由于微细切削的切削参数在 10^{-4}～10^{-2}mm 之间，由位错理论可知，工件材料的位错也大致在这个范围内，一次碳化物颗粒的尺寸不利于微细切削的顺利进行，也就意味着高速工具钢材料不适于作为较小尺度微细切削的微小型刀具材料。

由于高速工具钢具有优良的工艺性能，适用于复杂刀具的制作，并且其成本比其他高硬刀具材料，如单晶金刚石和硬质合金要低得多，某些要求不高的微小型钻头、铣刀和齿轮滚刀大多采用它作为微小型刀具材料。为克服高速工具钢硬度较低的缺点，工作条件较恶劣的刀具需要再进行涂层以提高其硬度和耐磨性。经过表面涂层处理后的刀具寿命大约会提高 1.5 倍以上。

（2）单晶金刚石　单晶金刚石因其具有硬度高、与工件材料的摩擦因数小、弹性模量高和晶体结构单晶等优点，切削刃可以抛光出非常锋利的刃口，其半径可以达到 50nm 左右。另据有关研究，根据延性域加工机理，选择合理的切削工艺和刀具参数，利用单晶金刚石刀具可实现硅片、锗和光学玻璃等脆性材料的延性域微细切削，从而满足微小型光学零件的精密加工需求。

但是，单晶金刚石刀具在被加工材料的选择和使用上受到很大局限，其与铁的亲和力强，这样就造成加工钢时的化学磨损严重，应用范围主要限制在非铁基材料，如对铜、铝等有色金属材料的微细切削加工上；单晶金刚石硬度极高，只适合于制造形状相对简单、尺度较大的车刀和成形刀具，不适合于制造形状复杂、具有空间曲线的复杂刀具，如钻头、铣刀及滚刀等。

鉴于单晶金刚石的这些特性，其在精密车削方面应用很广。在航空航天领域，使用的零件多为有色金属材料，故对金刚石刀具的需求较大；另外，如大型光学镜面的精密加工，也采用金刚石刀具。但金刚石刀具的刃磨，尤其是当该刀具需要磨成极锋利切削刃的时候是使用者面临的一大难题。

（3）细晶粒与超细晶粒硬质合金　晶粒度的大小为 0.2～1.3μm 的硬质合金称为细晶粒与超细晶粒硬质合金。由于其晶粒细小、硬质相尺寸较小和黏结相分布均匀等特点，材料的硬度和抗弯强度都显著提高，从而可应用于众多领域。细晶粒与超细晶粒硬质合金较适于制作微细切削的复杂刀具，主要有以下特点：

1）晶粒极细。细晶粒的组织可使制备出的刀具刃口锋利，减少刀具崩损，而且其表层显微组织均匀，这样刀具的几何参数稳定，尺寸一致性好，有利于实现批量化供应。

2）高强度和高弹性模量。细晶粒与超细晶粒硬质合金由于强度和弹性模量双高的特性，具有很好的综合物理特性。强度高，加工时可获得良好稳定的表面质量；弹性模量大，微细刀具的刚性好，不易造成切削中的尺寸误差；耐磨性好，刀具刃磨次数少，能继续保持较小的刃口半径和良好的表面粗糙度；断裂韧性好，刀具的磨损均匀，可靠性好。这些优点都有利于保证加工精度，尤其是保证微小薄壁结构的形状精度和微小孔的位置精度。

3）加工材料范围广。细晶粒与超细晶粒硬质合金可用于加工各类工程材料，使用范围较广。其突出优势是可以加工钢，扩大了微细切削的应用领域。基于细晶粒与超细晶粒硬质合金的这些特点，对微细切削高强、高硬钢具有较大优势和广阔的应用前景。

国外精密微细切削刀具大多采用高质量的硬质合金作为原材料，刀具要求较高时进行表面涂层处理，可以满足大多数微细切削的需求，尤其对于像微小型齿轮滚刀类的复杂刀具，几乎全部采用硬质合金材料。硬质合金材料不仅是目前数控机床用刀具，同时也是微细切削刀具的主流材料。

2. 微细切削刀具的特点

微细切削刀具有以下特点：

1）整体尺度较小，局部特征尺度微小。微细切削参数在 10^{-4} ~ 10^{-2}mm 范围内，微小型结构件的特征尺度微小，必然要求微细切削刀具具有较小的整体尺度，以能满足微小型结构件中存在的框架、平面、曲面、微槽、微孔、薄壁和细轴的加工需求。较高的加工精度和相对位置精度也要求微小型刀具的局部特征尺度要小于目标加工尺度，并能避免加工中与工件之间的干涉。

2）强度高，抗冲击性能强。在微细切削加工中，由于回转类刀具的特征尺寸较小（通常在毫米级左右），为保证切削的顺利进行，要求主轴的转速极高才能达到需要的切削速度，这就必然要求微小型刀具的工作部分具备较高的强度和很好的动态特性，能抵抗高频冲击载荷，并保持原有的切削性能。

3）硬度较高，耐磨性好，磨损均匀。较高的硬度一直是刀具的重要技术指标，微小型刀具也不例外。在拥有较高硬度的同时还需要刀具有良好的耐磨性能。由于微小型刀具自身特征尺度微小，磨钝后再次刃磨的次数比常规刀具少很多，而且刃磨难度大，这些都导致刀具使用效率降低，经济性下降。磨钝后的刀具会严重影响加工精度和已加工表面质量，乃至零件宏观尺寸失准，以致报废。

4）易磨成锋利切削刃。微细切削是对工件材料的微量去除，切削厚度与刀具刃口半径处在同一数量级。由于刀具刃口圆弧的影响以及最小切削厚度的存在，容易使切削模式发生转变，导致切削无法进行或者刀尖承受巨大压力而崩裂损坏，故切削刀具应具有锋利的切削刃，能磨制成较小的刀尖刃口半径，充分减少刃口半径的影响。但由于受刀具材料以及制造工艺的限制，刃口半径还不能做到随刀具整体尺度降低而成比例减小。

5）表面质量较高。刀具表面质量影响已加工表面的精度，为获得较高的表面质量和加工精度，要求刀具不仅要有较高的表面完整性，还要有最少的微观成形缺陷。此外刀具表面质量还对使用寿命产生重要影响，较高的刀具表面质量可以充分减少刀屑以及刀具和工件之间的摩擦阻力，避免刀具强度因局部磨损而削弱，从而延长刀具寿命，保证经济性能。

6）刚度好，抵抗变形能力强。为使微细切削顺利进行，微小型刀具必须在微小尺度下仍具有良好的刚度，以有效减少施加切削力时工件材料产生的变形和回弹，保证切削参数的准确。刀具刚性不够，还容易造成轴向和径向的变形过大，影响加工精度，严重的会导致刀具折断失效。

7）动平衡精度高，动态特性好。回转类微小型刀具比常规切削同类刀具对动平衡的要求更高，极高的主轴转速会对离心力产生平方效应，平方后放大的离心力会对切削过程产生重要影响，导致切削刃之间的切削载荷剧烈变化，使切削力波动明显加剧，严重的会导致刀具破损失效。为保证刀具的动态特性，使用前必须随同刀柄系统进行相关的动平衡测试。

8）定位精度高，夹持精确可靠。使用微小型刀具进行微细切削时，必须进行精确定位，以保证对微小型结构件中具有相对位置精度的结构进行加工。这就要求刀具应具有高精度的定位面或回转轴线，刀具与机床接触的夹持部分具有较高的接触刚度、相对较大的接触面积和重复定位精度，保证刀具夹持部分的稳定性和可靠性，以及主轴高速旋转下的动态特性，避免机床振动。

3. 微细切削刀具的发展现状

微细切削刀具的作用机理与常规尺度机械切削刀具有所区别。在切削方式上，常规尺度机械切削刀具以非自由切削为主，主、副切削刃均参与切削；在极微小切削参数下，仅有刀尖圆弧参与切削，刀尖局部承受应力较大。受尺度效应和位错理论的影响，尺度效应的力学特点必须充分予以考虑，工件材料自身缺陷无法避免，刀具材料内部必须足够均匀致密，才能充分抵消工件材料的缺陷影响。这些情况在设计微小型刀具时应给予充分重视。

目前，商品化供应的微细切削刀具的最小直径为 50μm。进行微细切削试验研究时，需要用到更小直径和更小尺寸的各种微细刀具，这就必须借助于特种加工技术来制作此类刀具。聚焦离子束溅射（focused ion beam，FIB）加工技术和线电极放电磨削（wire electrical discharge grinding，WEDG）技术是常用的微细刀具制备技术。

利用聚焦离子束溅射工艺制备微细切削刀具的基本原理如图 2-15 所示。将一个尖部半径为亚微米级的钨针浸泡在液态的镓金属中，在针尖处施加高密度的电场，使镓金属产生离子化并加速至 20keV，使之聚集在亚微米直径的斑点上；

然后在一个强静电场中，控制聚焦后的镓离子对工件进行加工。镓离子的动态能量使原子以溅射的形式向工件喷射，通常每个入射镓离子可以去除3~5个工件原子，因此可以精确地控制材料的去除。适用于FIB技术的刀具材料有钨合金、高速钢和单晶金刚石等。在聚焦离子束溅射工艺中，材料的去除率约为0.5$\mu m^3/s$，刀具的制备可以在2h之内完成。该工艺的不足是入射离子束呈高斯分布，因此沿束的轴向去除的材料比沿周向去除的材料多。通过应用聚焦离子束技术，许多国外和国内的科研院所制作出了尺寸更小的微细刀具。

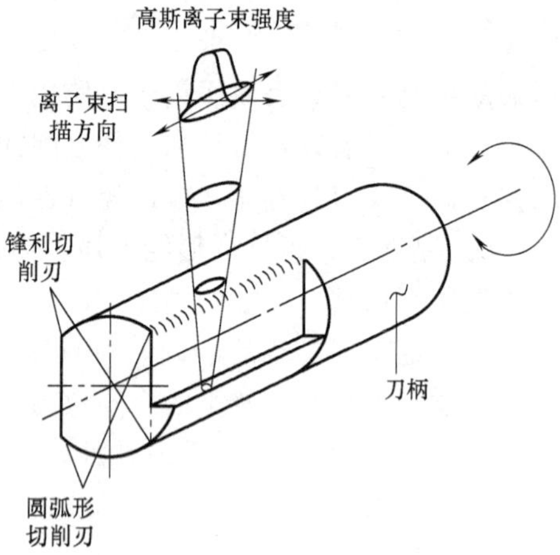

图 2-15　利用聚焦离子束溅射工艺制备微细切削刀具的基本原理

美国桑迪亚国家实验室的Adams等人制备出了一系列的微细切削刀具：选择M42高速钢和C2细晶粒硬质合金材料作为刀具材料，制备出了直径小于25μm的多刃复杂微细立铣刀（见图2-16a），以及具有三角形、矩形和其他复杂形状的表面，并且刃口半径为40nm，直径为15~100μm，宽度达到13μm的微细异型刀具，如图2-16b所示。

日本理化研究所应用电火花线电极放电磨削（WEDG）技术，制备出了刀尖特征尺度为2μm的金字塔形微细刀具，以及超大深宽比的微细刀具（见图2-17）。用压痕试验评价了刀具的断裂韧度，结果表明，微细刀具的断裂韧度和纳米级的表面质量有着很好的对应关系。

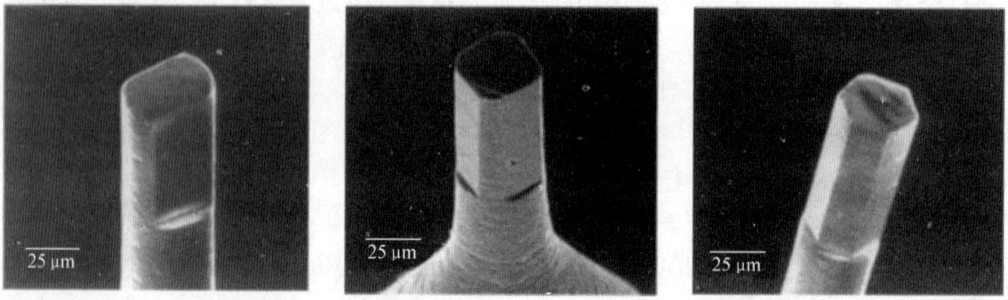

a)

图 2-16　美国桑迪亚国家实验室制备出的微小型刀具

a）多刃复杂微细立铣刀

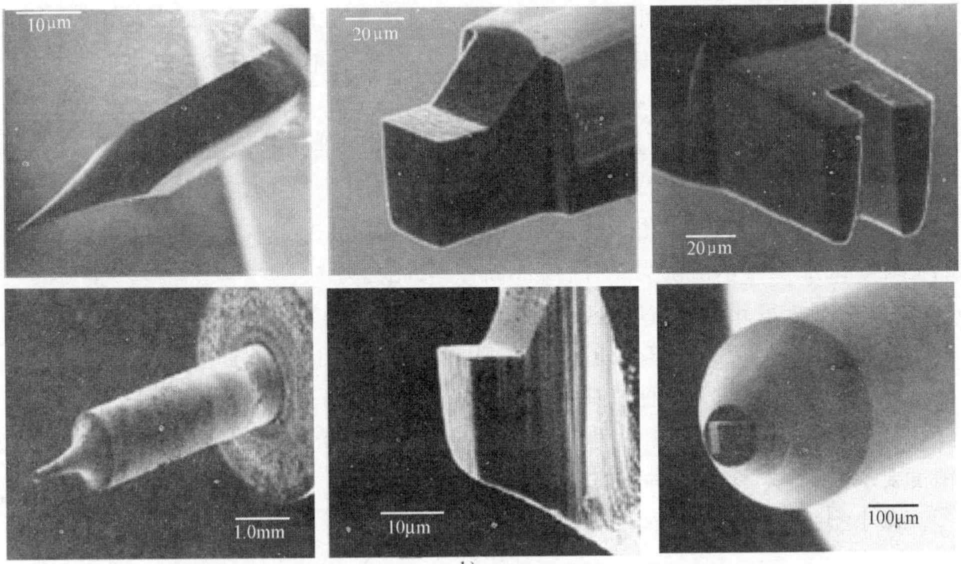

图 2-16　美国桑迪亚国家实验室制备出的微小型刀具（续）
b）微细异型刀具

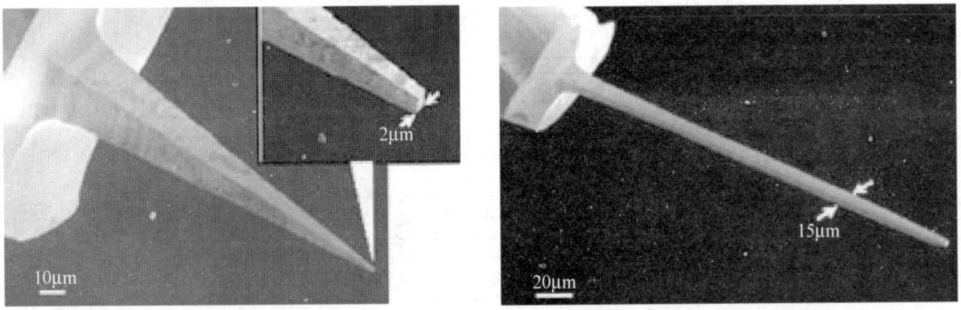

图 2-17　日本理化研究所制备的微细刀具

2.4.3　微细切削工艺方法

微细切削技术主要用于进行微小型结构件及其总成的加工，尤其在微小型复杂、异型、高强度和多尺度金属结构件方面有其独特优势，可适应微机械零件材料多样化、结构三维化、功能复杂化和批量柔性化的加工趋势。

1. 微小型结构件

微小型结构件按工艺特点可以分为微小型轴类零件、微小型板类零件、微小型齿轮和微小型三维复杂结构件等。与其他宏观零件相比，微小型结构件还具有以下几个特点：

1）特征尺度微小。微小型机电系统目前的特点可归纳为厘米级系统、毫米级零件和微米级精度。微小型零件一般都在毫米级或微米级，即使在 MEMS 系统中进行整体装配时，尺度也多在厘米级，所以必须充分保证零件加工的形状精度和位置精度。

2）工件的力学性能要求较高。零件材料多为非硅材料，主要由金属、合金和复合材料等组成，力学特性好，强度硬度高，具有一定的抗过载、耐磨损、耐蚀或耐高温能力，能够应用于恶劣工况条件，这使得由硅材料加工为主发展起来的传统微细加工技术由于受工件材料限制而无能为力。

3）有三维或准三维的立体结构，必须能进行装配。微小型结构件空间紧凑，结构复杂，且零件有较高的深宽比或较大的长径比，具有微框架、微腔体、薄壁、微槽和微细孔等多种特征结构，各特征结构之间有相对位置精度要求。在保证装配和使用的情况下，一般对表面粗糙度要求不高，但对零件之间相对位置精度要求较高。

微小型结构件的特征如图 2-18 所示。

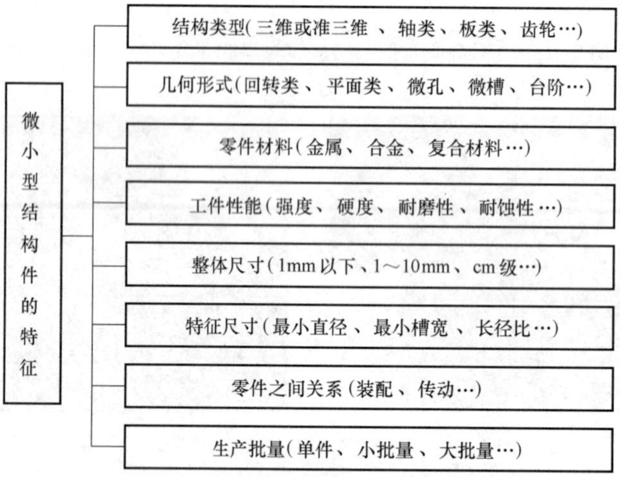

图 2-18 微小型结构件的特征

2. 微细切削加工微小型结构件的工艺要求

微小型结构件的微细切削加工工艺不同于常规零件的切削加工，其工艺设计关系到是否能够高效率加工出高质量、低成本的微小型零件，因此微细切削的加工工艺的制订除应遵循一般加工的原则和规律外，还应该考虑以下问题。

（1）毛坯加工余量最小化　在微细切削中，刀具的每次进刀量都较小，于是每次切削去除的材料很少，这样可以减少切削力引起的加工变形，保证刀具使用的可靠性和加工精度。加工时的毛坯状态决定了材料去除总量，毛坯的加工余量如果过大，将使加工工时增加，加工效率下降。因此，应在普通机床上进行预切削，使毛坯加工余量最小化。

（2）合理选取加工方式和刀具类型　对同一微小型结构件的加工有很多方式，要选取合理的加工工艺和刀具。例如，当加工外圆柱面时，可采用传统车削的方式进行预切削，这样使加工效率提高；精加工时则采用车铣加工的方式，车铣加工可以克服径向切削力过大引起的工件弹性变形，保证零件的尺寸精度。在微小型结构件的微细铣削过程中，可先采用较大直径立铣刀粗加工，以便延长刀具寿命和提高生产效率；然后采用较小直径铣刀进行精加工，此时选择较高切削速度，以便减小工件变形，保证加工精度。

（3）刀具的集中使用　在微小型车铣加工中心上加工微小型结构件时，应遵循刀具集中应用的原则，使用尽可能少的刀具，尽量减少换刀和刀具调整次数，提高刀具的综合利用率及切削加工的自动化程度。

（4）合理确定加工方式的先后顺序　加工方式的先后顺序会对加工结果产生重要影响，故应进行合理安排。例如，微小型异形轴的主要特点是轴的回转面上有平面特征，这样就需要首先完成回转表面的加工，然后进行平面的加工，工艺宜采用先车削后铣削的顺序。但对于直径较小或平面较大的异形轴，其刚性较差，为减小铣削所引起的加工变形，应采取先加工平面后加工回转面的工艺顺序，即改变为先铣削后车削的工艺顺序。车削时应注意，必须采取较低的车削转速，以减小断续切削引起的冲击。

（5）根据零件类型确定走刀路线　当微细轴类零件进行微细车削时，一般不采用顶尖进行装夹，即使采用顶尖，由于微细轴的刚性较弱，也容易将工件顶弯；不使用顶尖进行微细车削时，会在工件刚性最差的地方产生让刀，从而使最先吃刀的部位切削量不够，造成翘尾现象。为保证工艺稳定性，减少工件的径向让刀量，可采用逆向进给的方式进行车削，即刀具从床头向尾座的方向进给，使工件承受拉力作用。

（6）确保关键工序的加工精度　微细切削的关键工序决定着零件的最终加工精度，关系到零件是否合格。微细钻削一般为微细孔的最终加工工序，加工中稍有不慎，由于微细钻头刚度、强度较低，在切削或振动的作用下极易产生弯曲或折断现象，如无法取出会导致整个工件报废。因此，需要通过预先的工艺试验，确定出关键工序中所应用的工艺参数，以保证关键工序的工艺能力裕度，最终保证关键工序的加工精度。

3. 典型微小型结构件的微细切削加工工艺

（1）微小型轴类零件的加工工艺　微小型轴类零件是微小型机械系统中最常见的零件类型，传统的加工工艺主要是车削。随着车床精度、转速的提高，这种传统的加工方法已经可以适应微细零件的加工。但国内外在对尺寸小于 1mm 的零件进行加工时，多数使用金刚石刀具，不但价格贵，而且刃磨要求较高，操作起来十分困难。随着车铣加工技术应用到微细切削领域，可以选用常规硬质合金铣刀，进行微细轴类零件的车铣加工，并取得了成功。

车铣加工相对车削加工在工艺上有很大优势。

微细车削加工可满足大多数微小型轴类零件的加工要求，但当加工具有较大长径比的微细轴时，由于无法采用后顶尖支撑，完全属于悬臂梁结构，在径向力作用下极易使轴发生弯曲变形并产生让刀，容易造成零件的翘尾现象，如图2-19a所示。翘尾会使微细轴的宏观几何尺寸失真，无法满足加工要求。

微细车铣加工通过车削和铣削主轴的合成运动来实现，切削速度主要依靠铣刀的转速，从根本上解决了长期困扰车削线速度慢的问题。相比而言，铣刀转速的提高比车削转速的提高要易于实现，对于微小型铣刀，必须采用较高转速，如60000r/min的电主轴来加工。与微细车削加工相比，微细车铣加工是多刃切削，产生的径向力比车削要小很多，可以加工长径比很大的微细轴而不折断，而车削要做到这一点就比较困难。

车铣加工工艺是集车削和铣削两种工艺复合的一种切削方法，它可以从根本上解决车削微细轴类零件时切削线速度低的问题，而且可以实现工件低速旋转状态下的高速切削加工。在进行微细轴类零件加工时，一般采用的是正交车铣加工方式，车铣加工切削刀具为硬质合金铣刀。利用正交车铣方式加工出的细长轴如图2-19b所示。

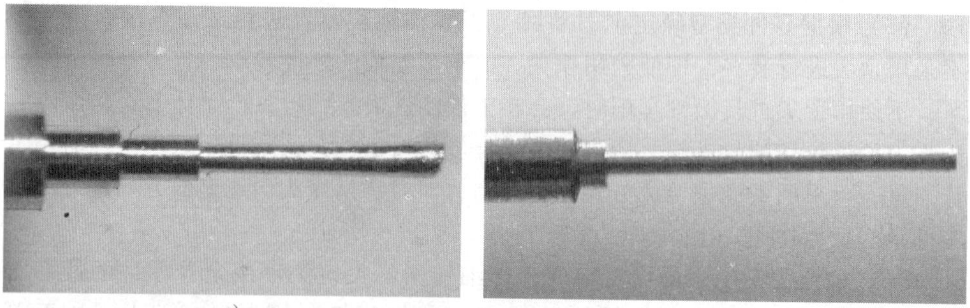

a)　　　　b)

图2-19　微细车削与车铣细长轴的对比

a）微细车削细长轴的翘尾现象　b）微细车铣加工的细长轴

正交车铣加工的主切削运动为铣刀的铣削运动，切削线速度主要由铣刀主轴的旋转速度决定，而不是由车削中的工件旋转速度决定。应用车铣工艺加工微细轴，从切削原理上解决了切削速度低的问题，具体表现在：

与车削相比，车铣在切削方式上是不连续切削过程，可得到较短的切屑，易于排屑，同时也使刀具冷却，减少刀具磨损；车铣由于可以采用较大的切削深度，从而使切削效率比车削高很多；在刀具磨损方面，由于车削中较易形成积屑瘤，致使车刀的副后刀面比主后刀面磨损还严重，而车铣的磨损则比较轻微；在加工表面质量方面，由于车铣的径向力较小，加工尺寸精度和表面粗糙度要好很多，同时加工中的振颤也要优于车削工艺。

（2）微小型三维结构件　微小型三维结构件是微小型产品的座体或本体类零件，其上还要进行其他微小型零件，如微细轴、微小型板、微小型齿轮、微弹簧及其他微小型结构件的装配。图 2-20所示为某钟表机构中的座体零件，该零件即为典型的微小型三维结构件。它具有其他常规零件所不具备的工艺特征，如较大深宽比、长径比，有微槽、微孔、薄壁和台阶面等，而且相互之间有较高的位置精度要求，加工时不仅要保证零件的几何形状，还要保证各几何形式的相对位置关系精度。根据这些工艺特征要求，进行微小型三维结构件加工时，必须根据零件的工艺特点，选择加工尺度小、加工精度高、复合加工能力强及加工柔性好的微小型数控加工机床，合理编制数控加工工艺，尽量采用一次装夹定位的完整加工工艺进行加工，并充分考虑加工顺序对加工效率、精度的影响，选择最优的加工工艺和路线。

图 2-20　典型的微小型三维结构件
（某种钟表机构中的座体件）

加工出的样件用体式显微镜观察后，如图 2-21 所示。

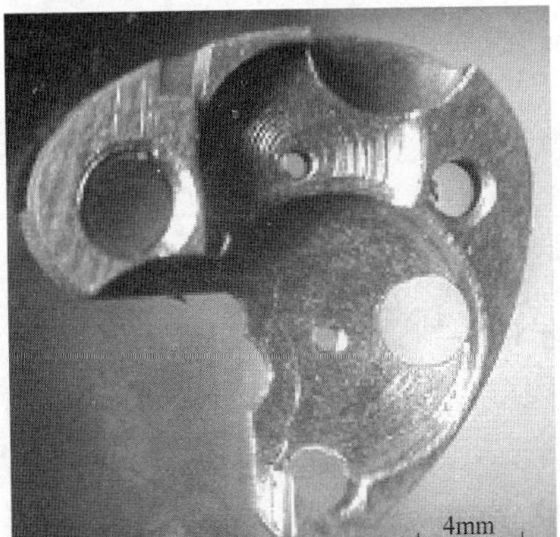

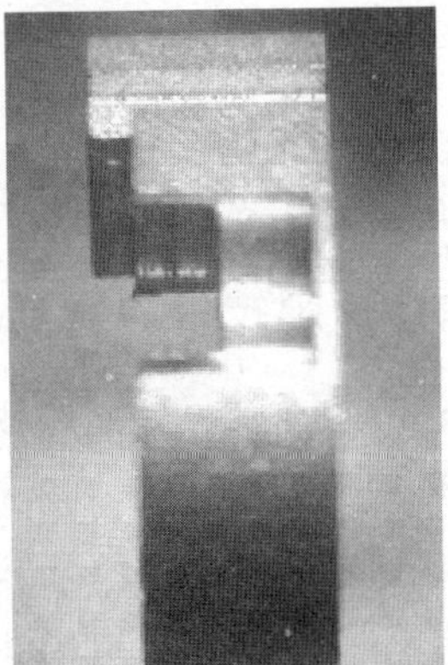

图 2-21　微小型擒纵零件加工实物图

（3）微小型板类和齿轮类零件

微小型板类零件的加工以平面为主，还有台阶面、微槽、微孔及某些不规则外廓或内凹槽等。与微小型三维结构件相比，板类零件的工艺特征相对简单，通常采用微细铣削和钻削进行加工即可满足使用要求，加工时必须注意走刀路线和刀具半径补偿等问题。

微小型齿轮的齿形是加工的难点和重点，直接关系到啮合的精度和最终装配以及使用效果。微细切削加工微小型齿轮可分为微细成形铣削和微细滚削加工两种方法，微细成形铣削加工的精度受成形刀具自身制造精度的影响较大，同时受机床刚性和夹装方式以及工艺系统振动的影响，虽然微小型齿轮的各齿分布比较均匀，但最终加工出的齿轮齿廓形状误差较大，齿形失真明显。微细滚削加工是基于范成法的成形工艺，由于是多刃连续切削，且刀具制造精度相对较高，其加工效率和加工质量比微细成形铣削要高。图 2-22 所示为微细切削加工的微小型齿轮。

a)

b)

图 2-22　微细切削加工的微小型齿轮

a）微细成形铣削加工的微齿轮　b）微细滚削加工的微齿轮

2.4.4　微细切削技术的发展趋势

微细切削技术属微、纳制造技术的一种，而且是极具成本优势，可进行大批量微、纳零件制作的先进制造技术。与常规尺度机械切削相比，微细切削技术发展较晚，各方面的研究还不够深入；与国外相比，国内的研究还处于落后阶段。结合国内外的发展现状，必将出现以下的发展趋势：

1）加深对微细切削基础理论的研究，其中尺度效应及位错理论对微细切削的影响还需要进行有针对性的、有说服力的试验研究。

2）进一步缩小微细切削的加工尺度和范围，进行更高精度、更小尺度及更大柔性的微小型三维结构件的加工研究。

3）开展微小型三维复杂结构件的在线检测技术和在位复合光整技术。

4）还需要建立微细切削表面完整性的评价体系和分析技术，以及精度控制盒检测技术。

5）开发微细切削和其他微细加工技术综合使用的复合微加工技术。

6）进行有针对性的微细切削刀具设计理论及减摩强化方法的研究，在进一步掌握微细切削刀具作用机理的前提下，开发微细切削刀具先进制备工艺及刃形设计技术。

2.5　生物制造技术

生物制造技术是全球战略性新兴产业，是由生物学科及制造学科相互渗透、交叉形成的新技术，该技术以传统制造科学为基础，结合生命科学、材料科学和信息技术不断发展而来，主要包括生物制造工程、生物制造系统、生物制造产业、生物制造工艺和生物制造新材料等领域。以现代生物技术为基础的生物制造技术成为继信息技术之后的又一具备战略意义的先进制造技术，正逐渐成为支撑全球社会经济可持续发展的重要保障。

2.5.1　生物制造的概念

生物制造是一门新兴交叉科学，它结合先进的生物研究成果及制造技术生产出具有特定功能及生物活性的组织和器官。其制造过程、制造系统和生命过程、生命系统在许多方面有相似之处，都有自组织性、自适应性、协调性、应变性、智性和柔性。生物制造是一种新的制造模式，这种新的仿生加工方法，将为制造科学提供新的研究课题并丰富制造科学的内涵。

随着生物制造研究的进展以及学科的交叉融合，人们对生物制造的认识进一步加深，同时对其概念也逐渐达成一致。生物制造可定义为狭义和广义两个层次，广义的生物制造包括仿生制造、生物质和生物体制造，以及涉及生物学和医学的制造科学和技术；狭义的生物制造，即运用现代制造科学和生命科学的原理和方法，通过单个细胞或细胞团簇的直接和间接受控组装，完成具有新陈代谢特征的生命体成形和制造，经培养和训练，可以修复或替代人体病损组织和器官。

2.5.2　生物制造的内容及应用

生物制造技术加工的方法是利用生物体的生长和繁殖规律，或利用生物材料或生物体本身的特点进行加工，因此与传统的机械加工方法完全不同，具有更多的优点，并在加工方式、加工条件、加工过程以及加工后的处理方面具有传统加工所达不到的优点。根据生物加工方法的不同，生物制造的研究方向见表 2-1。

表 2-1 生物制造的研究方向

研究方向	内　　容
生物组装	菌体组装、蛋白质重组、DNA 裁剪
生物器件	生物型 MEMS、分子机器、生物传感器、生物芯片、人工活体器官
生物材料	生物型复合材料、生物功能表面与生物膜、生物功能颗粒
生物加工	生物去除成形、生物约束成形、生物生长成形

生物制造通常包含以下两方面的内容。

（1）仿生制造　模仿生物的组织结构和运行模式的制造系统与制造过程统称为仿生制造。仿生制造包括生物组织和结构的仿生、生物遗传制造和生物控制的仿生。仿生制造一方面模仿生物，学习研究生物的某些特殊功能或结构，将生物科学和技术的新发现、新成就用于制造业。大自然中的生物具有自组织、自生长、自生成和遗传等性能，以及其他各种特性，需要人类进一步学习研究，并进行借鉴和发展。将生物长期以来进化发展的许多特性摸清楚，机理搞明白，并将它用于制造业，无疑将会进一步促进制造业的发展，甚至给制造业带来革命，这必将推动仿生机械和仿生制造的发展。另一方面，生命科学、生物技术的发展也催生并萌发了生物制造业的发展。生命科学和生物技术赋予制造业新的历史使命和任务要求，希望能制造出某些特殊器件，能够仿照人体和生物的功能，帮助人们和生物延长其寿命，恢复某些器官的功能，能取代某些被损坏器官和组织的器件、机构等。这需要结合生物技术，升级制造技术，面向需求，进一步研究开发生物制造技术。

我国在生物制造方面也取得了一些成绩，由清华大学、第四军医大学西京医院全军骨科研究所和中国科学院化学研究所合作，开展了快速成型组织工程的研究，在骨、软骨等组织工程中取得了良好的效果。采用快速成型工艺制成的孔隙体人工骨支架，成功修复了兔挠骨节段性骨缺损和犬挠骨节段性缺损及兔关节软骨缺损，此人工骨有望成为一种优异的骨缺损修复材料进入临床应用。如图 2-23 所示。

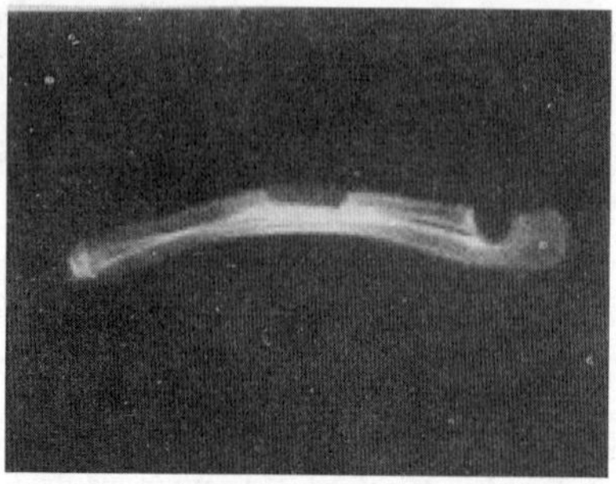

a)

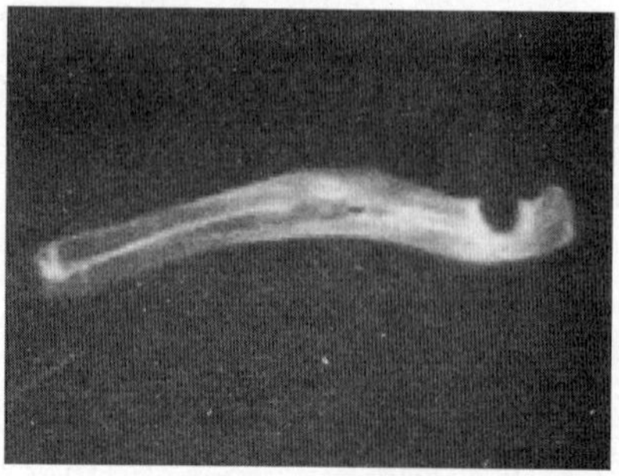

b)

图 2-23　兔挠骨缺损修复图

a）术后　b）术后 12 周

清华大学激光快速成型中心与同仁医院和北京武警总医院合作完成了人耳 CT 数据的三维重构，并采用自行研制的快速成型机喷射成形了人耳假体，这是具有生物相容性的假体，其上蒙植病人活的真皮即可完成人耳修复与再造。图 2-24 所示为人耳的 CAD 模型、快速成型制造的植入物和快速成型机。

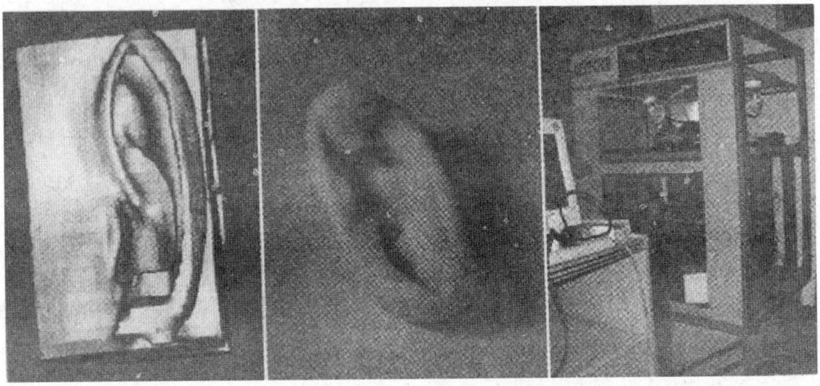

图 2-24　快速成型人耳修复效果及成型机

（2）生物成形制造　生物成形制造包括生物去除成形、生物生长成形及生物约束成形几方面。生物成形制造采用生物方法，利用生物的某些特性，通过腐蚀加工、约束控制和限制生长等技术方法，达到器官、零件成形的目的。

1）生物去除成形。以生物刻蚀加工为代表，生物刻蚀加工采用生物菌对材料进行加工，利用微生物在其生长过程中需要消耗某些金属元素实现其新陈代谢和生长繁殖的特点，通过生物氧化还原反应对金属工件进行去除加工，它是近年来发展的一种生物电化学和机械微细加工的交叉领域。生物制造系统（bionic manufacturing system，BMS）的概念最早由日本京都大学教授 Norio Okino 在 1988 年提出，此后日本三重大学和冈山大学在日本文部省科学基金资助下着手生物技术用于工程材料加工的研究，证实了微生物加工金属材料的可能性。目前，在这方面的进展还只限于实验室的原理探索，局限于特定材料和少数微生物，对其加工的有效性还缺乏深入的了解，也未能制造出实用性较强的零件和器件。

2）生物生长成形。它是通过控制基因的表达，利用基因工程的主要手段和技术实现生物生长，将生长因子与生物支架材料结合，生长出所需的零件。例如，医学上采用具有生物相容性和可降解性的材料（采用较多的人工骨骼材料有陶瓷、磷酸盐材料和硫酸钙材料），先制造出生长单元的框架，再向生长单元内部注入适合的生长因子，使各个生长单元并行生长。此外，还可以通过控制含水量来控制伸缩的高分子材料，制造类生物智能体，如制造人造肌肉。例如，美国科学家利用生物制造技术在老鼠背上培育出人耳朵，加拿大渥太华大学的有关研究人员培养出可用于医疗移植的人工角膜。

3）生物约束成形。它是通过复制或金属化某些不同亚结构与几何外形的菌体，再经排序或一系列微操作，从而实现生物约束成形。例如，生物沉积加工技术，即用化学沉积方法制备具有一定强度和外形的空心金属化菌体，并以此作为构形单元构造微结构或者功能材料。德国德累斯顿工业大学成功进行了直径为50nm的人工蛋白微丝镀镍，美国海军研究室进行了直径为500nm的脂质微管镀镍研究，中国科学院微生物研究所进行了固囊酵母菌细胞镀镍金属化的研究，使菌体仍然保持了原有的形态。

2.5.3 生物刻蚀加工技术

在自然界成千上万的微生物中，存在这样一些菌种，它们在新陈代谢过程中需要消耗某些金属元素，以此获得维持其生命繁殖所需的能量与营养物质，这就为通过生物氧化还原作用加工某些金属材料加工提供了可能性，生物刻蚀加工技术由此诞生。由于在生物刻蚀加工过程中，不存在切削力，不会产生热变形，所以可以利用微生物对工程材料进行微细去除加工，而不用考虑传统加工中的切削力和热变形对加工精度造成影响。在一定的条件下，通过限制去除材料的位置，可以利用生物刻蚀加工技术实现对工件表面预定部分进行定量去除，从而达到加工出所需形态和结构的目的。

在生物刻蚀加工中，微生物本身并不直接侵蚀金属，而是利用微生物生命活动的过程或结果间接地对金属腐蚀的电化学过程产生影响，或利用生物化学反应实现对金属的加工。这些能侵蚀金属的微生物大多属于细菌类，生物刻蚀加工常用的细菌类型见表2-2。

表2-2 生物刻蚀加工常用的细菌类型

细菌类型	菌属	作用方法
铁细菌类	氧化铁杆菌(包括T.f菌)	通过反应 $Fe^{2+} \rightarrow Fe^{3+} + e^-$ 获得新陈代谢作用的能量
硫氧化菌类	排硫杆菌、氧化硫杆菌和水泥崩解硫杆菌	能将硫及硫化物氧化成硫酸，并以此获得能量
硫酸盐还原菌类	厌氧菌	能将硫酸盐还原为如硫化氢等的硫化物
硝酸盐还原菌类	细菌在有氧和无氧环境均可生存	能将硝酸盐还原为亚硝酸和氨
荣氏菌类		能把 Fe^{2+} 和 Mn^{2+} 氧化成 Fe^{3+} 和 Mn^{4+}[39]

1. 生物刻蚀的基本原理

最常采用铁细菌类型中的T.f菌（Thiobacillus ferroxidans，T.f）作为生物刻蚀加工的菌种，该菌种是目前研究较多、应用广泛的细菌，是生物采矿行业、燃料、酸性废气的生物脱硫，以及生物去除加工等领域重要的菌株之一。在采矿行业中，通过利用该菌种对含有有价元素的硫化矿物进行氧化，然后将被氧化的目的元素以离子状态溶入溶液中，或将矿物中的有价元素经过生物氧化后露出，以利于有价元素在后续工序中的浸出。在环境保护中，通常利用 T. f 菌对硫的需求使含硫气体通过含有 T. f 菌的液体，通过硫元素与 T. f 菌的作用去除大气中的硫成分。

1947 年，T. f 菌最初由美国人柯美尔（Colmer）和亨凯里（Hinkle）从矿山酸性矿水中分离鉴定出，之后许多微生物学工作者对其生理形状进行了系统研究。研究表明，T. f 菌很小，系短杆菌，尺寸为 $0.3 \sim 0.5\mu m \times 1.0 \sim 2.0\mu m$，以单个或双个或几个成短链状存在，有鞭毛，能快速游动，革兰氏染色阴性。挑出菌置于显微镜下观察：在 9K 培养基中菌体呈近球杆形，在硫代硫酸盐培养基中呈杆形，是一种化能自养菌，专性好氧，嗜酸性，广泛生活在金属硫化矿和煤矿的酸性矿坑水中。其主要代谢特点是以 CO_2 为唯一碳源，氮源为 NH_4^+，以氧化二价铁、元素硫以及还原态硫的化合物等来获得生长过程所需要的能量。T. f 菌的代谢过程见公式（2-1）和式（2-2）。

$$4Fe^{2+}+O_2+4H^+ \longrightarrow 4Fe^{3+}+2H_2O+\text{能量} \tag{2-1}$$

$$2S+3O_2+2H_2O \longrightarrow 2SO_4^{2-}+4H^++\text{能量} \tag{2-2}$$

从式（2-1）和式（2-2）中可以看出，T. f 菌在其自身繁殖和代谢生长过程中，在有氧条件下，以将培养基或环境中的 Fe^{2+} 氧化成为 Fe^{3+} 来获取能量；在无氧条件下，可以将三价铁或硫作为电子受体，氢为电子供体，或以三价铁为电子受体、还原性硫化物作为电子供体获取能量。随着 T. f 菌的代谢生长，菌种的数量逐渐增多，培养基中的 Fe^{2+} 也渐渐被氧化成 Fe^{3+}，溶液则逐渐从透明色变为 Fe^{3+} 的红褐色。Fe^{3+} 是一种强氧化剂，可以和铜、锌、铝等元素发生氧化还原反应。氧化亚铁硫杆菌生物特性的研究表明，其在生长过程中需要将 Fe^{2+} 转变为 Fe^{3+}，以获得生长繁殖中需要的能量。由于 Fe^{3+} 具有较强的氧化性，所以当其与还原性较强的金属相遇时，发生还原置换反应，重新变为 Fe^{2+}，从而形成循环，达到加工刻蚀金属的目的。

2. 生物刻蚀的发展历程及进展

20 世纪 90 年代初，日本三重大学和冈山大学在日本文部省科学基金资助下首先开展了生物技术用于工程材料加工的研究。1993 年，日本冈山大学宇野义幸等人进行了生物加工的研究，证实了细菌对纯铁、纯铜去除加工的可能性，但对生物刻蚀加工的机理没有进行研究，也未加工出微小零件。冈山大学农学部杉尾刚（Sugio T.）阐明了 T. f 菌对 S 与 Fe^{2+} 的氧化路径，以及铁氧化酶与硫氧化酶的作用机理。

新加坡国立大学论述了 T. f 菌在金属生物加工中应用问题。他们利用 T. f 菌的两个不同类型菌种进行对比试验，并采用铜及中碳钢作为工件材料，试验在不同的温度、酸性以及摇床振荡速度条件下进行，寻找利用 T. f 菌生物刻蚀金属的最佳条件。结果表明，为使细菌有最佳的刻蚀速度，最佳温度应控制在 30～35℃，最佳 pH 为 2 左右，最佳振荡速度为 160r/min。通过试验发现，去除的金属量与加工时间成比例，这点与日本学者的结论吻合；试验还证明，当工件的部分区域被有机光阻材料覆盖时，可以实现对微小结构的加工，通过微生物可以将未被覆盖区域的材料去除。最终加工出的结构形状与原始金属上的涂覆图形接近。尽管生物加工的速率比化学加工慢，但掩膜下面浸出的金属较少，这种情况表明，微生物对于金属的加工具有很大的潜力。

英国 St. Andrews 大学用生物能学分析了氧化亚铁硫杆菌的电子传递链及 Fe^{2+}，依据生物氧化的能量守恒机理，提出了该细菌的能量转换模型，为生物加工金属的热力学和动力学机理奠定了基础。

北京航空航天大学和中国科学院微生物所是我国开展生物制造研究最早的院所，他们的研究领域主要涉及生物刻蚀和生物成形。1994 年，北京航空航天大学和中国科学院微生物所合作，在国家自然科学基金的资助下，利用细菌生理特性对生物去除成形进行了深入系统的研究；1996 年证明了 T. f 菌对纯铜、纯铁和铜镍合金等具有加工能力，并通过试验证明生物刻蚀加工量与时间呈线性关系，加工速度与工件材料性质有关；首次用生物刻蚀加工法加工出了厚度为 85μm 的纯铜齿轮结构和深为 70μm、宽为 200μm 的沟槽。同时证明了氧化亚铁硫杆菌的生物膜电子传递链是其实现生物加工的重要环节。生物去除成形加工的纯铜齿轮结构和宽沟槽的 SEM 照片如图 2-25 所示。

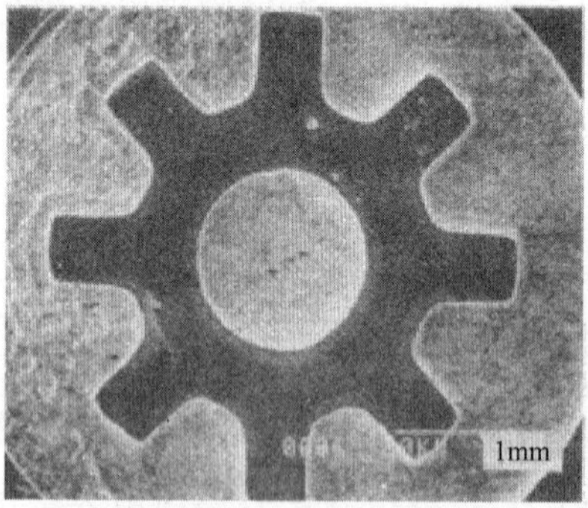

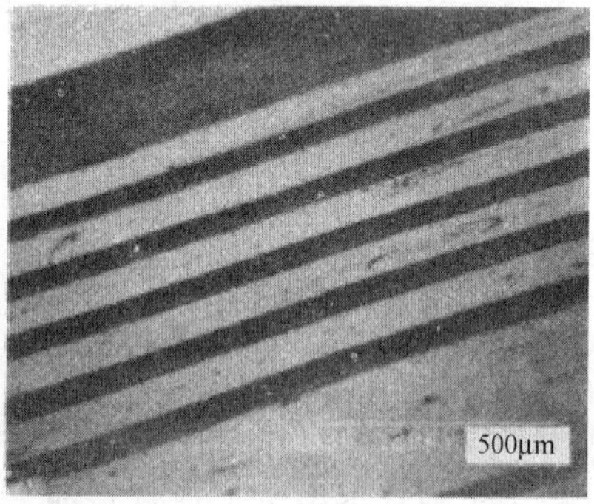

图 2-25　生物去除成形加工的纯铜齿轮结构与宽沟槽的 SEM 照片

a）85μm 厚的纯铜齿轮零件　b）70μm 深及 200μm 宽的 5 个沟槽

北京理工大学也对生物刻蚀加工进行了一定的研究，对生物刻蚀金属的环境条件及生物刻蚀微小结构的工艺等方面进行了探讨，为生物刻蚀的规模化生产奠定了基础。试验利用氧化亚铁硫杆菌对紫铜表面的微细图形进行了选择控制加工，得到了具有清晰齿轮轮廓结构的图形。在加工过程中，T. f 菌以其自身的新陈代谢作用将 Fe 氧化消耗掉，变成 Fe^{2+}。而在加工紫铜金属的过程中，氧化还原反应又使 Fe^{3+} 与 Cu 作用生成 Cu^{2+} 和 Fe^{2+}，达到去除铜的目的。

试验结果同样显示，微生物刻蚀金属的深度和时间成线性关系，且在 8h 内，刻蚀深度与时间成正比。在生物刻蚀过程中，由于受到光刻胶膜的保护，所以只有暴露在膜外的金属被细菌刻蚀，而膜内的金属由于得到保护未受到刻蚀。但是由于生物刻蚀的速度在各个方向相同，因此当刻蚀深度加大时，会对胶体下方的金属进行侧向钻蚀，造成侧蚀现象，如图 2-26 所示。

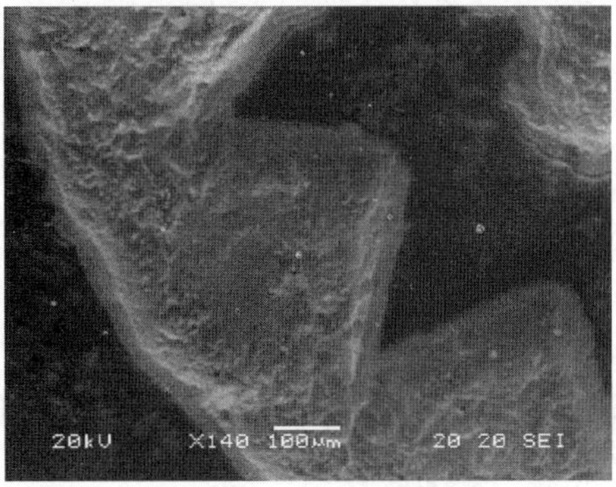

图 2-26　齿廓的侧蚀现象

北京理工大学通过试验获得了细菌培养刻蚀条件，通过控制细菌的生长培养环境和加工时间，可以刻蚀加工出形状精致、轮廓完整的微小齿轮结构。采用紫外辐照诱变菌株的方法提高其活性进行选育，将选育后的菌种和未经选育的菌种分别用于刻蚀紫铜，经过 2h 的刻蚀加工后，得到不同的加工结果。图 2-27 所示为未经过选育和经过选育的菌种刻蚀的齿轮结构。

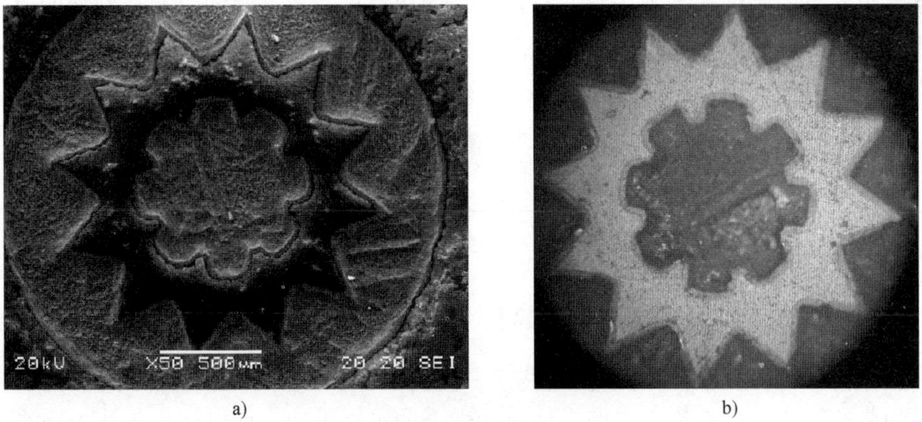

图 2-27　菌种刻蚀的齿轮结构

a）未经过选育　b）经过选育

从图 2-27 可以看出，经过选育的菌种刻蚀的齿轮结构轮廓清晰，刻蚀的深度较深，而未经过选育的菌种刻蚀的齿轮结构深度较浅。试验证明，经过紫外辐照诱变选育后，菌种的活性更强，刻蚀加工金属的能力更强，可以加工出更好的金属结构，为以后批量和高效率的工业化生产打下了基础。

3. 生物刻蚀加工存在的问题

生物刻蚀加工虽然具有许多传统加工没有的优势，但也存在以下一些问题。

1）在加工中，光刻胶与金属表面的黏附能力对基件的加工结果具有较大的影响。覆盖基体表面的光刻胶膜与基体间没有化学结合力，仅靠范德华力维持黏附。当基体放入溶液中时，由于溶液和振荡将削弱光刻胶膜和基体间的黏附，很容易引起胶膜脱落，因此基体表面的粗糙度是影响黏附能力的重要因素。

2）侧向钻蚀对工件的加工质量影响。由于微生物的生物刻蚀本身是各向同性刻蚀，没有方向的选择性，不易控制，这在刻蚀加工中就容易产生侧向钻蚀，即当刻蚀在掩模下向深处发展时，难于严格限制在所要求方向上进行加工，生物刻蚀会沿侧下方进行。随着刻蚀深度的加大，侧向钻蚀会越来越严重，严重影响加工工件结构质量，这就限制了刻蚀图形的最小线宽，造成加工结构的深宽比不能太大。

3）基体表面粗糙度的影响。由于基体表面的粗糙度在各点处不一致，光刻胶膜和基体表面黏附不严密，在刻蚀时溶液会顺着缝隙渗入，造成胶膜掩蔽下的表面被刻蚀，极易造成脱胶。这就要求基体表面具有较高的粗糙度，并要选择黏附性好的光刻胶。

4）加工零件的表面粗糙度不易控制：金属的微观结构决定了其溶解的不均匀性，造成生物刻蚀加工面的粗糙度不一致；另外，基体材料材质的不均匀性也会导致各点的腐蚀速率不一致，对加工面的粗糙度造成一定的影响；刻蚀的温度和速度也影响加工面的粗糙度，需要反复试验，综合考虑确定最佳温度和速率，改善加工表面的粗糙度。

虽然具有这些问题，但总体上看，由于生物制造技术具有节约资源、对环境污染小的特点，符合先进制造技术的发展方向。随着研究的深入，越来越多的新技术和新方法将不断出现，并应用在生物制造领域，最终必将使生物制造在生产实际中得到广泛的应用。

2.5.4 生物制造技术的发展趋势

作为 21 世纪的前沿先进制造技术，生物制造技术虽然在应用方面取得了一定的成绩，但还存在许多问题，如生物学上的很多未知，即对结构复杂生物个体和生物机理的认识不深入、不彻底，相关研究领域发展不协调、不均衡，材料种类有限，新材料和生物体的融合性能有限制，生物制造缺少先进的加工方法，生物制造对加工速度和加工精度要求较严，且生物制造的费用昂贵等方面的问题。只有继续夯实材料科学、制造技术及生物学等基础性、工具性的学科并加深各交叉学科间的融合，才能突破传统制造科学和生命科学间的鸿沟，实现突破式、跨越式的发展。

生物制造技术不仅实现了各学科之间的交叉渗透与融合，而且还实现了传统科学间尤其是制造科学与单纯生物科学之间的沟通跨越，丰富了制造科学的内涵，也为生物制造科学与技术这门新兴学科的发展开拓了新的平台。随着干细胞技术的完善和成熟，细胞、组织及器官等人工制造技术的优化及相关生物制造科学技术的推广，必将带动全世界其他产业的迅猛发展。

2.6 高速加工技术

高速加工（high speed machining，HSM）是高速切削加工技术和高性能切削加工技术的统称，指在高速机床上，使用超硬高强材料的刀具，采用较高的切削速度和进给速度达到高材料切除率、高加工精度和加工质量的现代加工技术。高速加工技术的最初研究目标只是为了提高材料去除率，随着研究的深入开展，发现了许多意想不到的优点，如切削力降低、切削热被切屑带走、加工质量提高及远离工艺系统固有频率等，从而有力推动了高速主轴、高速进给、超硬刀具材料、快速响应控制系统和高速冷却润滑等技术的突破和发展。

高速切削加工技术在航空航天、汽车船舶制造等方面的广泛应用不仅带来了巨大的经济效益，同时也为面向绿色生态的可持续制造提供了有力的技术支撑，对于促使我国从制造业大国向制造业强国转型具有重要意义。

2.6.1 高速加工技术的发展历程和技术特点

1. 高速加工技术的发展历程

高速切削加工技术起源于德国 Salomon 博士 1924 年到 1931 年的研究发现，即切削温度随切削速度的加快而升高，但当切削速度提高到一定程度时，切削温度不升反降。之后长期一段时间，研究停滞不前，直到 20 世纪 50 年代初，有关高速切削加工技术的研究又一次成为热点，人们采用弹射碰撞试验方法，通过空气炮装置将高速运动的样件划过静止的刀刃，从而实现了没有高速切削机床情况下的高速切削。试验证明，在高速切削情况下，切屑的形成条件有别于传统的切削加工，当切削速度超过一定数值时，塑性材料的变形超过了塑性变形特性区，材料会因脆性断裂而形成切屑。

美国于 1977 年借助铣削速度高达 1980m/min 的高速铣床验证了弹射碰撞试验的结果，高切削速度改善了表面质量也降低了切削力，同时发现高速切削中产生的热量大部分被切屑带走。1979 年，美国空军和通用电气公司合作进行高速切削技术的全面研究，重点探索高速切削在工业生产中的作用和综合效益，研究了铝合金的最佳切削速度范围为 1500~4500m/min，并建立了高速切削刀具的规格目录。

德国达姆施塔特工业大学生产工程、工艺与机床研究所（PTW）于 1979 年开展了基于磁悬浮轴承的高速主轴的设计开发研究，并在机床上进行了测试，实现了切削速度的重大突破，验证了早期弹射碰撞得出的理论，同时推动了刀具和机床部件的配套发展。PTW 对切削工艺、机床及其零部件之间互相作用关系进行了系统性研究，并成功研制出世界上第一台适合高速切削的机床，切削工艺的改善推动了刀具及刀具材料的发展和 CAD/CAM 系统，并对高速切削技术的整体架构进行了规划，如图 2-28 所示。

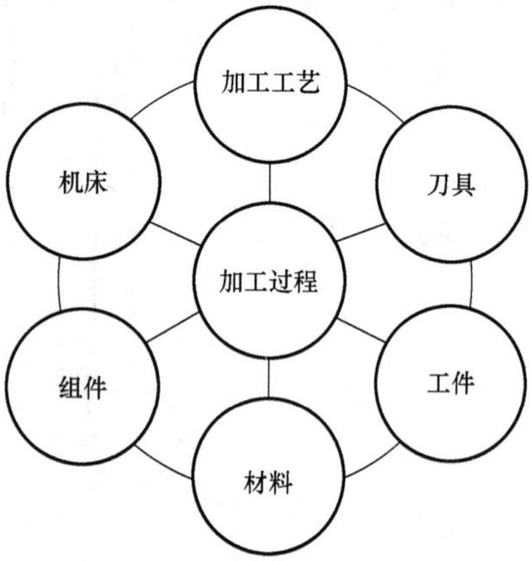

图 2-28　高速切削技术整体框架图

2. 高速加工技术的技术特点

高速加工技术作为先进制造技术的一个重要组成部分，是与时俱进、不断发展中的工艺技术，对于其确定的概念目前还没有一个统一的认识。许多研究机构从不同角度对高速加工进行了定义：

1）1978 年，国际生产工程学会切削委员会将高速加工的切削速度确定为 500~7500m/min。

2）德国达姆施塔特工业大学生产工程、工艺与机床研究所（PTW）提出高于普通加工速度 5~10 倍的为高速加工。

3）对铣削而言，从刀具夹持装置达到的平衡要求（平衡品质和残余不平衡量）时的速度来定义高速加工，根据 ISO 1940 标准，主轴转速高于 8000r/min 为高速加工。

4）从主轴设计的观点，以沿用多年的 DN 值（即转速特征值，主轴轴承孔直径 D 与主轴最大转速 N 乘积）来定义，DN 值达 $(5\sim2000)\times10^5$mm · r/min 时为高速切削加工。

5）从刀具和主轴动力学角度来定义高速切削加工，这种定义取决于刀具在加工时主模式频率，它在 ANSI/ASME 标准中用来进行切削性能测试、选择转速范围。

以现在高速加工技术的发展来看，德国 PTW 的定义和主轴 8000r/min 的定义有些保守，以铝合金为例，美国高速切削铝合金速度为 7500m/min，山东大学机械工程学院的相关研究已接近 10000m/min，达到普通加工速度的近百倍；微细切削加工为取得合适的切削线速度，其机床主轴转速高达 300000r/min，远超 ISO 1940 标准。高速切削加工根据不同的切削条件，具有不同的高切削速度范围。

切削速度因不同的工件材料、不同的切削方式而异。一般认为，铝合金超过1600m/min、钢为 700m/min、铸铁大于 750m/min 及纤维增强塑料为 2000 ~ 9000m/min 时即为高速切削加工。不同切削工艺的高速加工切削速度范围为车削 700 ~ 7000m/min、铣削 300 ~ 6000m/min、钻削 200 ~ 1100m/min 及磨削大于 250m/s 等。

对于铝合金等易切削材料，高速切削主要是以提高加工效率为主。在高速切削机床上，采用较高切削速度和进给速度，可以大幅度提高材料去除率，缩短非切削加工时间，并且可以利用高速切削切削力小、切削热被切屑带走及加工表面质量高的优点，实现易切削材料大批量高效加工。对于高温合金、钛合金等难加工材料，刀具磨损剧烈，刀具材料经常承受不了过高切削速度带来的高温，刀具失效主要取决于刀具材料的热性能，包括刀具熔点、耐热性、抗氧化性、高温力学性能及抗热冲击性能等方面。

与常规切削加工相比，高速切削加工具有下列特点：

1）切削速度极高，加工效率高。美国航天工业中采用 7500m/min 的切削速度铣削铝合金已经比较普遍，山东大学机械工程学院的相关研究已达到 10000m/min。高切削速度会使单位时间内材料切除率大大增加，可达到常规切削的 5~10 倍，甚至更高，大大节省了加工时间；同时由于进给速度较大，可使机床非工作时间大幅缩短，从而极大地提高了机床的生产率。

2）切削力下降。在切削速度达到一定值后，切削力可降低 30%以上，尤其是径向切削力的大幅度减少，特别有利于进行薄壁、肋板等刚性较差零件的高速精密加工。

3）切削热大部分由切屑带走。由于切削速度极高，90%以上的热量来不及传递给工件便由切屑带走，工件热变形小、残余热应力小，特别适合于对热变形要求较高零件的加工。

4）可实现无振加工，加工表面质量高。高速切削加工机床的激振频率特别高，它远离了机床工艺系统的低阶固有频率范围，工作平稳、振动小，因而加工质量较高，动态特性较好，能加工出表面质量高的零件。例如，采用聚晶立方氮化硼（PCBN）刀具或陶瓷刀具进行高速切削加工淬硬钢，可实现“以切代磨”，省去磨削工序。尤其是在模具加工方面，由于高速切削表面质量较高，可大大减少甚至替代人工修磨抛光的工作量，大幅提高加工效率，降低生产成本。

5）高速切削适用于加工各种难加工材料。航空航天以及国防兵器方面大量采用的高温镍基合金和高强钛合金属于典型的难加工材料，其强度大、硬度高、耐冲击，加工中容易硬化、切削温度高、刀具磨损严重，如果采用高速切削，切削速度为常规切削速度的 10 倍左右，达到 100~1000m/min，不仅可以大幅度提高生产率，而且有效地减少了刀具磨损，提高了零件加工的表面质量。

高速切削加工的这些优点促进了其在航空航天、国防兵器和汽车船舶等方面的产业化应用和大力推广，并取得了重大的经济效益，提高了切削加工的整体技术水平，是先进制造技术方面的亮点和热点。

2.6.2 高速切削加工的关键技术

1. 高速主轴

高速主轴是实现高速切削最关键的技术之一，目前普遍采用高频电主轴，多采用内藏电动机式主轴，即机床主轴作为电动机转子，机床主轴壳体为电动机座的主轴结构。电动机的空心转子用压配合的形式直接套装在机床主轴上，定子带有冷却套，安装在主轴单元的壳体中。根据物理学原理，高频电主轴的功率会随转速的增加而降低，微细切削加工中为达到所需的切削速度，主轴转速高达300000r/min，其功率也较低，只能进行高转速下的微量切削加工。

高速主轴零件高速旋转时会产生振动和变形，此外，高速运转摩擦产生的热会造成高温和变形，也要进行控制。对高速主轴性能要求有：高刚性和高的回转精度；高转速、转速范围宽；高功率；热稳定性好；装夹可靠；具有良好的润滑和冷却系统；实时反馈的主轴检测系统等。

高速主轴的轴承作为回转轴支撑，其高速运转性能及回转精度直接决定了高速主轴的精度。常用的高速主轴用轴承有以下几种。

1）滚珠轴承。当前高速切削机床上装备的主轴多数为滚珠轴承电主轴。陶瓷轴承是采用氮化硅陶瓷做滚珠，轴承的内、外圈由轴承钢制成。与钢球相比，陶瓷球密度较小，重量较轻，因而可大幅度地降低离心力；其弹性模量较高，具有更高的刚度而不易变形；摩擦因数小，可减少轴承运转时的摩擦发热、磨损及功率损失。

2）液体静压轴承。液体静压轴承承载力大，其油膜具有很大的阻尼，动态刚度很高，特别适用于断续切削及轴向切削力较大的加工场合。其运动精度很高，回转误差一般在0.2μm以下，可以达到很高的加工精度和低的表面粗糙度。与滚珠轴承相比，液体静压轴承的液体有摩擦损失，故驱动功率损失比滚珠轴承大。对于粗加工、要求材料切除量大，但对加工表面粗糙度要求不高时，从经济性考虑应优先采用滚珠轴承主轴。在要求加工精度高、表面质量好的情况下，必须采用液体静压轴承。

3）空气静压轴承。空气静压轴承可进一步提高主轴的转速和回转精度。其优点在于高回转精度、高转速和低温升，主要适用于工件形状精度和表面粗糙度要求高的场合。缺点是承载能力较低，不适用于大量去除材料的场合；使用中需要洁净的压缩空气，耗气量较大，使用费用和维护费用较高。

4）磁悬浮轴承。磁悬浮轴承的优点是高精度、高转速和高刚度。缺点是机械结构复杂，而且需要一整套的传感器系统和控制电路，所以磁悬浮轴承主轴的造价一般是滚珠轴承主轴的两倍以上；此外，还必须有很好的冷却系统，因为其主轴部件和线圈都需要散热，如果散热不好，会导致主轴的温升过大，热胀冷缩造成主轴热变形，从而影响工件的加工精度。

2. 高速进给系统

高速切削机床具有较高的主轴转速，必须有相匹配的进给速度才能获得最佳的每齿进给量，高速进给系统开始采用常规的滚珠丝杠传动，即采用大导程滚珠丝杠传动和增加伺服进给电动机的转速来实现，进给速度可达 60m/min 左右。为达到更高的进给速度，可使用直线电动机驱动系统。直线电动机具有无间隙、惯性小、刚度较大而无磨损，通过控制电路可实现高速度和高精度驱动。

直线电动机驱动系统的静态特性和结构动态特性主要取决于其位置控制周期，具有短至 100~300μs 的迟滞时间，可实现高的增益系数并获得足够的承载刚度。常规机床最大速度及使用寿命均受到导轨抗摩擦磨损性能、滚珠丝杠驱动及滚珠丝杠临界转速的影响，对于直线电动机机床，导轨经常设计成滚动轨道以提高其抗摩擦、磨损性能。为保证直线电动机稳定运行，避免其主要元器件的电气损耗，必须安装稳定可靠的冷却系统，保持良好的热稳定性；对机床移动部件，为达到最大速度和加速度应采用轻量化设计，在保证刚度的情况下减轻重量。

3. 高速切削刀具系统

刀具技术在高速切削加工发展中起了重要的作用，正是由于刀具材料的不断发展，切削加工从低速走向高速；也正是刀具材料的限制，切削难加工材料出现的刀具磨损问题严重制约着加工效率，是其向更高速发展的瓶颈问题。此外，刀具与机床主轴之间的可靠、高精度连接、高速刀具产生的离心力，刀具刀体结构、材料及刀具动平衡等也是高速切削加工时必须注意的问题。

（1）高速切削刀具材料　刀具材料经历了从碳素工具钢、高速工具钢、硬质合金、涂层刀具到陶瓷、CBN、金刚石刀具等的发展历程，切削速度也从以前的 1~10m/min 发展到现在的 10000m/min，提高了上千倍；现代的刀具材料在硬度、强度、耐磨性、耐热性及化学稳定性的提升与最初使用的切削刀具不可同日而语，其发展对于高速切削速度的提升至关重要。

高速切削虽然降低了传到工件上的热量，由于切削速度的提升，其整体切削热仍较常规切削高出许多，热量会传入切屑和刀具，尤其是刀具上热量的聚集，对刀具材料的热硬性提出了很高的要求。高温会造成刀具材料的软化，使其强度、硬度降低，如果长期处于高温下相当于对材料进行了退火处理。高速切削需要刀具材料在较高温度下依然能够保持良好的强度和硬度，同时还要能够抵抗高温、高压及高速等极端条件下的摩擦磨损。

硬质合金一般分为碳化钨（WC）基、碳化钛（TiC）基、氮化钛（TiN）基和超细晶粒硬质合金几类，硬质合金是由难熔金属碳化物和金属胶黏剂用粉末冶金方法制成，其硬度、耐热性、耐蚀性、耐磨性及化学稳定性等方面都优于高速钢，是目前主流切削刀具材料。碳化钨基硬质合金分为K（YG）、P（YT）、M（YW）三类，K（YG）类适于加工铸铁、有色金属和非金属材料，P（YT）类适于加工钢材但不宜加工钛合金及硅铝合金，M（YW）类称为通用硬质合金，适用于加工各类高合金钢、耐热合金、合金铸铁等难加工材料。

碳化钛基和氮化钛基硬质合金以TiC或TiN为硬质相，以镍钼或者镍钴钼为黏结相，代号YN，其硬度高达91~95HRA，达到陶瓷刀具水平，耐磨性好，有较低的磨损率，较高的抗氧化能力、耐热性好和化学稳定性好，又称为金属陶瓷，兼具金属的强韧度和陶瓷的硬度耐热性。

超细晶粒硬质合金具有硬质合金的高硬度和高速工具钢的强度，是一种性能优异的硬质合金，其WC的粉末粒度很细，一般在0.1~1μm之间，远小于普通硬质合金的晶粒尺寸，烧结时易自然团聚，出现WC晶粒不均匀长大等问题，生产难度较大。由于其晶粒尺寸微小，硬度可高达90~94HRA，强度达到5000MPa，并且可以磨成非常光滑锋利的切削刃，可用于制作尺寸较小的精密刀具。

涂层硬质合金材料是目前应用范围最广的高速切削刀具，硬质合金作为刀具基体具有较高的强度、硬度和韧度，根据其切削条件，选用不同的涂层以提高表面硬度、耐磨性、耐蚀性及耐热性等，可基本满足高速切削的需要，有较高的成本优势。目前典型的涂层结构有单涂层、多层涂层、多元涂层、纳米涂层、金刚石涂层和立方氮化硼（CBN）涂层等。TiC和TiN涂层是应用最广的涂层材料，与TiC涂层可达2500~4200HV的高硬度相比，TiN涂层摩擦因数小，应用温度更高，可高达600℃，并且具有更好的耐冲击性能。采用CVD的Al_2O_3涂层材料，其切削性能更优于TiC和TiN涂层，刀具耐用度更高，这是由于Al_2O_3涂层在高温下硬度降低小，具有更好的化学稳定性和高温抗氧化性能。常见的单涂层材料还有CrC、CrN、Cr_2O_3、ZrC、ZrN、BN和VN等。

TiCN、TiAlN为常见的多元涂层材料，多元涂层可弥补单一涂层的某种缺陷，取得良好的综合性能，如TiCN兼有TiC和TiN涂层的良好韧度和硬度，控制C和N的成分形成不同的梯度结构涂层，降低内应力，提高韧度；增加涂层厚度，减少裂纹扩展和崩刃现象；还有双层涂层甚至3~7层的多层涂层结构。

金刚石和类金刚石涂层是新型刀具涂层材料之一，采用低压化学气相沉积法生长出一层多晶金刚石膜，当加工硅铝合金、铜合金、玻璃纤维以及硬质合金等材料时，其寿命是普通硬质合金的50~100倍。

立方氮化硼（CBN）涂层是另一种新型刀具涂层，具有类似于金刚石的超高硬度、高耐磨性、小摩擦因数及低热膨胀系数等优点，同时具有优于金刚石的性能如对钢铁的化学惰性等。

陶瓷刀具硬度高达 93.5～95.5HRA，可在 1200℃下进行有效切削，具有耐高温性能显著、化学稳定性好等优点，切削速度比硬质合金刀具高 2～10 倍，寿命高几十倍，主要成分为氧化铝陶瓷、氮化硅陶瓷以及复合陶瓷等。

金刚石刀具材料具有极高的硬度和耐磨性，显微硬度达 10000HV，是自然界已知的最硬物质，耐磨性为硬质合金的 80～120 倍，寿命是硬质合金的百倍；具有很小的摩擦因数，有效降低了切削变形和切削摩擦力；可磨成锋利的切削刃，刀刃钝圆半径仅为 0.1～0.5μm，天然金刚石为 8～5nm，可进行高精度镜面的超薄、超精密切削加工；导热系数高，切削热容易散发，刀具切削温度较低；线胀系数小，切削加工时的热变形小，切削刃几何形状稳定性好，尤其适于进行超精密加工。

刀具材料的选择一方面应该以经济性为基础，同时考虑刀具工件材料副的力学、物理和化学性能匹配，即合理选择切削刀具和工件之间的硬度差、热性能以及耐化学磨损等性能。而对于不同加工对象，应综合考虑这些因素进行高速切削刀具材料的合理选择，如铝、镁等金属采用 PCD 或 CVD 金刚石涂层可达到 1100m/min 的切削速度，铸铁件采用 CBN 刀具可实现 2000～4500m/min 的切削速度。

（2）切削刀具连接技术　高速铣削加工中一般采用整体式刀柄刀具或基本刀柄-夹头/接柄-刀具组成，有些将刀座和接头做成一个整体，提高刀具系统整体刚度和动平衡精度、抗振性等。高速切削机床主轴的设计采用两面约束过定位夹持系统，使刀柄不仅在主轴内孔锥面定位，而且端面同时定位，具有很高的接触刚度和重复定位精度，连接可靠牢固。目前广泛采用的有德国 HSK 刀柄、美国 KM 刀柄和日本 NC5 刀柄等，这些刀柄采用锥度为 1∶10 的短锥柄替代原来的7∶24 刀柄，具有广阔的应用前景。

HSK 刀柄已被列入德国标准，它采用锥度为 1∶10 的中空短锥柄，短锥柄在主轴锥孔内定心，锥柄定位时留有 0.1mm 的间隙。在拉紧力作用下，中空刀柄的弹性变形补偿了这个间隙，实现了端面和主轴锥面的双面定位，定位后刀柄和主轴锥柄之间有 3～10μm 的过盈量，从而保证了很高的动静态刚度，具有很高的轴向和径向重复精度（1μm 左右），特别适合进行高速切削。HSK 刀柄与主轴连接的结构原理如图 2-29 所示：

目前刀柄系统与刀具连接方式有热缩夹头、高精度弹簧夹头及高精度静压膨胀夹头等。热缩刀柄主要利用热胀冷缩原理，刀柄装刀孔与刀具柄部配合使刀具可靠夹紧，这种连接方式结构简单，同心度好，夹紧力大，动平衡和回转精度高；使用时需要特殊的加热设备，使刀柄内径胀大，装刀后冷却夹紧刀具。这种夹紧夹持方式精度高，传递扭矩大，能承受更大的离心力。图 2-30 所示为

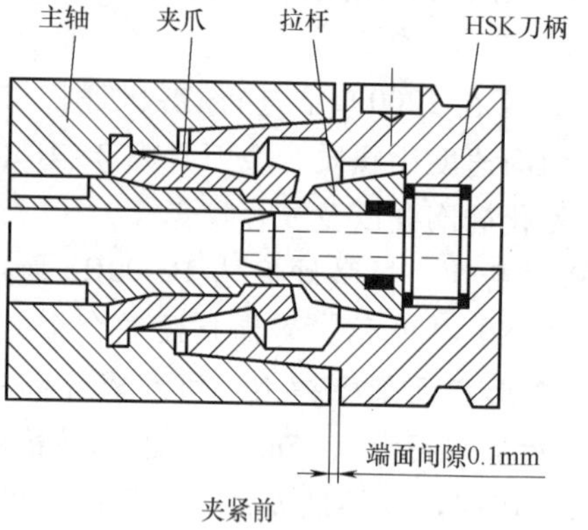

图 2-29 HSK 刀柄与主轴连接的结构原理

HAIMER 热缩装夹系统及其装夹示意图：

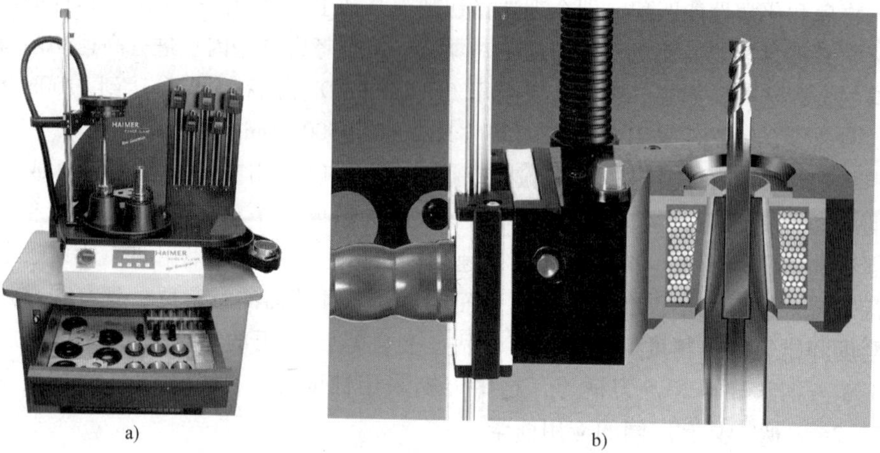

图 2-30 HAIMER 热缩装夹系统及其装夹示意图
a）热缩装夹系统 b）热缩装夹示意图

弹簧夹头一般采用具有锥度的锥套作为刀柄系统与刀具的夹紧单元，当夹紧螺母压入锥套，使锥套内径缩小从而夹紧刀具。目前常用的是 ER 夹头，具有较好的同心度和直径，夹紧力大且精度较高，性价比较好，应用广泛，适用于高速切削。高精度强力弹簧夹头可在高达 30000~40000r/min 的转速下使用，足以满足一般的高速切削需要。液压夹头能够提供较大的夹紧力，且夹紧均匀可靠，具有较高的夹紧精度和重复定位精度，减振能力强，是机械夹头寿命 3~4 倍，适用于主轴转速为 15000~40000r/min 的情况。

（3）刀具动平衡技术和磨损。高速切削条件下，由于速度较高，刀具系统的不平衡会产生离心力，造成机床工艺系统的振动，影响切削加工的稳定性，如加剧主轴、主轴轴承之间的磨损，降低工件加工质量，出现振纹等，并会带来安全隐患，所以高速切削刀具的动平衡性能是整个刀具系统优劣的重要指标。目前各国都制定了相应的刀具动平衡标准，但大多数国家借用了刚体旋转体平衡的国际标准 ISO1940/1 规定的 G40 平衡质量等级，实际上，大多数精密加工刀具的不平衡品质已经达到了 G2.5 级标准，基本可适应主轴转速为 20000r/min 的加工条件。如果主轴转速高于 15000r/min，建议配备可调节的刀具平衡系统，对刀具动平衡进行调节，如使用平衡调整环、平衡调整螺钉、平衡调整块等去除不平衡量达到平衡的目的。高速切削应尽量选择高质量的刀杆和刀具；减少刀具悬长，选择短而轻的刀具；使用 HSK 刀柄时，定期检查刀具和刀杆的疲劳裂纹和变形等，以尽量避免刀具系统动平衡度差的不利影响。

在常规切削加工中，刀具磨损量随切削速度的增加而增大，但高速切削加工却远没有那么简单，反而在某些研究中，存在一个适合的切削参数范围，在这一范围内，刀具的磨损量最小。刀具磨损是切削刃上各种因素载荷共同作用的结果，取决于刀具材料、工件材料以及作用在切削刃上的各种载荷，高速切削加工将传统加工中施加于刀具上的静载荷，如机械载荷作用、热作用、化学作用和磨料作用等重新进行了动态调整，改变了载荷的分布和作用强度，使切削刀具磨损特征与传统加工有所区别。刀具磨损通常是作用在刀具上的各种载荷产生的不同类型的磨损机理综合施加作用后叠加起来的整体效果，必须根据实际工况磨损中出现的具体磨损形式进行合理分析研究。合理的润滑和刀具材料选择，以及切削参数的适当调整是减少刀具磨损的有效工艺措施。

4. 高速加工冷却润滑技术

高速切削加工产生的高温会使刀具磨损加剧，缩短刀具寿命，必须采用合理的冷却润滑措施，改善摩擦状态，减少磨损。采用环保的可持续发展战略指导下的冷却润滑技术是高速切削技术发展的必由之路，由此涌现了很多新型的技术，如干式切削、微量润滑切削、喷雾切削以及大流量湿式切削等。高速加工冷却润滑技术根据切削介质施加位置不同，可分为外喷式冷却和内喷式冷却切削；根据切削截止作用温度，可分为高温、常温、低温和超低温等冷却切削。

干式切削指切削中不使用任何液体冷却润滑介质的方法，如纯干式切削或者以气体射流为冷却介质的干式切削。干式切削对刀具材料的要求较高，尤其是材料耐热性方面。

微量润滑（MQL）切削是介于干式切削和湿式切削之间的一种新型切削加工方法，其原理是采用微量的切削润滑液，汽化后喷射到加工区域进行有效润滑。该系统可以有效控制切削润滑液的数量，准确喷射到刀具、工件的接触区域，改善其局部摩擦接触情况；气化用的压缩空气还可以吹掉切屑，从而抑制温升，大幅减少切削热的产生。MQL 所需的润滑液用量极少，一般为 5~400ml/h，合理使用后的工件、切屑以及刀具都是干燥的，避免了后期的一系列清洁处理程序，具有无废弃物、节约成本、无污染的环保优势。

对于难加工材料以及某些必须采用切削液的场合，湿式切削则采用大量切削液循环使用的方法，达到冲屑、润滑及冷却的作用，短期内还无法替代，但其对于环境的污染不可避免，应开发绿色环保无污染的切削介质替代目前污染严重的切削液。

5. 高速加工安全性与监控技术

高速切削加工使得高速机床加工过程危险性大增，以直径为 200mm 的铝合金刀盘为例，当其以 27500r/min 的高转速工作时，刀具破损后，1/4 部分飞出所具有的动能高达 21KJ，而厚度 5~12mm 的普通金属版或者有机玻璃隔板仅能承受 1.3~7.4KJ 的能量，剩余能量还将继续对隔离区外的人员或者物品构成巨大威胁。因此，对于高速机床的安全性应在结构设计、安全防护、加工监控及失效保护等方面进行系统研究。

高速铣削中飞出的刀片具有的动能与开枪射击子弹所具有的能量相当，在机床被动防护方面，机床的防护罩必须能够吸收由碰撞物所释放出的巨大能量，使其尽可能地在隔离区内被消耗掉而不传递到防护区外，可采用较厚的聚碳酸酯板或者多夹层的复合材料护板。在主动安全防护方面，高速机床必须对于切削加工中出现的危险信号，如切削力、主轴的径向位移、刀具破损、主轴振动及轴承温度变化等及时进行采集，如发现异常，可改变加工状态或者采取紧急停机等措施减少潜在危险的发生。这些情况需要在线的快速响应监控系统，目前已有的相关主动安全装置集成了传感器、控制器、执行器，是一种可执行在线监控的机电系统。

2.6.3 高速加工技术的应用

航空制造业中最早应用了高速切削加工技术，飞机零件中有大量的铝合金零件、薄壁板件和结构梁等，为保证零部件结构强度、抗振性和加工质量，通常由整块铝合金铣削而成，如采用常规铣削加工方法，存在效率低、成本高、交货期长等缺点，高速切削是解决这方面问题的最有效方法，高速切削可以大幅提高生产率，减少刀具磨损，提高加工零件的表面质量；而且对于某些难加工材料，如镍基合金和钛合金等难加工材料，高速切削更适用，如果配以良好的润滑和冷却，避免刀具过度磨损，则可以获得较好的表面质量和切削效果以及较长的刀具寿命。

波音飞机公司是最早应用高速切削技术加工飞机零件的公司之一。F15 战斗机生产中就使用了高速铣床进行零件加工，采用了整体制造法，即通过切削加工将大型坯料成整体框架或大型零件，代替原来很多个零件装配在一起的方法，使飞机零件数量减少了 42%，同时零件更容易制造、装配和维修。如 F15 飞机上的一个大型狭长结构件，以前是由 500 个零部件组装而成，现在采用整体制造法即用一整块坯料采用高速切削加工法完成。该零件特征包含薄壁件和大平面，最薄的地方只有 1mm，因而必须高速切削、小切深加工，以有效降低径向切削力，避免零件变形。

高速切削技术也适用于进行模具加工，模具材料多为高强度、高硬度、耐磨的合金材料，加工难度较大，常规方法采用电火花或者线切割加工，生产率低，采用高速切削加工代替电火花加工技术可有效提高模具开发速度和加工质量。例如，应用高速切削技术加工电极，可以快速加工成形，并且可获得较高的表面质量和加工精度，减少了电极和模具的后续加工，大幅度地降低成本。也可以直接加工淬硬模具，应用高速切削加工技术，使用新型超硬刀具材料，可以进行淬硬模具的硬切削加工，其高速切削的材料去除率要优于电火花加工，可以省略电极的制造，并且获得比电火花加工更好的表面质量。例如，某硬度为 50HRC 的耐磨环模具，采用传统工艺加工，非生产时间需要 2215min，铣削 155min，抛光 90min，总共加工时间需要 2460min，即 41h。而采用高速切削加工无需手工修磨，总加工时间包括粗精加工只需要 216min，生产率约提高了十倍，而且质量更加稳定。又如，某饮料瓶模具，粗加工采用 35000r/min 的转速、12000mm/min 的高进给速度，仅用时 9min；精铣采用 42000r/min 的转速、10000mm/min 的进给，用时 49min，总共用时 58min，即完成常规加工约需 1000min 的工作量，且表面质量更高，不需要钳工工序，大大降低了生产成本，减少了开发时间。

某航空发动机高温合金涡轮盘零件进行车削加工，工件为 GH4169 高温合金，直径约 500mm，原有工艺采用硬质合金刀具常规切削，速度为 30m/min 左右，改用陶瓷刀具进行约 150m/min 的速度切削加工后，效率可提高 86%~340%。

2.6.4　高速加工技术的发展趋势

高速加工技术已经广泛应用于航空航天、汽车船舶和模具制造等方面，大幅提高了加工效率和精度，但也存在刀具磨损快、主轴转速有待提升以及安全防护、冷却润滑等方面的诸多问题。近几年，我国也引进了很多国际先进数控切削机床，但在技术应用以及关键设备零部件方面还和国外存在很大差距，软硬件都跟不上，为此《国家中长期科学和技术发展规划纲要》已经把高档数控机床与基础制造技术列入国家十六个重大科技发展专项中，加强高速切削技术的研究就是其中比较紧迫的任务之一。

高速加工技术将向以下方面发展：

(1) 关键技术进一步发展　主轴技术是制约高速切削机床切削速度的关键

环节，主轴关键部件包括轴承、驱动器、装夹系统、攻防系统以及控制系统等。早期主轴功率和转速的性能不能同时得到满足，提高主轴转速将相应降低功率，提高功率转速难以保证，目前技术有所发展，出现了转速为30000r/min、功率高达80kW的电主轴。主轴轴承也是制约主轴性能的关键零部件，目前大多数电主轴采用滚子轴承，研发出的内外圈采用新材料以及高效润滑脂的陶瓷滚子混合轴承，DN值可达到2600m/min；利用油气润滑，DN值可达到3000m/min。

（2）加工精度和质量进一步提高　高速切削加工技术在薄壁、微小零件加工方面有技术优势，可避免薄壁件的加工变形。通过主轴高速旋转，可对微小零件的局部特征进行加工，提高了加工效率和质量，降低了加工成本。由于高速切削采用高强度、高硬度的切削刀具，可直接加工淬硬钢，省去了人工修磨、抛光等后续工艺过程，最终加工效果好，其加工质量必将进一步提高，达到一次加工成形。

（3）加工成本进一步降低　随着高速切削加工技术日渐成熟，部分设备国产化，某些关键技术也已掌握，机床使用成本将大大下降，而且随着工艺技术的进步，高速切削加工将进一步提高加工效率，减少时间，必将降低加工成本。刀具材料的发展、刀具减摩设计技术及切削工艺优化等技术手段也必将减少刀具磨损带来的问题，降低加工成本，同时也便于高速切削加工技术的广泛推广和工程化应用。

（4）高性能切削加工技术进一步发展　高性能切削加工技术是以提高材料去除量为目标，可以根据加工对象的不同，将传统切削加工技术升级改造，在保证加工质量前提下，使用高速切削加工达到最高的加工效率和最低的加工成本。高性能切削加工在粗加工阶段以高材料去除率为特征，精加工阶段以高质量为主要特征，综合了高速切削和高效切削的优点，必将获得更大范围的应用，一定程度上可以解决难加工材料的切削加工问题。

2.7 快速成型技术

2.7.1 快速成型技术的原理

快速成型（rapid prototyping，RP）技术相对于传统的切削制造方法常被称为增材制造技术，它是基于材料的可累加特性，将已具数学几何模型的原型通过计算机控制自动地累加生成为所需的实体原型或零件，是机械工程、计算机技术、数控技术及材料科学等技术的集成。快速成型技术同时推动了快速制模（rapid tooling，RT）和快速制造（rapid manufacturing，RM）的发展。

快速成型技术的原理如图2-31所示。它是一种依据产品的三维CAD模型，以离散材料逐层按路径堆积成型，制造出产品原型或零部件的数字化增材制造技术。利用计算机技术对实体进行数字化处理，将零件的三维 CAD 模型在竖直方向上按照一定的厚度进行切片，将原来的三维 CAD 信息转化为二维层片信息的集合，然后将各层的轮廓信息逐层输入成型设备，成型设备控制成型材料逐层加工出各层截面，并将加工出来的截面相互黏结，从而形成了零件整体。

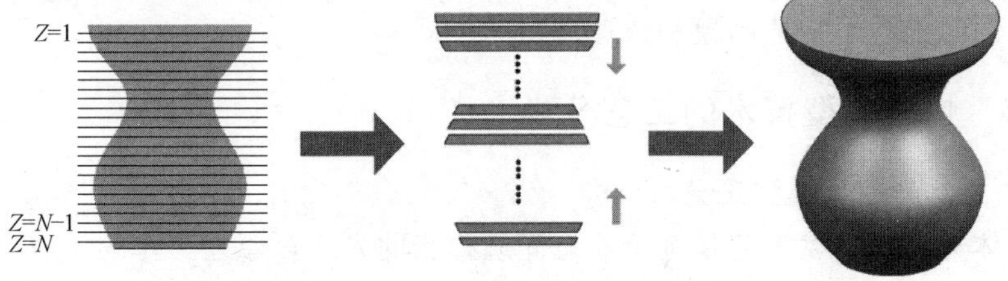

图 2-31　快速成型技术的原理

2.7.2　快速成型技术的发展历程

1892 年，Blanther J. E. 制作出三维地图，即把地形图的轮廓线压印在一系列的蜡片上，按轮廓线切割并粘接熨平成型，可视为快速成型技术的雏形。随后还发展出利用光固化聚合物制造塑料件的立体平版印刷技术；1980 年以后，快速成型技术快速发展起来。1986 年，Charles W Hull 提出用激光束照射光固化树脂可用于分层制造，即采用光固化成型工艺，美国 3D System 公司利用此专利生产出了 SLA-250 快速成型机，标志着快速成型技术进入产品化阶段。1984 年，美国人 Michael Feygin 提出了分层实体制造技术，该技术是目前研究成熟、应用广泛的制造工艺方法之一。1986 年，美国的 Deckard. C. 提出了选择性激光烧结的方法并于 1992 年推出了 SLS 成型机。1988 年，美国学者 Scott Crump 提出了熔融沉积成型的方法，并由 Stratasys 公司研发出了第一台商业机型 FDM1650，该技术是又一种具有广泛应用前景的快速原型工艺方法。1992 年，美国麻省理工学院 Emanual Sachs 等人研制出一种基于粉末黏结的三维打印技术（3DP），其各层的轮廓信息以数控代码的形式输入成型设备，精密喷头根据代码在预先铺设好的粉末平面上以规定的路径喷点黏结剂，将部分粉末黏结起来，形成当前层截面轮廓，逐层循环；层与层之间通过黏结溶液的黏结作用相固连，直至三维形体打印完成；未黏结的粉末对上层成型材料起支撑的作用，同时成型完成后也可以被回收再利用。粘黏成型的部分经后处理工序进行表面强化而形成与计算机设计数据相匹配的三维实体模型。

快速成型技术能显著地缩短新产品开发时间、降低开发费用，在短短十几年间，美国、日本及德国等国家花了大量财力资助研究并迅速商业化。20 世纪 90

年代中后期是 RP 技术蓬勃发展的阶段。我国西安交通大学、华中科技大学、清华大学和南京航空航天大学等单位，于 20 世纪 90 年代初率先开展 RP 相关技术的研究、开发、推广和应用。先后成立了近十家旨在推广应用 RP 技术的“快速制造国家工程研究中心”“快速原型制造技术生产力促进中心”及“教育部快速成型制造工程研究中心”等研发机构。近年来，我国投入 RP 研究和应用的单位逐年增加，RP 市场初步形成。在成型系统商品化、材料开发等方面有了长足的进步，同时推动了快速制模和快速制造的发展。

2.7.3 快速成型技术的工艺分类

1. 立体光固化成型工艺

立体光固化成型工艺是基于液态光敏树脂的光聚合原理工作的，液态光敏树脂会在一定波长和强度的紫外光照射下发生光聚合反应，分子量急剧增大，材料从液态转化为固态。该方法是采用立体光固化成型（stereo lithography apparatus, SLA）原理的一种工艺，也是最早出现的、技术成熟和应用广泛的快速原型技术，由美国 3D Systems 公司在 20 世纪 80 年代后期推出。

SLA 工艺是在树脂液槽中盛满液态光敏树脂，使其在激光束的照射下快速固化，可升降的工作台在步进电动机的驱动下能做上下运动。当成型过程开始时，工作台处于液面下一个截面层厚的高度，计算机控制聚焦后的激光束按照截面轮廓的要求，沿液面进行扫描，使被扫描区域的树脂固化，从而得到该截面轮廓的塑料薄片；然后，工作台下降一层薄片的高度，已固化的塑料薄片就被一层新的液态树脂所覆盖，以便进行第二层激光扫描固化，新固化的一层牢固地黏结在前一层上，不断重复这一动作，直到整个产品成型完毕；最后，升降台升出液体树脂表面即可取出工件，对工件进行清洗和表面光洁处理。光固化成型的原理如图 2-32 所示。

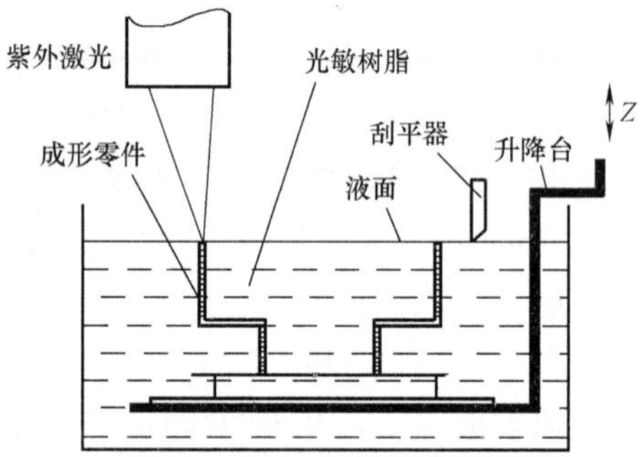

图 2-32 光固化成型的原理

SLA 工艺具有很多优点，如系统工作稳定、分辨率和尺寸精度较高、表面质量较好等。SLA 设备的系统稳定性较好、自动化程度高，系统一旦开始工作，构建零件的全过程完全自动运行，无须专人看管，直至整个工艺过程结束；系统分辨率和尺寸精度较高，一般可确保工件的尺寸精度在 0.1mm 以内；零件表面质量较好，工件的最上层表面很光滑，侧面可能有台阶状不平及不同层面间的曲面不平现象。

SLA 工艺也有如下缺点：

1）可选材料只能是光敏树脂，且光敏材料存在若干缺点，如固化后较脆、易断裂，再加工性不好，而且会稀释膨胀；随着时间推移，树脂会吸收空气中的水分，导致软薄部分的弯曲变形。

2）产生紫外激光的激光管的寿命仅为 3000h，价格较昂贵；同时需对整个截面进行扫描固化，成型时间较长，因此制作成本相对较高。

3）未被激光束照射的部位仍然是液态，需要考虑工件的悬伸部分，并设计相应的支撑结构，以便确保在成型过程中制件的每一结构部位都能可靠定位。

立体光固化成型工艺适合制作中、小型工件，能直接得到塑料产品。主要用于概念模型的原型制作，或用于装配和工艺规则检验。它还能代替蜡模制作浇注模具，以及作为金属喷漆模、环氧树脂模和其他软模的母模，是目前较为成熟的快速成型工艺。

目前我国也开发了相应的激光快速成型机，该设备采用高精密动态聚焦系统，在整个工作面上光斑直径≤0.12mm，重复定位精度达到±0.005mm；采用伺服电动机、精密滚珠丝杠组成的闭环控制系统，使 Z 向升降台重复定位精度达到±0.002mm；采用最新激光能量自适应控制系统，零件表面粗糙度大幅度提高；实时控制微量泵动态补偿，不影响有效工作平面，精确控制层厚；采用超高速扫描器，激光扫描速度可达到 8000mm/s，成型效率可达 60g/h，精度保证在±0.1mm以内。

2. 选择性激光烧结工艺

选择性激光烧结（selective laser sintering，SLS）工艺采用 CO_2 激光器对粉末材料进行选择性烧结，是一种由离散点一层层堆积成三维实体的工艺方法，其成型原理如图 2-33 所示。在开始加工之前，首先，在工作平台上铺一层粉末材料，并将其加热，温度控制在略低于熔化温度；然后，激光束在计算机的控制下按照截面轮廓对实心部分所在的粉末进行烧结，使粉末熔化继而形成一层固体轮廓。当第一层烧结完成后，工作台下降一截面层的高度，再铺上一层粉末，进行下一层的烧结，如此循环，形成三维的原型零件。最后经过 5~10h 冷却，即可从粉末缸中取出零件；未经烧结的粉末能承托正在烧结的工件，当烧结工序完成后，取出零件；未经烧结的粉末基本可自动脱掉，并重复利用。因此，SLS 工艺不需要建造支撑，事后也不用清除支撑。

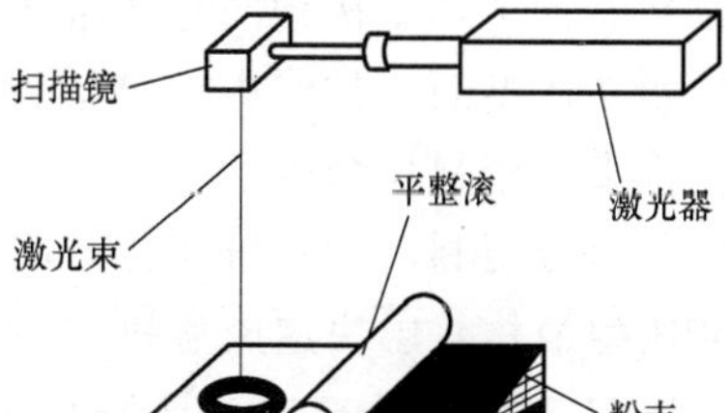

图 2-33　选择性激光烧结的成型原理

SLS 工艺具有如下优点：

1）可烧结的材料比较广泛，如绝大多数工程用塑料、蜡、金属和陶瓷等。

2）无须设计和构造支撑，无须剥离废料。

3）材料利用率高，发展优势较大。

4）零件构建时间短，可直接制作塑料件、模具等。

但该技术同样存在如下缺点：

1）消耗能量大，成型时间长。SLS 工艺必须对整个截面进行扫描和烧结，加上要花近 2h 的时间将粉末加热到熔点以下，零件构建之后还要用较长时间冷却，然后才能将零件从粉末缸中取出，成型时间较长。

2）表面质量较差。表面质量受粉末颗粒大小及激光点的限制，成型件结构疏松多孔，质量较差。

3）后处理复杂，环境友好性差。为了使表面光滑，必须将它置于加热炉，烧掉其中的黏结剂，并在孔隙中渗入填充物，其后处理较为复杂；此外，激光烧结过程中会产生有毒气体，污染环境。

选择性激光烧结工艺适合成型中、小件，能直接得到塑料、陶瓷或金属零件，零件的翘曲变形比液态光固化成型工艺要小。激光烧结快速成型工艺适用于产品设计的可视化表现和制作功能测试零件。由于它可采用各种不同成分的金属粉末进行烧结，进行渗铜后置处理，因而其制成的产品具有与金属零件相近的力学性能，故可用于制作 EDM 电极、直接制造金属模以及进行小批量零件生产。

3. 分层实体制造工艺

分层实体制造（laminated object manufacturing，LOM）工艺是一种薄片材料热熔叠加工艺。分层实体制造工艺是根据三维 CAD 模型每个截面的轮廓线，在计算机控制下，发出控制激光切割系统的指令，使切割头沿 x 和 y 方向移动，其工作原理如图 2-34 所示。供料机构将底部涂有热熔胶的箔材分段地送至工作台的上方，激光切割系统按照计算机提取的横截面轮廓用 CO_2 激光束对箔材沿轮廓线将工作台上的纸割出轮廓线，并将轮廓与外框之间多余的区域内切割成小碎片；然后，由热压机构的热压辊将一层层纸压紧并黏结在一起，可升降的工作台支撑正在成型的工件，并在每层成型之后降低一个纸厚，如此循环往复，最终得到由许多小废料块包围的三维原型零件；最后取出并将多余的废料小块剔除，就可以获得分层制造的三维实体产品。典型的设备是美国 Helisys 公司生产的 LOM-2030H 型箔材叠层快速成型机。

LOM 工艺的关键技术是控制激光的功率和切割速度，以保证良好的切口质量和切割深度。系统软件中具有激光切割速度与切割功率的自动匹配模块，它能根据激光的瞬时切割速度自动调节激光的输出功率，以便在保证高切割质量的前提下，有较高的生产率，使得在快速切割直线时有足够的切割功率，能恰好切透一层纸；切割圆弧时不会因切割功率过大而烧糊。此外，激光切口宽度的自动补偿模块能自动快速识别截面的内外轮廓线，根据激光的切口宽度，控制切割头相

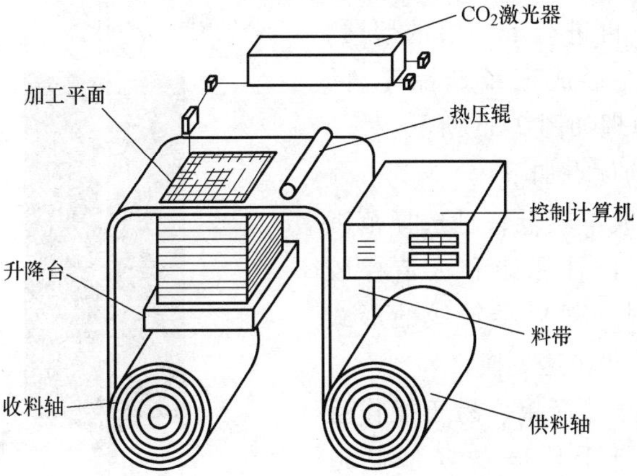

图 2-34　分层实体制造的工作原理

对于理论的内外轮廓线，自动向内或向外偏移半个切口宽度，从而保证实际切得的轮廓线与理论轮廓线相重合。

LOM 工艺的优点如下：

1）成型效率高，可制作大型零件。由于只需使激光束沿着物体的轮廓进行切割，无须扫描整个断面，所以成型过程较快，是一种高速的快速成型工艺；而且零件体积越大，与其他快速成型工艺方法相比，效率越高。

2）直观反映了快速成型的原理和整个加工过程。

3）加工后的零件耐 200℃高温，有较高的硬度和较好的力学性能，可切削加工也可以直接使用，无须进行后矫正。

4）无须设计和构建支撑结构，无须后续固化处理。

5）运行成本较低且材料价格便宜。

LOM 工艺的缺点也很明显，如可供应用的原材料种类较少，目前经常采用的只是纸，其他箔材尚在研制开发中；纸制零件易吸潮，必须立即进行后处理、涂装；由于去除结构里面的废料比较复杂，仅限于构建结构简单的零件，难以加工形状和内部结构复杂、比较精细的零件；当加工室的温度过高时常有火灾危险等。

4. 熔融沉积成工艺

熔融沉积成型（fused deposition modeling，FDM）工艺是将各种丝材加热熔化，使其高于固化温度，而喷出成型时稍低于固化温度，逐层沉积熔接而形成实体造型的成型方法。熔融沉积成型不是将激光作为成型能源，而是通过加热喷头将热塑性材料熔化。具体过程是：在计算机的控制下根据产品零件的截面轮廓信息，做平面运动，热塑性丝材由供丝机构送至喷头，并在喷头中加热和熔化成半液态，然后被挤压出来，有选择性地涂覆在工作台上，快速冷却后形成一层薄片轮廓。一层截面成型完成后，工作台下降一定高度，再进行下一层的熔覆，如此循环，最终形成三维产品零件。熔融沉积成型原理如图 2-35 所示。

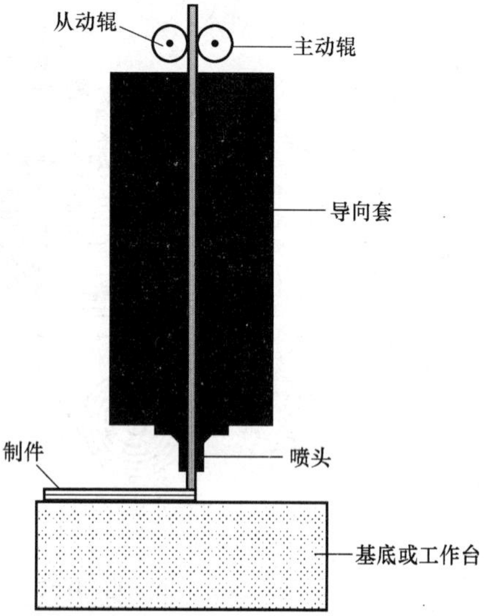

图 2-35　熔融沉积成型原理

FDM 工艺的优点如下：

1）原材料成本较低，且选择范围较大，如 ABS、浇注用蜡和人造橡胶等，此外原材料一般以卷轴线的形式提供，易于搬运和快速更换。

2）工艺干净、简单、易于操作且不产生垃圾，属于环境友好型制造技术。

3）支撑材料可去除，能够快速构建瓶状或中空零件。

4）不需要使用激光器，整机结构简单，设备成本相对较低。

5）成型过程中无化学变化，零件弯曲变形较小。

FDM 工艺也有以下缺点：

1）精度较低，成型表面有明显条纹，沿成型轴垂直方向的强度较弱，难以构建结构复杂的零件。

2）成型速度较慢，不适合构建大型零件。

3）对支撑材料的性能有严格要求。

熔融沉积成型的材料一般为工程塑料（ABS）以及尼龙、蜡或塑料丝等，其中 ABS 属热塑性材料，具有耐高温、抗冲击及易加工等特性，并且成型强度较高，故应用较为广泛，用于汽车、电冰箱、大强度工具和娱乐用品等方面。1999 年，美国的 Stratasys 公司开发出了水溶性支撑材料，有效解决了支撑材料的去除问题，可以实现小孔、中空等复杂结构的成型；去除掉支撑材料的成型零件之间可实现相对运动，对有相对运动位置关系的零件系统可实现一次性快速成型，免去了装配工序。

5. 三维印刷工艺

三维印刷（three dimensional printing，3DP）工艺与选择性激光烧结工艺（SLS）有些相似，都是采用粉状的材料，不同之处在于成型机理。3DP 的成型方法是将黏结剂由打印头喷出，而不是用激光对粉末材料加以烧结，在成型过程中没有能量的直接介入。由于它的工作原理与打印机或绘图仪相似，所以被称为三维印刷，也称 3D 打印。含有黏结剂的喷头在计算机的控制下，按照零件截面轮廓的信息，在铺好一层粉末材料的工作平台上，有选择性地喷射黏结剂，使部分粉末黏结在一起，形成截面轮廓。当一层粉末成型完成后，工作台下降一个截面层的高度，再铺上一层粉末，进行下一层轮廓的黏结，如此循环，最终形成三维产品的原型，其工作原理如图 2-36 所示。为提高原型制件的强度，可浸蜡、树脂或特种黏结剂做进一步的固化。该工艺特点是成型速度快，设备简单、粉末材料价格较便宜，制作成本低，工作过程没有污染，可在办公室条件下使用；但制成原型尺寸精度较低，强度较低，特别适合制作小型零件的原型。

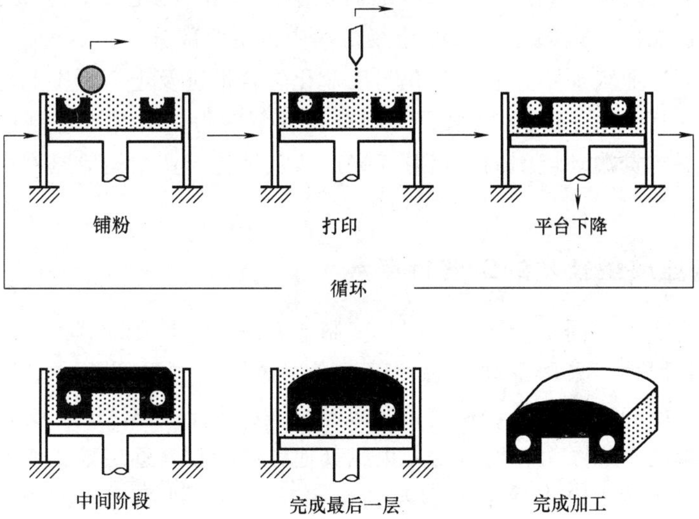

图 2-36　粉末黏结式三维印刷的工作原理

3DP 工艺的特点是成型速度快，成型材料成本较低，并且可以在黏结剂中添加颜料，制作彩色原型，这是该工艺最具竞争力的特点之一，非常适合做桌面型的快速成型设备。《经济学家》杂志刊登的《第三次工业革命》一文认为，以三维印刷（3DP）工艺为代表的数字化制造技术将引发第三次工业革命，对产品设计、制造工艺、制造装备，以及生产线、材料制备、相关工业标准、制造企业形态乃至整个传统制造体系产生全面、深刻的变革，美国等发达国家已宣称将其作为“再工业化”“重新夺回制造业”“重振经济”的国家战略。自 1992 年三维印刷技术诞生，1995 年前后出现商用化 3DP 设备至今，经过近 20 年的推广与发展，已经成为所有增材制造技术（AM）中极具竞争力的成型工艺。根据 2011 年 Wohlers Associates 咨询公司提供的数据，2010 年全球范围内有关增材制造技术的材料、装备和服务所创造的经济价值达 13 亿美元，全球知名增材设备制造商的工业增材制造设备销售量为 6200 多台套，其中大多数为三维印刷成型设备。2010 年也是商品化的个人三维印刷设备增幅较大的一年，从 2007 年的 66 台到

2009年的1816台，而在2010年的数量为5978台。

根据全球三维印刷的应用领域，3DP设备可分为面向工业应用的设备和家庭或办公室应用的设备两大类。工业应用的3DP设备主要用于各类模具的快速制造，大尺寸、高精度金属及非金属零件的直接快速制造；微电子、有机电子制造领域的集成电路、无源器件、三维微结构制作及微透镜制作等，以满足工业生产中对于制造特殊功能和形状零部件的需求，企业对于缩短产品开发、制造周期的追求。家庭或办公室应用的3DP设备主要应用于各类模型的快速制造及个性化家庭用品的制造等，其产品要求占地面积小，适用于彩色打印、高打印速度，具有模型制造能力，这部分在3DP市场份额中占主要部分。

在我国制造业大而不强、信息化与工业化融合推进及走新型工业化道路的过程中，推进3DP工艺技术对增强我国制造业创新能力、提升工艺制造能力、破解制造业发展与资源环境困局、培育新兴产业及优化产业结构等具有极其重要的战略意义。

2.7.4 快速成型技术的工艺特点

快速成型技术不同于传统的切削加工制造方法，它是在计算机的控制下，基于离散、堆积原理，采用不同方法堆积材料，最终完成零件的成型与制造的技术，区别于传统的去除思想。从制造角度来看，它是根据CAD生成的零件三维几何信息，控制多维系统，通过激光束或其他方法将材料逐层堆积而形成原型或零件，是一种增材加工技术；从成型角度来看，零件被视为由“点”或“面”的叠加而成，是将CAD电子模型中离散得到点、面的几何信息与成形工艺参数信息结合，控制材料有规律、精确地进行由点到面、由面到体的堆积，从而形成三维实体零件。

快速成型技术具有以下特点：

1）柔性化程度高。快速成型技术的突出特点是柔性好，它取消了专用工具，在计算机管理和控制下可以制造出任意复杂形状的零件，把可重编程、重组、连续改变的生产装备用信息方式集成到一个制造系统中。

2）自动化程度高。快速成型技术是计算机技术、数控技术、激光技术与材料技术的综合集成，整个加工过程完全自动，无须人工干预，提前输入工艺参数，设备可自动执行，如有故障可发出警示然后停机并保留数据，加工完成后也会有相应提示，实现了CAD/CAM技术的无缝连接。

3）大大缩短了产品开发周期。快速成型技术将利用计算机设计出的CAD模型快速、准确地变成产品实体供设计者参考，从产品设计到实体原型加工仅需数小时，可快速提供给设计者进行产品的修改，这是传统加工方法无法比拟的，它大大缩短了产品的开发周期，降低了成本，尤其适用于进行新产品的开发与管理。

4）适用材料广泛且利用率高。各种快速成型工艺技术的成型方式不同，其材料的使用也各不相同，如金属、纸、塑料、光敏树脂、蜡和陶瓷，甚至纤维等材料在快速成型领域已有很好的应用，累加加工的工艺决定了其材料的利用率几乎达到 100%。

5）经济效益好，应用领域广泛。快速成型技术的开发周期为传统数控切削加工技术的 1/3~1/2，成本为传统加工工艺的 1/5~1/3。尤其对于结构复杂的零部件，传统制造方法成本剧增，而快速成型制造对产品结构复杂程度不敏感，更有利于研发成本的降低，必将提高企业的快速研发能力，从而产生较大的经济效益。快速成型技术适用于新产品的小批量开发制造、模具的设计与制造、产品的外形设计、逆向工程制造及装配检测等方面，而且在医疗卫生、航空航天、建筑工程及文化艺术等领域得到广泛的应用。

2.7.5　快速成型技术的发展趋势

快速成型技术经过多年的发展已经逐渐成熟，尤其是近几年 3D 打印技术在全世界的蓬勃发展，快速成型技术的巨大技术优势得到了普遍认可，人们对于快速成型技术的研究也更加深入、具体，并向实用化、产业化、工业化方面转化，下一步将完善相应的制造工艺和技术，加快网络化、智能化、集成化快速制造技术方面的研究，研制实用化的、更高效的快速成型设备，开发相应的低成本、高性能原型材料，使快速成型技术得到更加广泛的应用。

快速成型技术必将向以下方面发展：

（1）新的原型材料的研发和改进　开发成本低、强度高、成型容易、变形小及无污染的成型材料，如光固化成型工艺需要进口的光固化树脂，我国迫切需要研发相应的替代材料；开发适用于其他各种快速成型工艺的全新材料，如复合材料、纳米材料和非均质材料等，如近年来出现了与选择性激光烧结技术类似的金属件或者陶瓷件快速原型机。此外，还有其他能够使成型件与真实产品相符的快速成型机使用的高性能材料，如美国 Dayton 大学的纤维增强复合材料，澳大利亚用于 FDM 工艺的金属和聚合物复合材料等。

（2）工艺技术的发展创新　快速成型技术目前的成型精度达到 0.01mm 量级，但是产品的表面质量、强度及韧性等方面仍然达不到传统切削加工材料的要求，不能满足工程需要，因此必须完善现有的工艺和设备。快速成型技术的主要原材料仍然是非金属材料，必须进一步向金属材料拓展，以满足工程的实用要求。美国使用基于激光熔覆的叠层制造技术，以离散和堆积为手段，通过增材加工直接制作成了结构复杂的金属部件，解决了钛合金难加工的问题，并在 F-22 和改进型的 F/A-18E/F 战斗机上得以应用，缩短了产品开发周期，并且零件的力学性能也超过了锻件。

（3）制造尺度向大型和微型方面发展　在大型结构件，如飞机主结构零部件及汽车行业的大型覆盖件所需模具中采用快速成型技术有较大的工艺优势，可以促使快速成型制造向大型尺度发展。例如，北京航空航天大学的航空航天国家实验室拥有目前国内最大的3D激光打印机，该打印机长为12米，用于制造我国商用飞机中的大型复杂部件，如钛机身骨架及高强钢起落架。目前最为关键的问题是用激光将金属熔化后对金属重结晶的控制。我国还将这项技术应用在舰载机的研制上，据报道，钛合金和M100钢的3D打印技术已广泛应用于歼-15的试制过程，主要是起落架等主承力部分。此外，微尺度也是快速成型技术的发展方向，桌面型的3D打印机具有外观小巧、成型空间小及成本低廉等优势，正受到越来越多设备开发商的关注，并逐渐走向实用化，如日本名古屋大学研究的微米印刷技术，可制造尺寸为3μm×5μm×5μm的零件，如静脉阀、集成电路等零件。

（4）更高精度、更低成本和更高可靠性　快速成型技术各成型原理不同，控制方法不同，且由于存在计算机模型转换误差、切片处理误差及材料成型中的翘曲变形、收缩、温度应力误差等，导致成型精度不高。具有更低成本和更高精度的成型制造系统必将得到进一步发展，以解决制造系统昂贵、精度低及使用材料受限等问题。

（5）集成化制造大系统　快速成型技术一方面与CAD、CAM、CAE、RT、CAPP以及逆向工程、自动测量技术等制造领域的其他技术形成集成化应用与研究，另一方面是制造学科与其他学科，如信息科学、管理科学、材料科学的交叉融合，形成快速集成制造的大系统学科，其他学科的前沿先进技术与快速成型技术的融合，必将带来耳目一新的技术发展和创新突破。例如，逆向工程与快速成型技术融合，根据实物、照片及CT数据可形成几何模型，进行仿制、维修和新产品开发等，医学界据此可进行人体器官的成型，用于损坏器官的修复、替换等。

2.8　特种加工技术

特种加工技术区别于传统机械加工技术，它是利用电、磁、声、光或化学方法等能量或能量的组合对工件进行加工，从而实现材料的去除、变形和改变性能的非传统方法。特种加工技术最主要的特征是不依靠机械能而是利用热能、电能或化学能的方法，如激光加工、电火花加工、电化学加工、高能束、超声加工和射流加工等。此外，部分特种加工属非接触式加工，对工具要求比较低，其硬度可低于工件硬度，有的甚至不使用工具，故不存在机械加工中易产生的加工应力，变形较小，表面质量较高。

2.8.1　激光加工技术

激光加工技术是 20 世纪 60 年代发展起来的新技术，它是利用光能经过透镜聚焦到很高的能量密度，依靠光热效应来加工各种材料。近年来，激光加工技术被越来越多地用于打孔、切割、焊接及表面处理等加工工艺。

1. 激光加工技术的基本原理

激光是一种受激光辐射产生的能量密度高、方向性强、单色性好的相干光，其功率密度可达 108~1080W/cm^2，几乎可以加工任何金属和非金属。激光加工指将激光束照射到待加工材料的表面，利用激光束的能量熔合材料或去除材料以及改变材料的表面性能从而达到加工的目的。激光加工属于无接触加工，它具有其他加工技术所没有的一些优点，如光点小、能量集中，热影响区小；不接触加工工件，对工件无污染；不受电磁干扰，与电子束加工相比应用更方便；激光束易于聚焦、导向，便于自动化控制。

根据激光束与材料相互作用的机理，大体可将激光加工分为激光热加工和光化学反应加工两类。激光热加工指利用激光束投射到材料表面产生的热效应来完成加工过程；光化学反应加工指激光束照射到物体，借助高密度、高能光子引发或控制光化学反应的加工过程。激光热加工包括激光焊接、激光切割、表面改性和激光打标等；光化学反应包括光化学沉积、立体光刻和激光刻蚀等。

光化学反应加工的光源主要是紫外激光器，如准分子激光器、氢离子激光器，主要用于半导体加工和快速成型的立体光刻工艺中。

2. 激光加工技术的特点

1）激光加工是非接触加工，加工速度快，热影响区小，没有明显的机械力，可加工易变形的薄板及弹性零件等。

2）由于激光的功率密度高，几乎能加工所有的材料，如各种金属材料，以及陶瓷、石英、玻璃、金刚石及半导体等。如果是透明材料，需采取一些色化和打毛措施方可加工。

3）由于激光光点的直径可达微米级，能进行非常微细的加工，如加工深而小的微孔和窄缝。

4）不需要加工工具，所以不存在工具损耗问题，适宜自动化生产系统。

5）通用性好。同一台激光加工装置，可用作多种加工用，如打孔、切割、焊接等都可以在同一台机床上进行。

6）激光加工是属于一种瞬时的局部熔化和汽化的热加工方法，其影响因素很多。因此，进行精密微细加工时，其精度和表面粗糙度需反复试验，设置合理的加工参数才能达到所需要求。

3. 激光加工技术的应用

（1）激光焊接　激光焊接在机械工业中得到日益广泛的应用，它是基于大功率激光所产生的小孔效应基础上的深熔焊接，既是一种熔深大、速度快和单位时间熔合面积大的高效焊接方法，又是一种焊缝深宽比大、比能小、热影响区小及变形小的精确焊接方法。

激光焊接具有诸多优点，如深宽比高、焊缝深宽比可高达 10：1；激光聚焦后功率密度高、线能量小、焊件热变形小，焊缝窄、焊缝热影响区也很小；可实现精密可控微区焊接，极小的聚焦光斑且能精密定位，以及极快的加热、冷却速度，使得激光容易实现微区精密焊接，对焊缝周围区域几乎没有热损伤；焊接速度快，激光焊接速度比电弧焊快一个数量级以上，薄板激光焊接速度可高达 20~30m/min，是一种极为高效的焊接方式；材料适应性好，用激光可实现常规方法难以实现的焊接，并能对异种材料施焊，效果良好；良好的过程适应性，通过灵活的光束传导，且与现代数控技术相结合，容易实现多工位、难以接近部位以及同一设备不同零件的焊接。但激光焊接也存在以下的局限性，如对焊件的装配精度要求高，激光聚焦后光斑尺寸很小，且一般不加填充材料，故对工件装配精度和光束定位精度有严格要求；激光器及相关系统的成本高，一次性投资较大。

（2）激光切割　激光切割是利用经聚焦的高功率密度激光束照射工件，在超过一定的功率密度的前提下，光束能量以及活性气体辅助切割过程附加的化学反应热能全部被材料吸收，由此引起照射处的材料温度急剧上升，到达沸点后，材料开始汽化，并形成孔洞。随着光束与材料的相对移动，最终使材料形成切缝。切缝处熔渣被具有一定压力的辅助气体吹掉，从而完成切割，如图 2-37 所示。

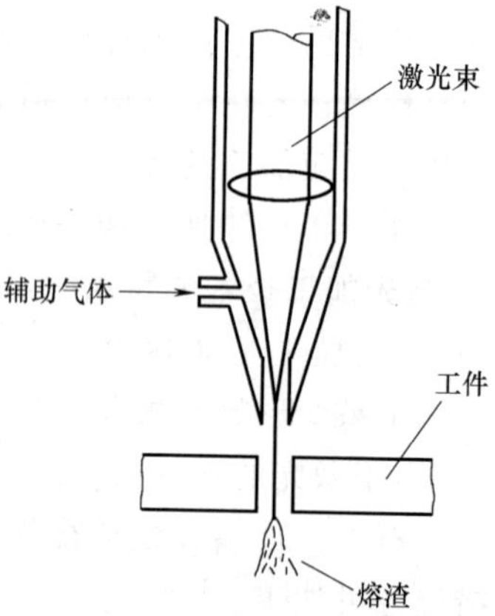

图 2-37　激光切割原理

利用激光切割，由于其能量密度高，可获得较快的切削加工速度和较高的加工质量；切边缝较窄，边缘垂直度好，无机械应力；适应材料范围广，无切割噪声，是一种高质量、快速切割的有效方式。其主要不足之处是切割深度有限和一次性投资较大，具体数值与功率有关。在常规方法不便切割的地方，激光切割就具有较大优越性。随着激光系统质量的不断提高和激光加工系统价格的逐渐降低，它将具有更强的竞争力。

（3）激光打孔　激光打孔的装置与激光焊接大致相似，打孔与焊接相比，要求聚焦后的激光束的功率密度更高，能把材料加热到汽化温度，利用汽化蒸发将材料去除。激光打孔用的激光器主要有红宝石、钕玻璃和 CO_2 激光器，一般用光学系统将光斑尺寸聚到几微米到几十微米。由于光斑可以聚得很细，所以能加工极微细和特别深的孔。从深径比来看，用激光打出的孔，其深度与孔径的比值可高达 50 以上，这是用其他方法难以达到的。例如，用一般方法在极硬的氧化铝陶瓷上加工小孔所得到的深径比为 2，超声波法只有 4，而用激光打孔则可达 25。

激光打孔的应用很多，它几乎可以在任何材料上打孔，软的如婴儿奶瓶盖上的胶嘴；硬的有地球上迄今为止发现的硬度最大的天然钻石。采用激光打孔可以比普通工艺节省许多工序，尤其是在打微细孔时。

由于能打微细孔的优越性能，激光打孔在印制线路板的制作中也得到了广泛的应用。随着计算机技术的快速发展，计算机中的印制线路板向多层化和高密度化方向发展，层与层之间的互连要求在芯片上打出成千上万个布线微孔。这些孔的直径和深度都在微米量级，用传统方法加工起来十分困难，成品率很低。激光打孔工艺成功地解决了这个难题。此外，激光打孔广泛应用于金刚石模具、钟表宝石轴承及陶瓷、橡胶等非金属材料，利用不同形状的光斑还可以打出特殊形状的孔来。激光打孔的缺点是被加工孔的精度和表面粗糙度不够理想。

（4）激光打标　打标是工业生产中不可或缺的一项加工技术，其目的是在产品的表面或外包装上打上各种标识性文字、图案或数字等。激光可以在各种质地、各种形状的产品上打上标记，而其最具特色的依然是在微小物件上打标。许多集成电路芯片上都印有公司商标和有关数据，这些芯片的标记区域一般都只有几毫米到十几个毫米的大小，以往用油墨打标系统，存在着标志质量不高或不能永久保持等问题，改用激光打标后，标记清楚且不易脱落。

与激光打标相类似的另一应用是激光雕刻。雕刻是一门古老的艺术，传统工艺都是从外部刻起；激光却可以在不损伤工件外表面的情况下深入其内部进行操作。1996 年 8 月在美国丹佛举行的国际工程光学学会年会上，俄罗斯学者展示了一件高科技工艺品。它是一块比普通砖稍厚的玻璃砖，里面雕刻着克里姆林宫内几座教堂式建筑，而砖表面则完整无缺。

自激光技术诞生以来，在理论和实验的基础研究方面已取得了巨大的进展。近年来，激光研究更注重研制性能更好的、更有实用价值的激光器，并将激光技术应用到各个领域。激光加工技术由于激光优越的性能而具有许多独特的优势。随着激光技术的迅速发展，激光加工技术的应用将越来越广泛，它给人们生活带来的变化也将越来越大。

2.8.2　电子束加工技术

1. 电子束加工的基本原理和特点

电子束加工是在真空条件下利用聚焦后能量密度极高（106～109W/cm^2）的

电子束，以极快的速度（加速电压为50V时，电子速度可达1.6×10^5km/s），在微秒级的极短时间内，冲击到工件表面的极小面积上，使被冲击部分的工件材料达到几千摄氏度以上的高温，从而引起材料的局部熔化和气化；或者利用能量密度较低的电子束轰击高分子材料，切断其分子链或使其重新聚合，从而使高分子材料的化学性质和分子量产生变化，实现加工的目的。

电子束的电热效应很早就被人们认识和使用，利用电子束的热效应可进行打孔、切槽、焊接及淬火等工作。图2-38所示为利用电子束热效应进行的各种加工。通过调整照射功率密度，可以实现对材料不同程度的加工，例如，低功率密度照射时，电子束中心部分的饱和温度在熔化温度附近，这时蒸发缓慢且熔化坑较大，可作电子束熔凝处理，提高表层的硬度和强度，是一种表面改性技术；用中等功率密度照射时，出现熔化、汽化和蒸发，可用于电子束焊接；用高功率密度照射时，电子束中心部分的饱和温度远远超过汽化温度，可用于打孔、切槽等。另外，在集成电路薄膜元件制作中，利用蒸发可获得高纯度的沉积薄膜。

电子束加工技术具有如下特点：

1）电子束能够极其微细地聚焦（甚至小于0.1μm），能量密度很高，可实现亚微米级甚至于纳米级尺度的精密加工。

2）电子束加工的材料范围广，尤其适用于加工高强高硬的材料。电子束热效应产生的高温足以使任何材料熔化和气化，所以可加工各种硬、脆、韧性金属和非金属材料。

3）电子束的强度、位置及聚焦等可以通过磁场或电场进行精确控制，加工过程也便于实现自动化，适宜于圆孔、异形孔、盲孔、锥孔及狭缝等的精密加工，因此电子束加工是一种可针对特殊结构进行微细加工的方法。

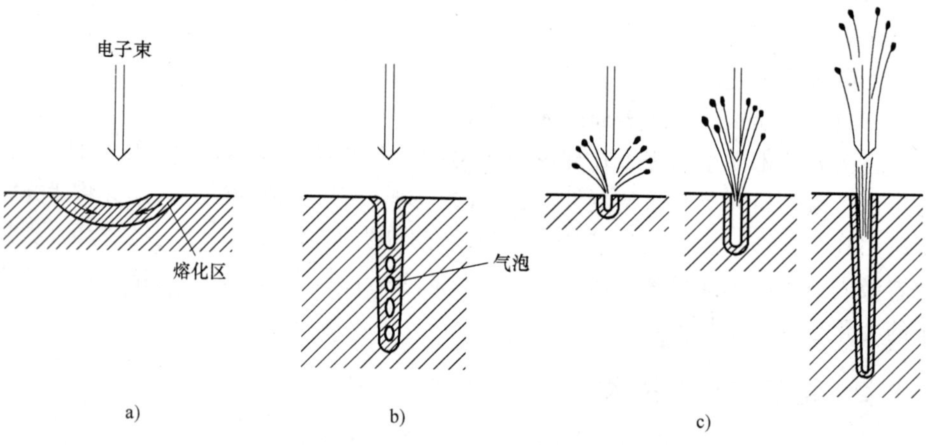

图2-38　利用电子束热效应进行的加工

a）低功率密度照射　b）中等功率密度照射　c）高功率密度照射

4）电子束加工效率高。由于电子束能量的 90%以上均转化为热能，因而加工生产率很高。例如，每秒钟可以在 2.5mm 厚的钢板上加工 50 个直径为 0.4mm 的孔；厚度达 200mm 的钢板，电子束可以 4mm/s 的速度一次焊透。

5）环境友好性强，污染少。由于加工是在真空中进行，因此可用于易氧化金属及合金、高纯度半导体材料等的加工。

2. 电子束加工技术的应用

电子束加工技术的应用范围很广，可用于打孔、切割、焊接、热处理、表面改性及光刻加工等。电子束加工既是一种精密加工方法，又是一种重要的微细加工方法。

（1）打孔　电子束打孔已在航空航天、电子、化纤以及制革等工业生产中得到实际应用。目前打孔最小直径可达 0.003mm。孔的深径比可达 100：1，电子束打孔的效率极高。例如，在厚度为 0.1mm 的不锈钢板上加工直径为 0.2mm 的孔，速度为 3000 孔/秒；玻璃纤维喷丝头上加工直径为 0.8mm、深度为 3mm 的孔，可达 20 孔/秒，比电火花加工快 100 倍左右。图 2-39 所示为电子束加工的喷丝头异型孔。出丝口的窄缝宽度为 0.03～0.07mm，长度为 0.8mm。

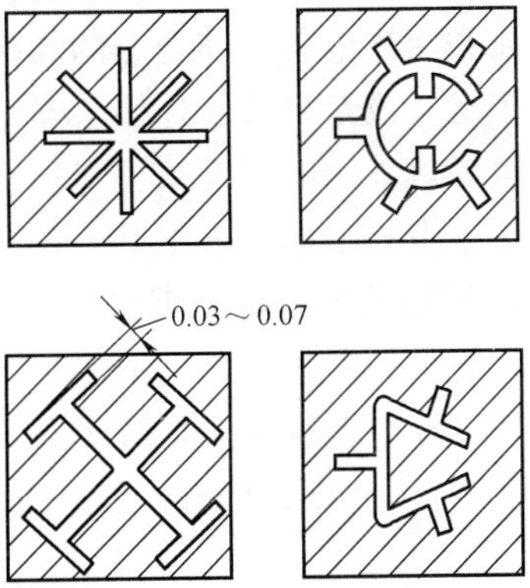

图 2-39　电子束加工的喷丝头异型孔

在人造革、塑料上用电子束打大量微孔，可使其具有如真皮革那样的透气性，而且成本比真皮革低。加工时，用一组钨杆将电子枪产生的单个电子束分割为 200 条并行细束，使其在一个脉冲内同时加工出 200 个孔，效率非常高。现在生产上已出现了专用塑料打孔机，其速度可达 50000 孔/秒，孔径在 120～40μm 可调。用电子束加工玻璃、陶瓷和宝石等脆性材料时，由于在加工部位的附近有很大的温差，容易引起变形甚至破裂，所以在加工前或加工时，需用电阻炉或电子束进行预热。带有电子束预热装置的双枪电子束自动打孔机，每小时可加工 600 颗宝石轴承。

（2）焊接　电子束焊接是电子束加工中开发较早且应用较广的技术。电子束焊接是通过材料的熔融和气化实现材料牢固地结合。电子束的能量密度高，焊接速度快，所以电子束焊接的焊缝深而窄，焊接热影响区小、变形小。电子束焊接一般不用焊条，而且是在真空中进行，因此焊缝的化学成分纯净，焊接接头的强度往往高于母材。电子束可焊接的材料范围很广，既可以焊接难熔金属，如钽、铌、镍等，也可焊接钛、锆等化学性能活泼的金属；既可以焊接很薄的工件，也可焊接几百毫米厚的工件。电子束还能完成一般焊接方法难以实现的异种金属、半导体材料以及陶瓷和石英材料等的焊接，如铜和不锈钢的焊接、钢和硬质合金的焊接等。

电子束焊接的热影响区小、变形小，可以在工件精加工后进行焊接。结合异种金属焊接的特点，有可能将复杂的工件分成若干个零件，而每个零件使用最合适的材料，采用较为简单的加工方法制造，最后利用电子束焊接成一个完整的工件，从而可以获得理想的技术性能和显著的经济效益。例如，可变后掠翼飞机的中翼盒长达6.7m，壁厚12.7~57mm，钛合金小零件用电子束焊接制成，共70道焊缝，仅此一项工艺就减轻飞机质量270kg。

目前，电子束焊接已越来越多地应用在核反应堆和火箭技术上，以解决高熔点金属和活泼金属及其合金的焊接。在电气技术中，将极细的金属丝连接于正确的位置上，或是将薄膜连接于厚钢板上等，这些技术要求若采用电子束精密焊接特别容易解决。电子束精密焊接在半导体技术领域内发展也很快。另外，在某些有特殊要求的结构中采用电子束穿透焊，在穿透时熔融材料的强度不变。

（3）热处理　电子束热处理指把电子束作为热源，适当控制电子束的功率密度，使金属表面加热而不熔化。电子束热处理的加热速度和冷却速度都很快，在相变过程中，奥氏体化时间很短，只有几分之一秒乃至千分之一秒，奥氏体晶粒来不及长大，从而获得超细晶粒组织，可使工件获得常规热处理不能达到的硬度。

利用电子束加热金属，使之表面熔化后，可在熔化区内添加元素，使金属表面形成一层很薄的新合金层，从而获得特殊的物理、力学性能。例如，铸铁件经电子束熔化处理可以产生非常细的莱氏体组织，其优点是抗磨损性能好。研究表明，铝、钛、镍的各种合金几乎均可进行添加元素处理，使其耐磨性能大大提高。电子束热处理的电热转换效率高达90%，而且是在真空中进行，可以防止材料氧化。另外，电子束设备的功率可以做得较大，因此电子束热处理工艺的发展前景非常可观。

2.8.3　离子束加工技术

1. 离子束加工技术的基本原理和特点

离子束加工指在真空条件下，将氩气（Ar），氪气（Kr）或氙气（Xe）等惰性气体通过离子源产生离子束，经加速、集束和聚焦后，射到被加工表面以实现各种加工的方法。离子的质量远远大于电子，其在电场中的加速过程比电子慢得多，速度也较慢，但一旦加速后，却具有远远高于电子的动能。因此，离子束加工是通过弹性碰撞，轰击工件表面，加工时被加工表面层不产生热量，这一点与电子束加工截然不同。

离子束加工的物理基础是离子束射到材料表面时所发生的撞击效应、溅射效应和注入效应。具有一定动能的离子射到材料（靶材）表面时，可以将靶材表面的原子击出，这就是离子的撞击效应。如果将工件直接作为离子轰击的靶材，工件表面就会受到离子刻蚀。如果将工件放置在靶材附近，靶材原子就会溅射到工件表面，进行溅射沉积吸附，使工件表面镀上一层薄膜，这就是离子的溅射效应。如果离子能量足够大时，射到靶材的离子，就会钻进靶材表面，这就是离子的注入效应。因此，离子束加工按照其所利用的物理效应和目的不同，可以分为四种，即离子刻蚀、离子溅射沉积、离子镀及离子注入。前两种属于成形加工，后两种属于特殊表面层制备。

离子束加工技术具有如下特点：

1）可进行超精密加工。由于离子束可以通过光学系统进行聚焦扫描（聚焦光斑可达 1μm），其束流密度及离子能量可以精确控制；同时由于离子束轰击材料是逐层击除原子，所以离子刻蚀可以达到纳米级的加工精度，离子镀膜可以控制在亚微米级精度，离子注入的深度和浓度也可以精确地控制。可见，离子束加工是一种超精密的微细加工方法。

2）加工表面质量高。离子束加工是一种原子级或分子级的微细加工，其宏观作用力很小，加工应力小，热变形小，因此适用于各类金属、非金属材料的高表面质量加工。

3）污染少，环境友好性强。由于离子束加工是在高真空中进行，因此污染少，并且特别适用于加工易氧化的金属、合金及半导体材料，这一点与电子束加工相似。

4）加工效率较低。离子束加工的效率较低，同时由于离子束设备费用及成本较高，因此必将限制其应用和推广。

2. 离子束加工技术的应用

（1）离子刻蚀　离子刻蚀指通过用能量为 0.5～5keV 的离子轰击工件，将工件材料原子从工件表面去除的工艺过程，是一个撞击溅射过程。为了避免入射离子与工件材料发生化学反应，必须用惰性元素的离子进行轰击刻蚀。离子刻蚀加工可达到很高的分辨率，在高精度加工、表面抛光、图形刻蚀、石英晶体振荡器以及各种传感器件的制作等方面应用较为广泛。进行离子刻蚀加工时，对离子入射能量、束流大小、离子入射角度以及工作室气压等应分别调节控制。大多数材料在离子能量为 300～500eV，入射角为 40°～60°时的刻蚀效率最高。用离子束轰击已被机械磨光的玻璃时，玻璃表面 1μm 左右被剥离并形成极光滑的表面。若将机械研磨与离子抛光结合起来制造非球面透镜，则其透明度将显著提高。用离子束轰击厚度为 0.2mm 的玻璃，能改变其折射率分布，使之具有偏光作用。

离子刻蚀用于减薄石英晶体时，用能量为 500eV 的 Ar 离子、束流密度

0.7mA/cm^2，有效束径为 8mm 的离子束，入射角为 35°，可以加工出 3.3μm 厚的石英晶体薄片。离子刻蚀可用于加工各种材料，如金属、半导体、橡胶、塑料或陶瓷等。离子刻蚀在真空中进行，所以对被加工材料的污染少。此外，还可以消除普通方法抛光产生的表面应力。

（2）离子溅射沉积　离子溅射沉积是一种基于溅射效应的镀膜工艺，适用于合金膜和化合物膜等的镀制。在各种镀膜技术中，溅射沉积最适合于镀制合金膜，包括多靶溅射、镶嵌靶溅射和合金靶溅射等三种方法。这些方法均采用直流溅射，且只适合于导电的靶材。化合物膜通常指由金属元素的化合物镀成薄膜，镀膜方法包括直流溅射、射频溅射和反应溅射等三种。

用磁控溅射在高速钢刀具上镀氮化钛（TiN）硬质膜，可以显著延长刀具的寿命。由于氮化钛具有良好的导电性，可以采用直流溅射，直流磁控溅射的镀膜速率可达 300mm/min。在齿轮的齿面和轴承上，采用离子溅射镀制 0.2~0.6μm 的二硫化钼润滑膜，摩擦因数可减至 0.04。溅射时，采用直流溅射或射频溅射，靶材用二硫化钼粉末压制成形。

（3）离子镀　离子镀是在真空蒸镀和溅射镀膜的基础上发展起来的一种镀膜技术。离子镀时，工件不仅接受靶材溅射来的原子，还同时接受离子的轰击，这种轰击使界面和膜层的性质发生某些变化，如膜层对基片的附着力、覆盖情况、密度以及内应力等，从而使离子镀具有许多优点。离子镀附着力强、膜层不易脱落。这首先是由于离子以很高的动能冲击基体表面，对表面的沾污和氧化层起到了清洗作用；其次是镀膜刚开始时，由工件表面溅射出来的基材原子，有一部分会与工件周围气氛中的原子和离子发生碰撞后返回工件，形成了膜材原子和基材原子的共混膜层，而后逐渐过渡到单纯由膜材原子构成的膜层混合过渡层，增强了两者的结合力。

离子镀的可镀材料相当广泛。在金属或非金属表面上可以镀制金属或非金属材料，各种合金、化合物、某些合成材料、半导体材料及高熔点材料均可镀覆。离子镀技术已广泛用于镀制耐磨膜、耐热膜、耐蚀膜、润滑膜和装饰膜等。

离子镀除用于在切削工具表面镀覆 TiN、TiC 等硬质材料外，手表带、表壳、装饰品和餐具等也大量使用离子镀所得到的 TiN、TaN、TaC 及 VN 等膜层，不仅美观而且耐磨、耐蚀。离子镀得到的钨、钼、钽、铌、铍以及氧化铝等镀膜，可显著提高机体的耐热、耐蚀能力。如在不锈钢上镀一层氧化铝，可提高基体在 980℃介质中的抗热循环和耐蚀能力。

（4）离子注入　离子注入指将工件放在离子注入机的真空靶中，在几十至几百千伏的电压下，把所需元素的离子注入工件表层。离子注入工艺不受任何热力学限制，而且可注入任何离子，注入量也可以精确控制。注入的离子固溶于工件材料中，含量可高达 10%~40%，可获得一般冶金工艺无法得到的各种合金表面。

离子注入技术主要应用在半导体掺杂方面，即把磷（P）或硼（B）等“杂质”注入单晶硅中规定的的区域及深度后，可以得到不同导电型的 P 型或 N 型及 P-N 结；也可用来制造一些通常用热扩散难以获得的各种特殊要求的半导体器件。离子注入已成为制作半导体器件和大面积集成电路的重要手段。

离子注入表面改性是离子注入加工技术应用的另一个重要领域。例如，在低碳钢中注入 N、B、Mo 等元素以后，由于在磨损过程中，材料表面局部温升使注入离子向机体扩散，不断在表面形成硬化层，从而可提高材料的耐磨性能。此外，离子注入还可用以改变金属表面的耐蚀性能、抗疲劳性能和润滑性能等。

2.8.4　高压射流加工技术

高压射流加工技术是用水作为携带能量的载体，用高速水射流对各类材料进行切割、穿孔和表层材料去除的加工方法，其水喷射的流速要达到声速的 2～3 倍。高压射流加工技术一般分为纯水射流切割和磨料射流切割，前者水压为 20～400MPa，喷嘴孔径为 0.1～0.5mm；后者水压为 300～1000MPa，喷嘴孔径为 1～2mm。

高压射流加工技术是近 20 年迅速发展起来的新技术，目前主要用在汽车制造、石油化工、航空航天、建筑、造船、造纸、皮革及食品等工业领域。纯水射流切割主要用于切割橡胶、布、纸、木板、皮革、泡沫塑料、玻璃、毛织品、地毯、碳纤维织物、纤维增强材料和其他层压材料；磨料射流切割主要用于切割对热敏感的金属材料、硬质合金、表面堆焊硬化层的零件，以及外包或内衬异种金属和非金属材料的钢质容器、管子、陶瓷、钢筋混凝土、花岗岩及各种复合材料等。此外，高压射流加工技术还可用于各种材料的打孔、开凹槽、焊接接头清根、焊趾整形加工和清除焊缝中的裂纹等。高压射流加工技术目前正朝着精细加工的方向发展，随着高压水发生装置制造技术的不断发展，设备成本不断降低，它的应用前景是引人注目的。

高压磨料水射流（abrasive waterjet，简称 AWJ）切割是 20 世纪 80 年代发展起来的一种新型切割技术。它用磨料与高速流动的水，或者与高压的水相互混合而形成的液固两相流作为工作介质，对工件进行喷射，依靠射流产生的冲蚀作用去除材料。它具有热影响区小、多功能及加工时切削力小等优势。它不仅可以加工传统的脆、塑性材料，还可以加工现代复合材料，尤其适合加工硬脆材料；不仅可以进行常规加工，还可以进行精密加工。因此，自 20 世纪 80 年代以来，高压磨料水射流技术一直迅速发展。

世界上第一台商用高压水射流切割机诞生于 1974 年，由美国 FLOW 公司研发，用于切割层压纸管，同时还可以切割塑料、橡胶、布匹及木材等软质材料。1982 年，第一台磨料水射流切割机诞生，其切割能力大幅度提高，可以切割各种金属、非金属材料、复合材料、陶瓷和混凝土等多种材料。1987 年，开发出了四轴磨料水射流切割机器人，用于石墨增强树脂、钛合金板材以及薄壁大口径管材的切割。1999 年，在微机电系统的推动下，英国 Miller. D 等人首次提出了微型磨料水射流（micro abrasive waterjet，简称 MAWJ）切割技术。他们开发的微型磨料水射流系统能在金属、玻璃及陶瓷等材料上加工出微细图形。

1. 磨料水射流的原理和特点

按水与磨料的混合方式，磨料水射流可分为后混合式和前混合式两种。两者的工作原理不尽相同，后混合式磨料水射流的工作原理如图 2-40 所示。它使高压水通过水喷嘴形成高速水射流，并在混合室内产生一定的真空度，利用磨料罐与混合室之间的压力差将磨料吸入，并与水束发生强烈的紊动扩散和掺混，再由磨料喷嘴喷出，形成磨料水射流。

前混合式磨料水射流是将磨料罐设置在增压泵与磨料喷嘴的中间管段。在工作过程中，磨料罐一直处于泵压作用下，罐内有高压。在高压磨料罐内，磨料与水初步混合，使磨料处于似流体的流化状态，然后通过高压输送管和截止阀进入混合室，在混合腔内流化磨料与水充分掺混，形成液固两相流，再通过磨料喷嘴喷出，形成磨料水射流。其工作原理如图 2-41 所示。

与后混合式磨料水射流相比，前混合式改善了磨料与水的混合机理，使其能量传输效率显著提高，但磨料喷嘴直径较大，切缝较宽，加工精度略低。后混合式磨料水射流结构简单，磨料混入量较易控制，系统磨损仅限于磨料喷嘴，切缝宽度相对细窄，切割精度较高。后混合式磨料水射流目前在各工业部门已被广泛应用，磨料水射流切割系统多采用后混合式，而前混合式磨料水射流还处于研究和开发阶段，正逐步走向应用中。

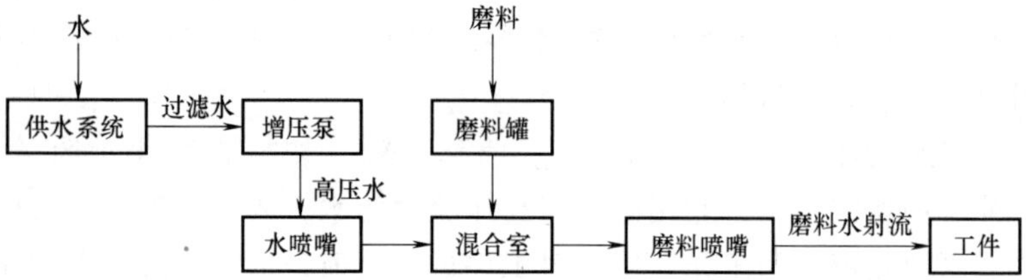

图 2-40　后混合式磨料水射流的工作原理

磨料水射流加工具有下列优点：

1）适用材料广泛。几乎适用于加工所有的材料，除钢铁、铜、铝等金属材料外，还能加工特别硬脆、柔软的非金属材料，如塑料、皮革、木材、陶瓷和复

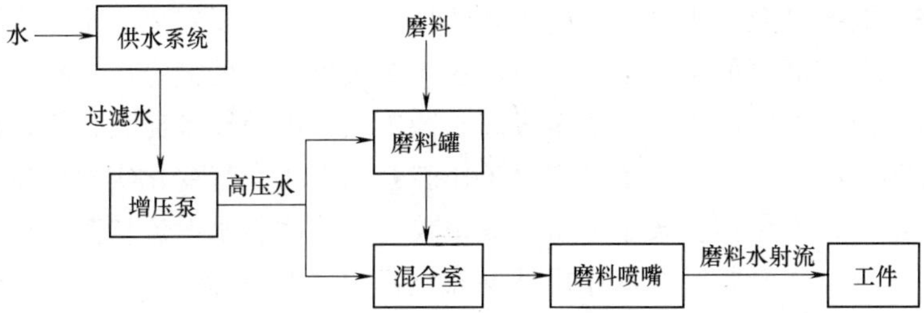

图 2-41　前混合式磨料水射流的工作原理

合材料等。

2）加工质量高。射流加工无撕裂或应变硬化现象，切口平整、无飞边和飞刺。

3）冷态切削，无热变形，适合于特种条件下的加工。切削时无火花，对工件不会产生任何热效应，也不会引起表面组织的变化，这种冷加工很适合对易爆、易燃物件的加工。

4）环境友好，污染少。水射流加工清洁，不产生烟尘、火花或有毒气体，减少空气污染，提高操作人员的安全性；

5）切割范围大，加工准备时间短。与传统切削加工相比，减少了刀具准备、刃磨和设置刀偏量等工序，并能显著缩短安装调整时间，单位面积上的加工能量较大，几乎可以加工任何材料。

2. 磨料水射流切割系统的组成

通常，磨料水射流切割系统主要包括四个模块，如图 2-42 所示。高压水连续发生装置，用于提供连续的高压水；磨料运送系统与喷嘴组合件提供磨料水射流；计算机控制操纵台使喷嘴组合件产生要求的运动轨迹；集水箱用于收集切屑、使用过的磨料和水，分散切割后射流束的残余能量。

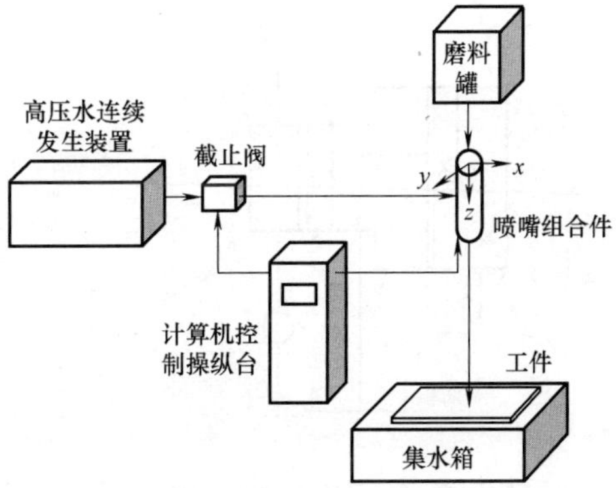

图 2-42　磨料水射流切割系统的组成

（1）高压水连续发生装置　高压水连续发生装置用于产生连续的高压水，是磨料水射流切割系统中的关键部件之一。高压泵是高压水连续发生装置的核心部件，用于产生高压水。在磨料水射流切割过程中，泵的工作压力大，最高水压可达 870MPa。因此，要求高压泵额定工作压力大、疲劳寿命长、安全性好、密封效率高及耐水蚀等。高压泵的种类繁多，主要有离心泵和容积式泵两大类。离心泵依靠泵的离心力产生高压水。单级离心泵的额定压力较低，为获得磨料水射流所需的高压力，需要多级离心泵串联，因而设备庞大，不适用于磨料水射流切割系统。容积式泵依靠密封工作腔容积大小交替变化实现增压，能提供较大的增压比，设备体积较小，密封效率较高，在磨料水射流切割机床中广泛使用。常用的容积式泵是卧式双作用柱塞式增压泵。增压器是增压泵的核心部件，其工作原理如图 2-43 所示。活塞体由油活塞、水活塞和活塞杆连接而成。

压力油推动直径为 D 的油活塞向右移动时，也推动与其连成一体的直径为 d 的水活塞向右移动。由于油活塞与水活塞的面积不同，因此水活塞缸输出的压力比油活塞缸输入的压力大。由活塞体的力平衡方程可知，增压比 K 为

$$K=\frac{D^2}{d^2}$$

即增压比为油活塞与水活塞的直径的平方比。通常增压比为 10∶1~25∶1。

从图 2-43 可见，当活塞体右移时，增压器能输出高压水。而当活塞体左移时，水箱内经过过滤的水经单向阀补入水活塞的右腔，不能输出高压水。因而单作用增压器只能间断增压，不能提供连续的高压水。为提供连续高压水，一般用双作用增压器，其工作原理如图 2-44 所示。

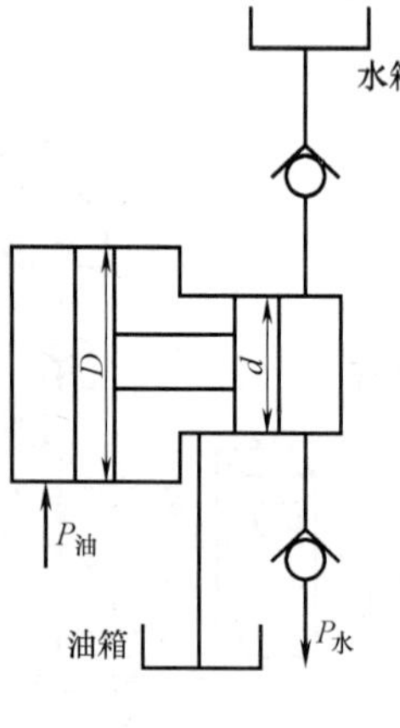

图 2-43　增压器的工作原理

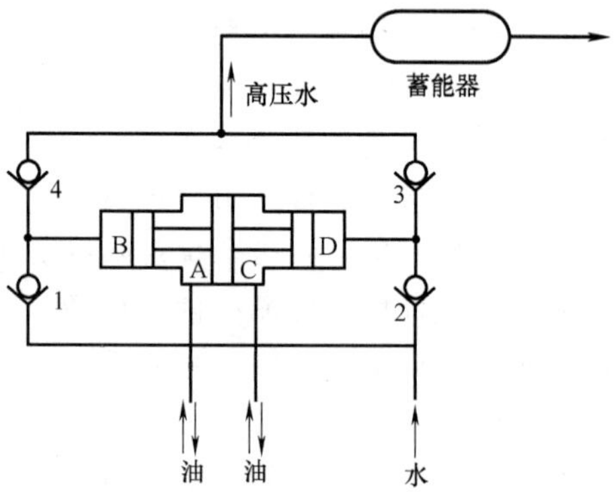

图 2-44　双作用增压器工作原理

液压泵输出的压力油进入增压器大活塞的左腔 A，水经过过滤器后，通过单向阀 1 进入增压缸小活塞的左腔 B，大活塞右腔 C 中的液压油回油箱，右端小活塞右腔 D 将增压后的高压水经单向阀 3 输出，此时单向阀 2、4 被关闭。当增压缸活塞移到右端时，压力油改变流向，进入增压器大活塞的右腔 C，增压缸活塞

向左移动，大活塞左腔 A 中的液压油回油箱，左端小活塞左腔 B 输出的高压油经单向阀 4 输出。当增压缸的活塞不断往复运动时，两端便交替输出高压油，从而实现了连续增压。

磨料水射流切割工作过程中所需的高压水流量变化很大，而双作用增压泵的流量是一定的。当喷射过程中所需高压水流量较大时，一般双作用增压器不能避免压力瞬间下降，这将影响切割质量，损坏设备。因此，需在泵的高压管路上配置蓄能器。在系统不需要大量高压水时，增压泵输出的多余高压水储存在蓄能器内；而当系统需要大量高压水时，蓄能器快速释放储存在内的高压水，与增压器一起向系统供高压水，这样能够消除压力瞬间下降，提供连续稳定的磨料水射流。

（2）磨料运送系统　磨料运送系统包括高压水输送装置和磨料供应系统。高压水输送装置由不锈钢管道、液压阀及过滤器等组成。磨料供给系统包括磨料罐、磨料计量器及柔性输送管道等。磨料供给系统可以分为加压式和引射式磨料供给系统。

加压式磨料供给系统工作时，空气压缩机向磨料罐加压，磨料在压缩空气的作用下经过输送管道进入磨料混合室。压缩空气的压力一般为 0.2~0.4MPa。

引射式磨料供给系统工作时，磨料管不受压缩空气作用，磨料罐中的磨料在真空负压作用下被吸入混合室，如图 2-45 所示。

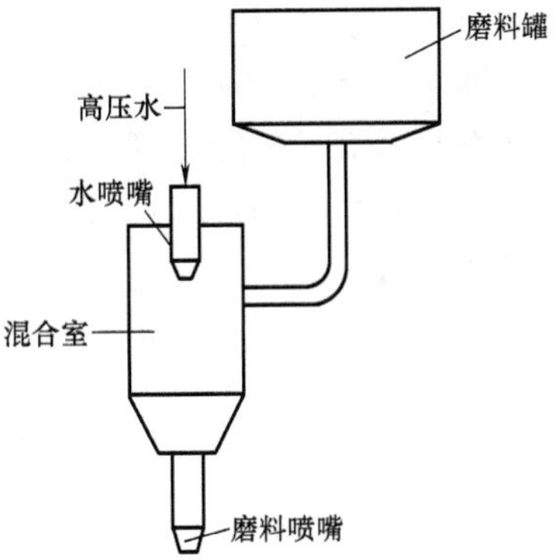

图 2-45　引射式磨料供给系统示意图

（3）喷嘴组合件　喷嘴组合件是影响磨料水射流加工效率的重要因素。它设计的好坏将直接影响到磨料水射流的切割能力和喷嘴的寿命。喷嘴组合件主要由水射流喷嘴、混合室、磨料喷嘴等组成。近年来，国内外学者和研究人员对喷嘴组合件设计进行了大量的研究。水射流喷嘴的作用是通过一个细小的喷嘴，将水的压力能转变为动能，由高压水转化为高速水。水射流喷嘴应能保证射流束的密集性，使射流束不易发散，有较远的射程；同时它应有较长的使用寿命，便于拆卸和维修，成本低。对于磨料水射流切割工艺，工作压力较高，而且要求射流束直径小，因此要选用机械强度高、耐磨性好及耐腐蚀的材料，一般采用碳化物硬质合金、金刚石和人造红宝石等。人造红宝石是氧化铝单晶体，其硬度较高，仅次于金刚石，耐磨性和耐蚀性都较高，使用寿命长，成本比金刚石低很多，在磨料水射流切割系统中应用广泛。

常用的喷嘴组合件是准直管磨料水射流喷嘴，如图 2-46 所示。高压水经过中央管路的水喷嘴喷出形成高速水射流。高速水射流在混合室内高速流动时产生卷吸作用并形成局部真空，混合室出现负压，磨料在自重和负压作用下经磨料入口被吸入混合室，磨料和高速水流在混合室内混合，然后射入磨料喷嘴。磨料喷嘴径向尺寸较短，而轴向尺寸较长，呈细长管状，因而又称为准直管。高速水射流在准直管内进一步使磨料加速，从而提高磨料水射流的冲蚀能力。

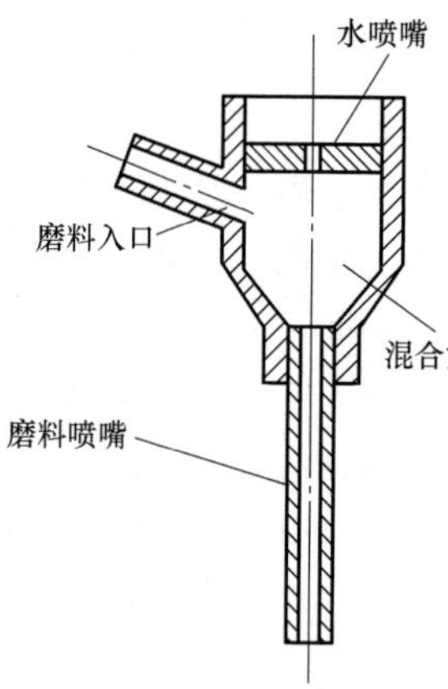

图 2-46　磨料水射流喷嘴组合件示意图

水喷嘴直径影响流量和混合管内磨粒的混合效率；磨料喷嘴直径影响射流的连续性。较长的准直管可产生更连续的射流，但会造成更多的喷嘴内壁磨损，导致射流速度降低。大量的试验表明，磨料喷嘴直径应为水喷嘴直径的 2~3 倍，同时它还应大于磨料粒径的 3 倍以上，而磨料喷嘴的长度通常为其直径的 15~20 倍。我国内学者研究表明，对于金属或非金属板材的线切割，经过结构参数优化后的喷嘴组合件的尺寸：水喷嘴直径为 0.15~0.3mm、准直管直径为 0.75~3.14mm、准直管长度为 50.8mm、磨料吸入口与准直管入口之间的距离为 2.54~15.24mm。

混合室的尺寸对磨料与水的混合效果有最为直接的影响，混合室尺寸较大时，磨料与水的混合效果较好。但水射流在混合腔内流动的阻力变大，能量消耗大，使磨料水射流的总动能降低，切割能力下降。通常，混合室的直径根据水喷嘴结构要求确定，混合室的长度取水喷嘴直径的 30~40 倍。

（4）集水箱　集水箱用于收集切屑和使用过的磨料、吸收射流余能、控制水雾和降低噪声。磨料射流束穿透工件后，仍然有较大的射流余能，为防止射流穿透集水箱，应在集水箱底部放置石料、橡胶或钢板等夹层。收集器应坚固、可靠、使用寿命长。工件的几何形状、加工位置、环境要求以及射流类型决定了集水箱的类型。根据吸收剂的不同，集水箱可分为三类：深度为 0.5~1.0mm 的水；直径为 0.15~0.3mm 的钢球，射流使钢球窜动，从而缓冲能量；耐磨材料制成的缓冲板。

3. 磨料水射流加工机理

高速水流对工件的破坏作用包括：水射流的冲击作用、水射流的脉冲负荷引起的疲劳破坏作用及水楔作用等。试验证明，当水射流速度达 2000~5000m/s 时，高速水滴冲击工件产生的瑞利波能迅速导致有机玻璃、纯铜和黄铜等材料破坏。通常在磨料水射流加工过程中，水射流速度仅为 900m/s 左右，而工件多为陶瓷、玻璃或大理石等硬度高、脆性大的材料，此时水射流的冲击作用不能去除这些材料。研究发现，用磨料水射流加工时，高速磨粒的冲击作用是导致工件材料去除的主要原因，而水射流对工件主要起冲刷和冷却的作用。

高速磨粒对材料主要有两种破坏作用，一种是磨粒冲击工件时，工件表面产生的微破裂导致的脆性破坏作用；另一种是磨粒对材料微切削、变形磨损导致的塑性破坏作用。通常磨粒水射流切割任何材料时都同时存在这两种作用机理，只是其中一种作用的影响较大，而另一种作用可以忽略不计。加工脆性材料时，工件的去除主要是冲击造成了微裂纹的形核与扩展，形成微破裂，导致工件材料的去除；而加工塑性材料时，磨粒冲击造成的微切削、犁削、滑擦及变形磨损导致了工件材料的去除。

脆性工件的去除机理可分为六类，它们是径向/中位、侧向裂纹模式；沿晶、穿晶裂纹系统模式；赫兹裂纹模式；微切削；变形磨损和混合模式的破坏。一般材料去除都包含多种微观去除机理。通常，磨料法向冲击，使材料依次出现径向裂纹、中位裂纹和横向裂纹。径向和中位裂纹形核后，磨料及水楔入裂纹中，再加上横向裂纹的形核和扩展，工件出现微破裂，切屑脱落而形成凹坑；多次连续的冲击累积，便使材料得以大量去除。

当磨料水射流加工脆性材料时，在工件上通常可以观察到由两种裂纹构成的裂纹系统，如图 2-47 所示。

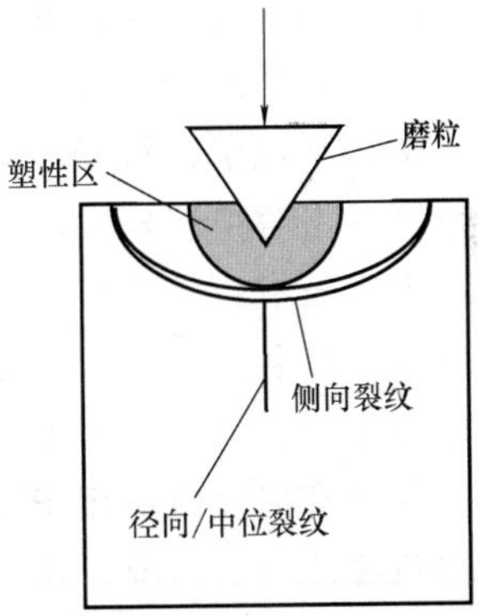

图 2-47　径向/中位、侧向裂纹系统示意图

第一种是垂直于冲击面的径向/中位裂纹，第二种是平行于冲击面的横向裂纹。Wiederhorn 和 Lawn 提出用弹塑性压痕应力场中萌生裂纹的模型解释该裂纹模式的形成。他们认为，当有锋利棱角的磨料粒子压入脆性材料时，在材料表面接触点附近形成一个等静压力区，该区域应力极高，导致工件产生显著的局部塑性变形，形成压痕，并且压痕周围出现一定范围的塑性变形区。塑性变形区对其外围的弹性基质产生压应力，使其外围出现弹性变形区。通过计算压痕应力场中的应力分布可知，材料内部最大拉应力出现于塑性变形区底部的弹、塑性变形区交界处。在拉应力的作用下，中位裂纹在此处形核。随着磨粒继续压入工件表面，中位裂纹向工件内部扩展。磨粒弹离工件过程中，在弹性恢复力的作用下，中位裂纹闭合。然而弹性变形区的弹性应力场和塑性变形区的残余应力场不匹配，使得弹、塑性变形区边界处形成侧向裂纹。侧向裂纹形核后，逐渐向工件表面扩展。当侧向裂纹扩展到工件表面时，微破裂形成，工件材料得以去除。中位裂纹使工件强度降低而几乎不导致材料去除，侧向裂纹是导致

材料去除的主要原因。

Evans 等认为，磨粒冲击时建立的接触压力是动态压力，分析工件的破坏时，应考虑动态接触压力和工件的动态影响。Zeng 试验发现，所加工的多晶陶瓷材料以沿晶断裂为主，在直接冲击点还有塑性流动和熔化，提出了沿晶断裂模式。Miranda 试验发现，岩石的硬度和空隙率对微观去除机理影响较大。对于空隙率较大且硬度较低的石材，其去除机理是沿晶裂纹模式；相反情况下，材料去除机理为穿晶断裂模式。Kahlman 提出，热机械磨损和氧化反应是碳化硅材料去除的原因。沈阳建设工程学院研究者试验发现，工件的抗拉强度、抗压强度、冲击韧度、弹性模量及硬度对去除均有影响，抗拉强度的影响最大。通过计算磨料水射流产生的冲击压强，证明了对花岗岩的切割作用主要依靠射流产生的冲击力。大连铁道学院的研究者认为，射流冲击产生的压应力小于陶瓷的抗压强度，压应力不会导致材料破坏，而射流产生的拉应力才是导致工件破坏的根本原因。

塑性材料的微观去除主要有两种模式：微切削模式和变形磨损模式。微切削模式基于 Finnie 提出的刚性磨粒冲击塑性材料的微切削理论，即当锋利的坚硬磨粒以小角度冲击工件时，磨粒尖端依靠惯性压入材料表面且运动时，材料将被切割掉微体积，并在磨粒运动方向上形成切屑。变形磨损模式基于 Bitter 的变形磨损理论，即在磨粒大角度冲击下，材料表面因塑性变形引起了变形磨损，变形磨损导致了材料的去除。

微切削理论在解释小角度冲击下塑性材料的去除机理时较合理，但用于说明大角度冲击时误差较大。这是由于 Finnie 认为，磨粒大角度冲击时，只导致工件表面出现压痕，而不产生切削作用。实际上，磨粒初始冲击使工件表面粗糙，随后的磨粒虽名义上垂直入射，但实际上已不可能再保持严格的 90°攻角；同时，该模型未考虑磨粒尺寸和形状的影响，这使得对模型中速度项指数估计的误差较大。变形磨损理论适用于分析大角度冲击下塑性材料的去除机理，但不适用于解释小角度冲击的情况。这是因为小角度冲击下微切削是主要去除机理，而大角度冲击下变形磨损是材料去除的重要原因。在分析磨料水射流切割塑性材料去除机理时，可以将这两种理论结合起来分析。在切割上半部时，磨粒通常以较小角度冲击，工件主要发生微切削去除；在切割下半部时，磨粒通常以较大的角度冲击，工件主要发生变形磨损去除。

4. 磨料水射流切割技术的应用和发展展望

磨料水射流切割技术在许多工业部门有着广泛的应用。在航空航天工业中，用于切割硼纤维、碳纤维等复合材料；层叠金属或增强塑料玻璃；铝合金、不锈钢及钛合金等耐热合金。在汽车制造业中，切割各种非金属材料及复合材料构件，如仪表盘、地毯、石棉刹车衬垫、车窗玻璃及汽车内装饰板等。在兵器工业中，用于切割军用车辆的装甲板、履带、防弹玻璃、防弹背心、炮塔及枪械等。

在建筑工业中，用于切割大理石、花岗石、陶瓷、玻璃纤维、石棉及凸纹铝板等。同时，磨料水射流还可以用于牛皮纸分卷切条、泡沫塑料板、多层布料及印制线路板等的切割。

微磨料水射流（micro abrasive waterjet，简称 MAWJ）切割技术是基于常规的高压磨料水射流切割技术迅速发展起来的新型精密加工技术。与常规高压磨料水射流技术相比，微细磨料水射流的射流压力较低、射流束直径和磨料粒径均较小。通常，射流压力为 30～100MPa，射流束直径为 10～100μm，磨料粒径小于 50μm。

微磨料水射流保持了常规磨料水射流技术的优点，例如，冷态加工过程中工件材料不发生热变形和热变性、加工时切削力小、可加工材料范围广和切缝质量好等。与常规磨料水射流相比，微磨料水射流能用于精密切割。常规的磨料水射流的射流束直径较大（500～1200μm），不适用于精密切割；而微细磨料水射流的射流束直径很小，因而可以用于精密切割。此外，实验发现，微细磨料水射流的加工效率是同等条件下常规磨料水射流的 5 倍以上。

1999 年，Miller 首次提出了微磨料水射流加工技术，并设计了前混合式微磨料水射流系统，其工作原理如图 2-48 所示。该系统用气液增压泵做动力源，最高工作水压为 70MPa，水的压缩量限制在 3%以内。水的流量为 1～10L/h，磨料流量为 2kg/h，磨料消耗量小，适于批量生产。使用氮化硅材料制成的喷嘴，产生的磨料水射流流束直径为 30～70μm。工作台面积为 100mm×100mm，重复定位精度为 2μm。

澳大利亚新南威尔士大学研究者设计了微磨料水射流试验平台，发明了新型微量供料系统，实现了精密供料。我国山东大学先进射流工程技术研究中心研发了前混合式微细磨料水射流加工系统，研究了喷嘴内部流场，分析了硅酸盐玻璃、氧化铝陶瓷和氮化硅陶瓷的微观去除机理；广东工业大学研制了微磨料浆体射流加工装置，对玻璃和不锈钢板进行切割；西华大学研制了螺杆式精密供料系统。

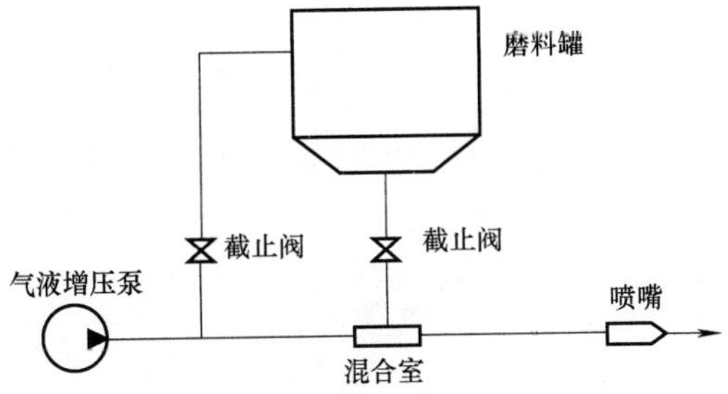

图 2-48　微磨料水射流系统工作原理

目前，微磨料水射流可切割 50μm～4mm 厚的金属、聚合物、玻璃、三合板、电路板及碳纤维复合材料板。切割 50μm 厚的钛合金，喷嘴横移速度可达 400mm/min；切割 3mm 厚的钛合金，喷嘴横移速度可达 15mm/min。

随着磨料水射流切割技术的研究逐步深入，设备成本将不断降低，加工效率将进一步提高，磨料水射流切割技术的应用范围也必将日益扩展，潜力巨大。

第 3 章　先进制造生产模式

3.1　虚拟制造

为迎合市场的要求，当今企业必须能够快速开发出质优价廉的新产品，这就要求企业对客户的需求进行快速反应，提供最短的产品开发周期、最优质的产品质量以及低廉的生产成本和最好的售后需求，计算机技术的快速发展为实现这一目标提供了有力的技术支持，虚拟制造技术也应运而生。虚拟制造技术可实现新产品的设计修改、加工制造、装配检测及使用升级等全寿命周期内的模拟和仿真，大大缩短了开发时间，使产品开发成本下降，资源得以优化配置，从而具有领先的市场竞争优势，成为技术驱动型的产业模式，也是全世界各国研究和开发的热点。

3.1.1　虚拟制造的定义及内涵

虚拟制造是美国于 1993 年首先提出的一种全新的制造体系和模式，它最早出现是以软件形式模拟产品设计与制造全过程，无需研制样机，实现了产品的无纸化设计。它是制造企业增强产品开发敏捷性、快速满足市场多元化需求的有效途径。虚拟制造基本上不消耗资源和能量，也不生产实际产品，而是产品的设计、开发与实现过程在计算机上的本质实现。目前国际上对虚拟制造并没有统一的定义，人们按照制造过程的侧重点不同，将虚拟制造分为 3 类，提出了“3 个中心”的分类方法，即“以设计为中心的虚拟制造”“以生产为中心的虚拟制造”和“以控制为中心的虚拟制造”，获得国际学术界的认同。虚拟制造技术（virtual manufacturing，VM）是一种以计算机技术为支持构建起来的可对制造过程进行全进程模拟，并对产品全寿命周期的各个环节，包括设计修改、加工制造、装配检测、使用升级进行评估优化、使资源得到合理配置的技术手段，可以创造虚拟的制造环境，预测产品性能、优化生产安排，从而得到最低成本下的最优质量和最好服务。图 3-1 所示为虚拟制造技术的体系图。

1. 以设计为核心的虚拟制造

以设计为核心的虚拟制造将制造信息引入设计过程，利用仿真来优化产品设计，从而在设计阶段就可以对零件甚至整机进行可制造性分析，包括加工工艺分析、铸造过程热力学分析、运动学分析和动力学分析等。它主要解决“产品怎样进行设计”的问题。近期目标是针对设计阶段的某个关注点（如可装配性）

进行仿真和评估，长远目标是对整个产品的各方面性能进行仿真和评估。

2. 以生产为核心的虚拟制造

以生产为核心的虚拟制造将仿真技术应用于生产过程模型，以此来评估和优化生产过程，以便以较快的速度和极低的费用评价不同的工艺方案、资源需求计划、生产计划等。它主要是解决“组织生产是否合理”的问题。其主要目标是评价可生产性；近期目标是针对生产中的某个关注点，如生产调度计划进行仿真；长远目标是能够对整个生产过程进行仿真，对各个生产计划进行评估。

3. 以控制为核心的虚拟制造

以控制为核心的虚拟制造将仿真技术加到控制模型和实际处理中，实现基于仿真的最优控制。其中虚拟仪器是当前研究的热点之一，它利用计算机软硬件的强大功能将传统的各种控制仪表、检测仪表的功能数字化，并可灵活地进行各种功能的组合，对生产线或车间的优化等生产组织和管理活动进行仿真。它主要是解决“产品怎样控制”的问题。

总的来说，虚拟制造就是利用仿真与虚拟现实技术，在高性能计算机及高速网络的支持下，采用群组协同工作，通过模型来模拟和预测产品功能、性能及可加工性等各方面可能存在的问题，实现产品制造的本质过程，包括产品的设计、工艺规划、加工制造、性能分析及质量检测等，并进行过程管理和控制。

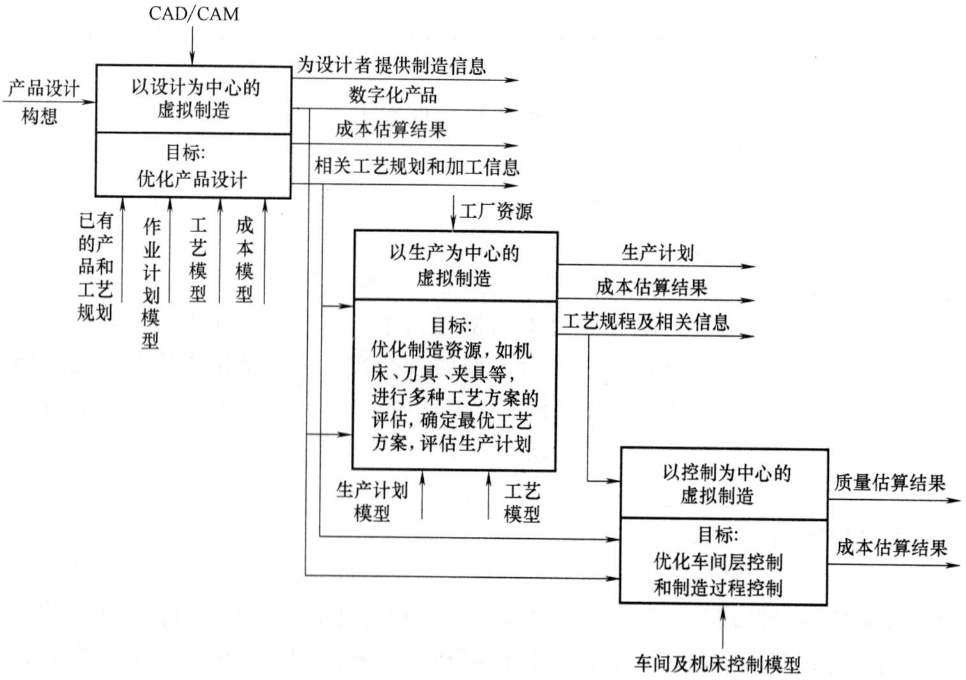

图 3-1 虚拟制造技术的体系图

3.1.2 虚拟制造的关键技术

虚拟制造的实现主要依赖于 CAD/CAE/CAM 和虚拟现实等技术，可以看作是 CAD/CAE/CAM 发展的更高阶段。虚拟制造不仅要考虑产品，还要考虑生产过程；不仅要建立产品模型，还要建立产品生产环境模型；不仅要对产品性能进行仿真，还要对产品加工、装配和生产过程进行仿真。因此，虚拟制造涉及的技术领域十分广泛，从其软件实现和人机接口而言，虚拟制造的实现在很大程度上取决于虚拟现实技术的发展，这其中包括计算机图形学技术、传感器技术及系统集成技术等。从制造技术的角度讲，可将虚拟制造技术的体系结构分为 3 大主体技术群，即建模技术群、仿真技术群和控制技术群。

1. 虚拟现实技术

虚拟现实技术（virtual reality，VR）是在计算机图形学、计算机仿真技术、人机接口技术、多媒体技术以及传感器技术的基础上发展起来的一门交叉技术，指由计算机直接把视觉、听觉和触觉等多种信息合成，并提示给人的感觉器官，在人的周围生成一个三维的虚拟环境，从而把人、现实世界和虚拟空间结合起来，融为一体，相互间进行信息的交流和反馈的技术。

虚拟现实技术具有如下特征。

1）多感知性。多感知性指除了一般计算机所具有的视觉感知外，还有听觉感知、力觉感知、触觉感知、运动感知，甚至包括味觉感知、嗅觉感知等。理想的虚拟现实就是应该具有人所具有的几乎所有的感知功能。

2）沉浸感。又称临场感、存在感，指用户感到作为主角存在于虚拟环境中的真实程度。理想的模拟环境应该达到使用户难以分辨真假的程度，这种沉浸感的实现是根据人类的视觉、听觉的生理、心理特点，由计算机产生逼真的三维立体图像。用户戴上头盔显示器和数据手套等交互设备，便可将自己置身于虚拟环境中，成为虚拟环境中的一部分。用户与虚拟环境中的各种对象的相互作用，就如同在现实世界中的一样。当用户移动头部时，虚拟环境中的图像也实时地发生变化，拿起物体可使物体随着手的移动而运动，有接触感和沉浸感，而且还可以听到三维仿真声音。用户在虚拟环境中，一切感觉都是那么逼真，有一种身临其境的感觉。

3）交互性。在虚拟环境中，操作者能够对虚拟环境中的对象进行操作，并且操作的结果能够反过来被操作者准确地、真实地感觉到。例如，用户可以用手去直接抓取环境中的物体，这时手有握着东西的感觉，并可以感觉到物体的质量，现场中的物体也随着手的移动而移动。虚拟现实系统中的人机交互是一种近乎自然的交互，用户不仅可以利用计算机键盘、鼠标进行交互，而且能够通过特殊头盔、数据手套等传感设备进行交互。计算机能根据用户的头、手、眼、语言及身体的运动，来调整系统呈现的图像及声音。用户通过自身的语言、身体运动或动作等自然技能，就能对虚拟环境中的对象进行考察或操作。

4）自主性。在虚拟环境中，对象的行为是自主的，是由程序自动完成的，要让操作者感到虚拟环境中的各种生物是有“生命的”和“自主的”，而各种非生物是“可操作的”，其行为符合各种物理规律。例如，当受到力的推动时，物体会向施加力的方向移动，或翻倒，或从桌面落到地面等。

虚拟现实系统的结构由图形系统及各种接口设备组成，用来产生虚拟环境并提供沉浸感觉，以及交互性操作的计算机系统称为虚拟现实系统（virtual reality system，VRS）。虚拟现实系统包括操作者、机器和人机接口三个基本要素，它不仅提高了人与计算机之间的和谐程度，也成为一种有力的仿真工具。利用VRS可以对真实世界进行动态模拟，通过用户的交互输入，并及时按输出修改虚拟环境，使人产生身临其境的沉浸感觉。虚拟现实技术是VM的关键技术之一。

虚拟现实系统的基本构成如图3-2所示。其中用户信息检测模块用来检测识别用户的操作命令，并透过传感器模块作用于虚拟环境；传感器模块一方面接受来自用户的操作命令，感知现实世界、提取信息，并将其作用于虚拟环境，另一方面则将操作后产生的结果向用户反馈；控制器模块对传感器进行控制，使其对用户、虚拟环境和现实世界产生作用；建模模块构建现实世界的三维模型，由此构成对应的虚拟环境。

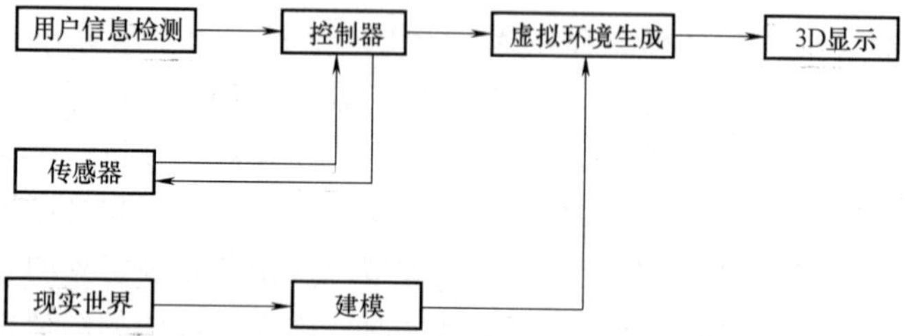

图3-2　虚拟现实系统的基本构成

虚拟现实技术首先在军事、航天等高科技领域以及娱乐等方面获得成功的应用。例如，用于宇航员、飞行员训练的座舱系统及战场实时演练系统（虚拟战场）等。虚拟现实系统在产品设计、制造过程中同样具有重要的应用，可大大提高产品的技术水平，如波音777飞机的设计、福特汽车外形设计与碰撞试验等。

2. 建模技术

虚拟制造系统中的建模应该是能够前后连贯的一种模型表达方法，需要有效、可靠的数据接口，实现模型数据的通用和转换。与现有单独的CAD/CAM/

CAE 的建模技术不同，这些建模技术在某些方面的应用是相互独立、互不相同的分散建模，数据之间缺乏前后连贯和系统性。基于几何建模和图像相结合的建模方法和算法，采用虚物实化、虚实结合及增强现实的方法即可以实现模型的真实感，又可以减少模型的数据量，满足实时交互的要求。基于图像的虚拟现实技术具有模型简单、数据量小的特点，适于计算机环境的实时建模和浏览。怎样能够有效地压缩数据、快速解压算法、快速实现三维重建是需要深入研究的关键。

根据虚拟制造模型的层次可将模型分为产品级、车间级和企业级、产品级。模型指制造过程中各类实体对象模型的集合，包括产品模型和工艺模型等。产品模型中除了包含必备的几何、形状和公差等静态信息以外，还必须能够通过映射、抽象等方法提取出制造过程中所需的动态信息。

制造系统建模方法主要有广义模型方法、IDEFIX 方法、GRAI 方法、Petri 网络方法和面向对象方法等，目前还没有一种非常合适的方式能够保证虚拟制造系统在与其他系统如 MPR、CAD、CIMS 之间交换数据时，信息完全不丢失。

3. 仿真技术

仿真过程是实际的物理过程在计算机中的实现及进行优化。根据虚拟制造的着重点不同，可将仿真分为制造系统仿真、生产过程仿真、生产规划仿真及产品性能仿真等。其中，生产过程仿真又包括加工制造过程仿真和装配检测过程仿真。加工制造过程仿真主要包括对于产品设计合理性的仿真检验以及加工性能、方法、机床刀具等的运动仿真以及工件成型仿真。装配检测过程仿真可根据产品的几何形状和精度特征，进行虚拟环境下的模拟装配，可以检验零件装配中是否会产生干涉以及设计中的失误，并对装配过程及装配设备进行评估检验。生产规划仿真可以对车间不同的生产规划进行仿真。实际制造过程仿真包括数控机床的 NC 代码仿真，以及冲压过程、浇注过程、焊接过程和切削过程等的仿真。仿真结果可用于生产规划、检验产品可制造性。产品性能仿真包括运用各种软件对产品的机械性能、动力学性能和热力学性能等进行模拟。

4. 控制技术

控制技术指建模过程中和仿真过程中所用到的各种管理、组织与控制的技术和方法。包括模型部件的组织、调度策略及交换技术，仿真过程的工作流程与信息流程控制、成本估计技术、动态分布式协作模型的集成技术冲突求解，以及基于仿真的推理技术模型及仿真结果的验证和确认技术，还包括面向产品开发过程的组织与管理等问题的研究等。

3.1.3　虚拟制造的特征及意义

与真实制造过程相比，虚拟制造具有以下的特征。

（1）虚拟性　虚拟制造并不是真实的制造过程，它不产生真实的产品、不消耗真实的材料和能量等。但它也不等同于虚幻、虚无，它是通过数字化手段来对真实制造过程进行动态的模拟，以实现制造的本质过程。

（2）基于数字化模型的集成　虚拟制造离不开对模型的依赖，虚拟制造是围绕模型展开的一系列模拟和分析过程，涉及的模型有产品模型、过程模型、活动模型和资源模型。产品模型是产品信息在计算机上的表示，是产品信息的载体；过程模型是产品开发过程的计算机表示，包括设计过程、工艺规划过程、加工制造过程、装配过程及性能分析过程等，产品设计过程模型和制造过程的仿真成为其中的研究热点；活动模型主要是针对企业生产组织与经营活动建立的模型；资源模型是对企业的人力、物力等信息的描述。通过这些数字化模型在计算机上的集成，工程人员可以对其进行设计、制造、测试及装配等操作，而不再依赖于传统的原型样机的反复修改。

（3）可以实现敏捷制造　通过虚拟制造开发的产品可以存放在计算机里，不必像传统开发一样需要试制或储存大量样件，这样不但大大节省了仓储费用，更能快速更新换代，根据用户需求或市场变化进行改型设计，然后快速投入批量生产，从而能大幅度地缩短新产品的开发时间，提高产品质量，降低成本。

（4）分布合作，并行开发　虚拟制造可使分布在不同地点、不同部门的不同专业人员在同一产品模型上同时工作，可以像并行工程一样，产品的很多方面同时展开，便于开发人员相互交流、信息共享，缩短了大量的文档生成及其传递的时间减少了误差，从而使产品开发快捷、优质、低耗地响应市场变化。

（5）仿真结果的可信度高　虚拟制造的目标就是通过仿真技术来检验设计出的产品或制订出的生产规划等，使每种产品开发或生产组织一次成功，这就要求它能真实地反映实际对象，这主要是靠模型的验证、校验和检定技术。

此外，虚拟制造作为先进制造技术的一种，对实际生产活动在计算机上进行仿真，不消耗真实的物料和能源，必将对未来制造业产生重大的影响，具有极其重要的意义。

1）虚拟制造实现了人、物流、信息流、能量流和管理五大要素的全面仿真，并达到了高度的技术集成，为先进制造技术的进一步发展提供了有力的技术支撑，加深了人们对于制造过程的直观认识和理解，能够更好地指导生产活动。

2）虚拟制造技术可以在虚拟状态下对产品的各个环节进行分析，可以有效地避免生产中存在的很多现实问题，大大提高企业的产品竞争力和创新能力，减少开发费用，缩短产品开发周期，使企业能够对市场需求快速做出反应，转变企业的服务理念。

3）虚拟制造技术可以通过模拟仿真帮助改进企业的生产组织和管理模式，能够有效地、精准地做出生产计划安排和产品战略决策，并且在生产中还可以对工人进行操作训练、应急演练，以增加熟练程度，降低培训成本，有助于企业人才的培养和提升产品质量。

4）基于网络的、全球化的分布协作模式，可以实现产品的全球并行开发，以加快研发速度，并推动企业全球化的经营理念和生产模式。

3.1.4　虚拟制造环境与平台

从产品生产的全过程来看，虚拟制造应包括产品的可制造性、可生产性和可合作性的支持。可制造性指所设计的产品（包括零件、部件和整机）的可加工性（铸造、冲压、焊接及切削等）和可装配性；可生产性指在企业已有资源（广义资源，如设备、人力及原材料等）的约束条件下，如何优化生产计划和调度，以满足市场或顾客的要求；虚拟制造还应对敏捷制造提供支持，即为企业动态联盟的可合作性提供支持。因此，从三个平台，即虚拟制造平台、虚拟生产平台和虚拟企业平台，开展产品全过程的虚拟制造技术及其集成的虚拟制造环境的研究，包括产品全信息模型、支持各层次虚拟制造的技术并开发相应的支撑平台、支持三个平台及其集成的产品数据管理技术。

1. 虚拟制造平台

该平台支持产品的并行设计、工艺规划、加工、装配及维修等过程，进行可制造性分析。它是以全信息模型为基础的众多仿真分析软件的集成。虚拟制造平台应具有统一的框架、统一的数据模型，并具有开放的体系结构。它具有以下特征：

1）支持虚拟制造的产品数据模型　提供虚拟制造环境下产品全局数据模型定义的规范、多种产品信息（设计信息、几何信息、加工信息及装配信息等）的一致组织方式的环境。

2）基于产品数据管理（PDM）的虚拟制造集成技术　提供在 PDM 环境下，虚拟制造平台及虚拟生产平台及虚拟企业平台的集成技术环境。

3）基于 PDM 的产品开发过程集成　提供 PDM 应用接口技术及过程管理技术，实现虚拟制造环境下产品开发全生命周期的过程集成。

2. 虚拟生产平台

该平台支持生产环境的布局设计及设备集成、产品远程虚拟测试、企业生产计划及调度的优化，进行可生产性分析。

1）虚拟生产环境布局。根据产品的工艺特征、生产场地和加工设备等信息，三维真实地模拟生产环境，并允许用户交互地修改有关布局，对生产动态过程进行模拟，统计相应评价参数，对生产环境的布局进行优化。

2）虚拟设备集成。为不同厂家制造的生产设备实现集成提供支撑环境，对不同集成方案进行比较。

3）虚拟计划与调度。根据产品的工艺特征和生产环境布局，模拟产品的生产过程，并允许用户以交互方式修改生产过程和进行动态调度，统计有关评价参数，以找出最满意的生产作业计划与调度方案。

3. 虚拟企业平台

被预言为21世纪制造模式的敏捷制造，以虚拟企业的形式，实现劳动力、资源、资本、技术、管理和信息等的最优配置，这给企业的运行带来了一系列新的技术要求。虚拟企业平台为敏捷制造提供可合作性分析支持。

1）虚拟企业协同工作环境支持异地设计、异地装配及异地测试的环境，特别是基于广域网的三维图形的异地快速传送、过程控制及人机交互等环境。

2）虚拟企业动态组合及运行支持环境，特别是Internet与Intranet下的系统集成与任务协调环境。

3.1.5 虚拟制造技术的应用

虚拟制造技术在工业发达国家开展得较早，并首先在飞机、汽车及军事等领域获了成功的应用。

克莱斯勒（Chrysler）汽车公司与1BM合作开发的虚拟制造环境用于其新型车的研制，在样车生产之前，发现了其定位系统的控制及其他许多设计缺陷，缩短了研制周期。通过采用Pro/E、PGDS和DMAPS等软件，实现了发动机的全部数字化设计，产品开发周期大大缩短。采用虚拟产品开发策略，福特（Ford）和克莱斯勒（Chrysler）汽车公司将他们新型汽车的开发周期由36个月缩短至24个月。

波音公司全面采用虚拟制造技术进行波音777客机的研制，采用CATIA软件进行产品的数字化建模，并利用CAE软件对飞机的零部件进行结构性能分析，其产品设计制造工程师在虚拟现实环境中操纵模拟样机，检验产品的各项性能指标。其整机设计、部件测试、整机装配以及各种环境下的试飞均是在计算机上完成的，实现了100%数字化设计，成为世界上首架以三维无纸化方式设计出来的一次研制试飞成功的飞机，而且其开发周期也从过去的8年时间缩短到了5年，成本降低了25 %。

日本、德国、比利时和新加坡等国家也都有相应的科研机构和企业从事虚拟制造技术的研究和应用。

我国成都飞机工业有限责任公司研制的某款战机，全面进行结构数字化建模，实现了并行设计制造和研发，采用CATIA、UG对其零部件进行结构设计、工艺模型设计、数控加工仿真及数控程序编制等，使得该款战机从设计冻结到详细设计发图，直至部件开铆用了一年时间，比以往的研制周期缩短了1/3~1/2。

3.2　并行工程

随着人们对产品个性化需求的增加，世界制造业产品市场的形势在开始发生根本性的变化，要求企业在最短的时间内开发出质量最好、用户最满意的新产品，而且产品的更新换代速度明显加快，新产品层出不穷，产品生命周期明显缩短。这就要求企业必须做到“市场响应速度第一”，企业要想在竞争中立于不败之地，就必须加速解决新产品开发、提高产品质量、降低成本和提供优质服务等一系列的问题。在这些问题中，迅速开发出新产品，加快上市时间尤其重要，是企业核心竞争力的体现，同时也是获胜的关键。为解决这些问题，全世界的制造企业纷纷采用新思想、新方法和新技术来改进自己的产品开发模式，努力提高企业的核心竞争力，推出质优价廉的有竞争优势的产品。在计算机技术快速发展的基础上，设计制造业领域里涌现出一批先进的制造技术和概念，并行工程（concurrent engineering，CE）应运而生。它改变了传统的串行设计方式，提出了一种崭新的设计和开发理念。

并行工程指对产品及其相关过程进行并行、一体化设计生产的系统化的工作模式。这种工作模式考虑了产品从概念设计到报废的整个生命周期内的全部因素，包括质量、成本、进度计划、维修服务、客户要求及改进升级等。

3.2.1　并行工程的内涵及特性

传统串行产品开发，需要经历方案设计、细节完善、工艺规划、加工制造及检验修改等环节，这些环节中下一节点只能等到上游工作结束才能展开后期的设计或加工工作。部门间的沟通和互动不够，下游团队对于项目目标、功能目的和团队宗旨不了解，从而导致设计改动量非常大，产品开发周期长，新产品开发过程低效而缓慢，难以适应激烈的市场竞争，图 3-3 所示为传统开发流程图。

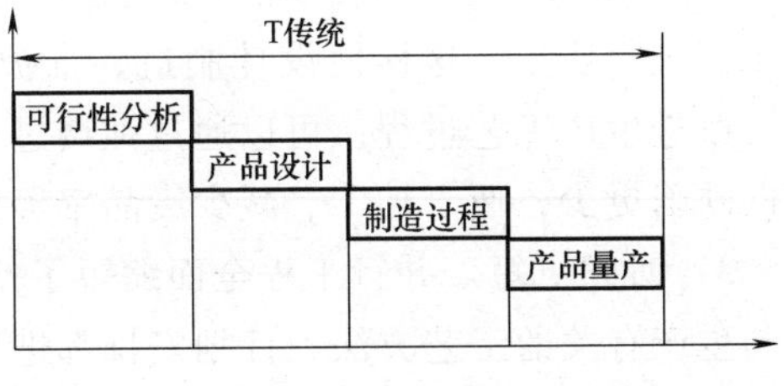

图 3-3　传统开发流程图

并行工程开发模式就是打破串行开发的不同环节的前后逻辑关系，使不同的专业人员（包括设计人员、工艺制造人员和市场营销人员等）组成一个跨功能的组协同工作。该模式中信息的流动是双向的或多向的，而不是单向流动，使产品在开发的早期阶段就能及早考虑下游的各种因素，以缩短开发周期，提高创新效率。

采用并行工程可以大大缩短开发时间，使发现问题的时间节点早期化，减少量产阶段问题。图 3-4 所示为并行开发流程图。

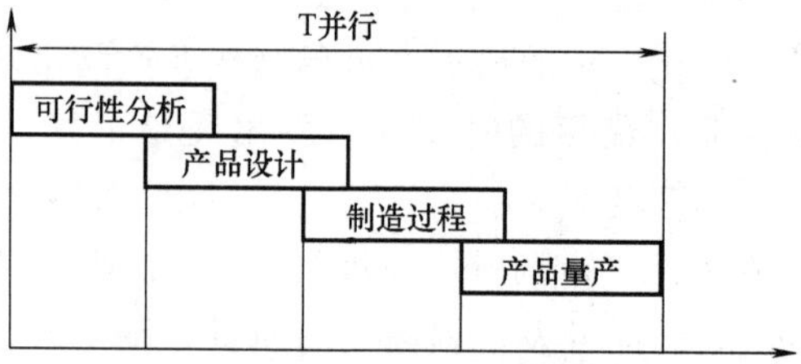

图 3-4　并行开发流程图

基于并行工程的面向产品生命周期的并行产品设计，不能简单地理解为时间上的并发，并行工程的核心是基于分布式并行处理的协同求解，以及服务产品整个生命周期各进程活动的产品设计结果的评价体系及方法，在两者支持下，面向产品整个生命周期寻求全局最优决策。并行工程旨在提高产品质量、降低成本、缩短开发时间和新产品更新换代时间，提高企业的核心竞争力，这与计算机集成制造技术、精益生产和敏捷制造的目标相同，但也有所区别，主要表现在：

1）成本更低。并行工程可以大大降低开发成本，包括产品整个生命周期内的成本消耗，不限于设计、制造、装配及检验等。并行工程可以有效克服传统串行开发中的反复修改甚至推倒重来的缺陷，可以一次性开发成功。在设计阶段就已经考虑到了后续过程中的其他事项，有利于减少后续生产维护的成本，从而使产品更具价格优势。

2）质量更好。并行工程不仅考虑产品本身的质量，而且还考虑和产品有关的工艺过程质量，这样使设计制造、维护更新及售后服务等系统的质量更有保证。改进生产工艺过程，可以通过强调过程设计，在生产中减少工艺变动，使产品的缺陷更少，便于加工、减少废品率等。

3）时间更短。并行工程全面缩短了产品的开发、生产及服务时间，包括后期与生产有关的工艺方法、计划安排都进行了规划，不仅使设计阶段能够减少重复设计，而且在样品试制、生产准备和规模制造等环节也进行了工程设计，通过系统的规划可以加快产品上市时间，赢得市场先机，更具核心竞争力。

并行工程有其区别于其他先进制造技术的特性，具体如下：

1）并行特性。并行性指把时间上有先后的作业活动转变为同时考虑和尽可能同时处理及并行处理的活动，并行工程即由此得名。

2）整体特性。整体性指强调全局性地考虑问题，把产品开发的各种活动作为一个集成的过程进行管理和控制，以达到整体最优的目的。它将制造系统看成是一个有机整体，而不是将各方面孤立起来，各个功能单元都存在着不可分割的内在联系，特别是有丰富的双向信息联系。

3）协同特性。并行工程强调人们的群体协同作用，包括与产品全生命周期（设计、工艺、制造、质量、销售及服务等）的有关部门人员组成的小组或小组群协同工作，充分利用各种技术和方法的集成。利用这种方法生产出来的产品不仅有良好的性能，且产品研制的周期也将显著缩短。

4）约束特性。在设计变量（如几何参数、性能指标及产品中各零部件）上，考虑产品设计的几何、工艺及工程实施中的各种相互关系的约束和联系。

3.2.2　并行工程的关键技术

并行工程是一种以空间换取时间来处理系统复杂性的系统化方法，它以信息论、控制论和系统论为基础，在数据共享、人机交互等工具支持下，按多学科、多层次协同一致的组织方式工作。并行工程的实施需具有如下的关键技术。

（1）产品开发过程的重构　并行工程的产品开发过程，是跨学科群组在计算机软硬件工具和网络通信环境的支持下，通过规划合理的信息流动关系及协调组织资源和逻辑制约关系，实现动态可变的开发任务流程。为了使产品开发过程实现并行、协调，并能面向全面质量管理做出决策分析，就必须对产品开发过程进行重构，即从产品特征、开发活动的安排、开发队伍的组织结构、开发资源的配置、开发计划，以及全面的调度策略等各个侧面进行不断改进和提高。

（2）集成的产品信息模型　并行工程强调产品设计过程中上、下游的协调与控制，以及多专家系统的协调工作，因此一个集成的产品信息模型就成为关键问题。集成产品信息模型应能够全面表达产品信息、工艺信息、制造信息以及产品寿命周期内各个环节的信息，能够表达产品各个版本的演变历史，能够表示产品的制造性、维护性和安全性，能够使设计小组成员共享模型中的信息。这样的模型应基于 STEP 标准，对产品所有信息进行定义和描述，包括用户要求、产品功能、设计、制造、材料、装配、费用和评价等各类特征信息；采用 Express 语言和面向对象的技术，对产品信息模型进行描述和表达；并把 Express 语言中各个实体映射到 C++语言中的类，生成 STEP 中性文件，为产品设计（CAD）、工艺设计（CAPP）、制造性评价，以及制造过程进行集成与并行提供充分的信息。因此，集成的产品信息模型，是实现产品设计、工艺设计、产品制造、产品装配和检验等开发活动信息共享、并行进行的基础和关键。

（3）并行设计过程的协调与控制　并行设计的本质是许多大循环过程中包含小循环，是一个反复迭代优化的过程。产品设计过程的管理、协调与控制是实现并行设计的关键。产品数据管理系统（PDM）能对并行设计起到技术支撑的作用。它集成和管理产品相关数据及其相关过程。在并行设计中，产品数据是在不断交互中产生的，PDM 能在数据的创建、更改及审核的同时跟踪监视数据的存取，确保产品数据的完整性、一致性及正确性，保证每一个参与设计的人员都能即时地得到正确的数据，从而使设计的返工率达到最低。

并行工程还需要如下的支撑技术：

（1）计算机辅助设计工具（CAX） 包括计算机辅助设计（CAD）、计算机辅助分析（CAE）、计算机辅助工艺规划（CAPP）、计算机辅助制造（CAM）及计算机辅助质量检测（CAT）等。

（2）面向X的设计技术（DFX） 包括面向制造的设计（DFM）、面向装配的设计（DFA）、面向检测的设计（DFT）和面向拆卸的设计（DFU）等，其中DFM主要是在设计过程中解决设计特征的加工问题，确保产品制造的合理性；DFA主要是在设计中解决装配和装配加工问题，确保装配的可行性，避免装配中的干涉等问题。

（3）协同合作的网络手段 网络化的协同分布开发方式，必须采用如多媒体邮件、电子公告板、实时沟通软件及视频会议系统等。多媒体邮件和电子公告板具有显著的效率和效益，但由于邮件不能保证立即被收信人读取，适用于时间任务不是很紧迫的沟通和交流；而实时沟通软件和视频会议系统则弥补了这一缺陷，所有开发者可以在线交流，减少了来往开会浪费的时间和精力消耗，可以快速解决遇到的问题。

3.2.3 并行工程的应用

并行工程的应用领域包括航空航天、兵器船舶、机械车辆、工业设计、计算机及电子等行业。在我国，并行工程作为CIMS发展的一个新阶段，已为不少企业所关注。从1998年开始，科学技术部选择了七个不同类型的企业，如海南新大洲控股股份有限公司、西安飞机工业（集团）有限责任公司、昌河汽车股份有限公司等在新产品开发中实施并行工程技术，使得产品的总体设计周期缩短了60%，毛坯成品率由30%~50%提高到70%~80%，产品成本降低了20%。通过大量应用实践证明，并行工程具有以下优点：

1）提高设计质量。可减少设计中的更改，使生产中工程变更的次数减少50%以上。

2）显著缩短开发周期。产品设计及其有关过程的并行，使产品开发周期缩短40%~60%。

3）有效降低成本。不同专业的设计和生产小组共同沟通协调，进行产品及其有关过程的设计，可使制造成本降低30%~40%。

4）优化制造，提高成品率。产品及其有关制造等过程的优化，使产品的报废及返工率下降75%以上，减少了废品率和其他损耗。

以下为采用并行工程并取得明显效益的企业具体实例：

（1）美国波音公司　自 1991 年起，在波音 767-X 系列产品上应用并行工程，具体采取了如下措施：

1）改进产品开发流程为并行开发，并根据并行工程的理念改进了组织结构，按飞机部件组成 200 多个集成产品开发团队（IPT）进行产品的并行开发、设计和制造。

2）采用 DFA/DFM 等工具，大量应用 CAD/CAM 技术，做到无图样生产，并利用巨型计算机支持的 PDM 系统，辅助并行设计。

3）采用仿真技术与虚拟现实技术等 CE 的方法和技术。

这些措施获得了以下显著经济效益：

1）提高设计质量。极大地减少了早期生产中的设计更改。

2）缩短了产品研制周期，优化了设计过程。

3）减少了报废和返工率、降低了制造成本。

（2）瑞士 ABB 公司　自 1992 年起，在火车运输系统上采用了：

1）统一采用互操作的网络系统，并建立支持 CE 的计算机系统。

2）组织设计和制造过程的团队，建立了统一的产品数据定义模型。

3）应用仿真技术等 CE 的方法和技术。

获得效益如下：

1）缩短了交货期。过去从签订合同到交货需 3~4 年，现在仅用 3~18 个月；对东南亚的用户，能在 12 个月以内交货。

2）缩短了产品开发周期。整个产品开发周期缩短 25%~33%。

（3）长峰科技工业集团公司　自 1995 年起，在复杂系统产品（机械与电子）开发过程中采用了如下措施：

1）建立并行设计、制造与管理的集成计算机环境。

2）组建多层次的集成产品开发团队，按照并行工程的概念组织产品研发团队，并改进现有产品开发流程。

3）应用各类 CAX/DFX 工具，利用 PDM 软件进行项目的跟踪进展管理和系统的动态管理。

4）应用并行工程集成框架技术等 CE 的方法和技术。

获得效益为：

1）总体方案设计周期缩短 60%，工程绘图周期从 1~2 个月缩短到 2~3 周。工艺检查周期缩短 50%，更改反馈次数降低 50%，工艺规划时间缩短 30%，工装准备周期缩短 30%，数控加工编码与调试周期缩短 50%，综合评估后降低产品成本 20%。

2）毛坯成品率由原来的 30%~50%提高到 70%~80%。

3）培养了一支人才队伍，为并行工程在我国全面实施应用奠定了基础。

(4) 中车齐齐哈尔车辆有限公司　自 1998 年起，在铁路货车的生产中，采用了：

1）组建产品开发中心，按照并行工程理念组织设计、工艺、制造团队。

2）实现产品开发过程管理及项目协调管理，基于 PDM 实现产品数据的集成化管理。

3）基于 STEP 标准实现 CAD/CAPP 集成，便于数据共享。

4）采用结构强度分析、刚度分析及动力学分析工具，实现全面虚拟设计。

5）建立产品报价系统等 CE 的方法和技术。

获得效益为：

1）缩短产品开发周期 30%~40%；

2）减少产品试制次数和试制费用，每年可节约试制费 500 万元；

3）提高产品质量水平，增加出口量。每年可增加营业额 125 亿元，多获利润 1250 万元。

3.3　敏捷制造

20 世纪 70 年代以来，由于日本和西欧发达国家经济的崛起，他们生产的高质、低价的工业品和消费品对美国制造业提出了挑战，使美国制造业的市场优势不断丧失。以汽车为例，1955 年，美国汽车占世界市场份额为 75%，到 1989 年仅占 25%，而日本抢占了 30%以上的市场份额。

面对严峻的市场压力，为了夺回制造业的优势，1991 年在美国国防部和海军的资助下，由里海（Lehigh）大学联合 13 家大型企业的组成核心组，调查了 100 多家企业，历时六个月，提出了一份研究报告，并在这份报告中提出了“敏捷制造（AM）”的概念。报告建议，在消费品生产、半导体工业、汽车工业及化学工业等大批量生产的传统企业中，应在 21 世纪转变为“灵活”的制造企业，否则就会在全球化市场竞争中失去优势。因为，在大批量生产中，即使采用了准时生产（JIT）和精益生产（LP），企业总是企图自行生产每一个零件或部件，竞争优势只体现在规模和“全能”上。而灵活制造则着眼于小规模、模块化生产和强调企业间合作，每家企业提供新的、可能的一部分。因为 21 世纪用户的各式各样需求将层出不穷，市场变化越来越快，为了抓住瞬息即逝的市场机遇，要求企业具有极高的灵敏度和快速响应市场的能力，即实行敏捷制造策略。

敏捷制造目前尚无统一、公认的定义，一般可以这样认为：敏捷制造指在竞争合作的机制作用下，企业通过与市场用户、合作伙伴在更大范围、更高程度上的集成，提高企业竞争能力，最大限度地满足市场和用户的需求，实现对市场需求做出灵活、快速反应的一种制造生产新模式。也可以指企业采用现代通信技术，以敏捷动态优化的形式组织新产品开发，通过动态联盟（又称虚拟企业）、先进柔性生产技术和高素质人员的全面集成，迅速响应客户需求，及时交付新产品并投放市场，从而赢得竞争优势，获取长期的经济效益。敏捷制造的目的就是针对变化莫测的市场需求，能够迅速地响应市场的变化，在尽可能短的时间内制造出能够满足市场需要的低成本、高质量的产品，并投放到市场。

3.3.1　敏捷制造的特点与组成

敏捷制造是在全球范围内企业和市场的集成。目标是将企业、商业、学校、行政部门和金融等行业都用网络进行连通，形成一个与生活、制造及服务等密切相关的网络，实现面向网络的设计、面向网络的制造、面向网络的销售及面向网络的服务。在这种环境下的制造企业，将不再拘泥于固定的形式、集中的办公地点和固定的组织机构，而是一种以高度灵活方式组织的企业。当出现某种机遇时，以若干个具有核心资格的组织者，迅速联合可能的参加者，形成一个新型的公司，从中获得最大利润；当市场消失后，能够迅速解散，参加新的重组，迎接新的机遇。这种新型的公司称为虚拟公司。在这种意义上，敏捷制造应有两个方面的重要组成，即敏捷制造的基础结构和敏捷的虚拟企业。敏捷制造的基础结构为形成虚拟企业提供环境和条件，敏捷的虚拟企业实现对市场不可预期变化的响应。

1. 敏捷制造的特点

敏捷制造是在具有创新精神的组织和管理结构、先进制造技术及高素质的管理人员三大类资源支撑下得以实施的，也就是将柔性生产技术、有技术有知识的劳动力与能够促进企业内部和企业之间合作的灵活管理集中在一起，通过所建立的共同基础结构，对迅速改变的市场需求做出快速响应。敏捷制造比起其他制造方式具有更灵敏、更快捷的反应能力。

敏捷制造的特点如下：

1）从开发到产品生命周期的全过程满足客户要求。敏捷制造采用柔性化、模块化的产品设计方法和可重组的工艺设备，使产品的功能和性能可根据用户的具体需要进行改变，并借助仿真技术让用户很方便地参与设计，从而很快地生产出满足用户需要的产品。

2）采用多变的动态组织结构。面对市场需要，它要求以最快的速度把企业内部的优势和企业外部不同公司的优势集中在一起，组成更为灵活的经营实体，尤其是虚拟公司可以结合内外资源，最大限度地利用专业优势，快速组成最具竞争力的组织团体，短时间内对市场做出积极的反应。

3）建立新型的标准基础结构，实现技术、管理和人的集成。敏捷制造企业需要充分利用分布在各地的各种资源，要把这些资源集中在一起，以及把企业中的生产技术、管理和人集成到一个相互协调的系统中，为此必须建立新的标准结构来支持这一集成。这些标准结构包括大范围的通信基础结构、信息交换标准的硬件和软件等。

4）最大限度地调动、发挥人的作用。敏捷制造提倡以人为中心的管理。强调用分散决策代替集中控制，用协商机制代替递阶控制机制，以此发挥人的主动性和积极性。

2. 敏捷制造的基础结构

虚拟企业生成和运行所需要的必要条件决定了敏捷制造基础结构的构成。一个虚拟企业存在的必要环境包括四个方面：物理基础结构、法律保障结构、社会环境结构和信息支持结构，它们构成了敏捷制造的四个基础结构。

1）物理基础结构。指虚拟企业运行所必需的厂房、设备、设施、运输及资源等必要的物理条件，指一个国家乃至全球的范围内的物理设施。这样考虑的目的是，当有一个机会出现时，为了抓住机会，尽快占领市场，只需要添置少量必需的设备，集中优势开发关键部分，而多数的物理设施可以通过选择合适的合作伙伴得到。

2）法律基础结构。指有关国家关于虚拟企业的法律和政策条文。具体来说，它应规定出如何组织一个法律上承认的虚拟企业，如何交易，利益如何分享，资本如何流动和换得，如何纳税，虚拟企业破产后如何还债，虚拟企业解散后如何善后，人员如何流动等问题。

3）社会基础结构。虚拟企业要能够生存和发展，还必须有社会环境的支持。虚拟企业的解散和重组、人员的流动是非常自然的事，这些都需要社会来提供职业培训、职业介绍的服务环境。

4）信息基础结构。指敏捷制造的信息支持环境，包括能提供各种服务网点、中介机构等一切为虚拟企业服务的信息手段。

敏捷制造的核心是虚拟企业，也称为虚拟公司（Virtual Enterprise，VE），而虚拟企业也即为把不同企业、不同地点的工厂或车间重新组织、协调工作的一个临时的团体。

虚拟企业的组织结构分为核心层、紧密层和松散层。核心层由新产品设计与开发企业构成，核心层企业之间的关系是共同分担成本与风险，分享利润；紧密层由专用零部件生产及总装企业构成，这一层企业按照合同要求相互配合，合同与核心层代表签订，负责按合同要求生产与装配；松散层由通用标准零部件生产企业组成，以市场化形式提供标准化、通用化的零部件，或按合同进行生产。

3.3.2 敏捷制造对制造业的影响

敏捷制造是制造型企业为适应经济全球化和先进制造技术及其相关技术发展

的必然产物，它的基本思想和方法可以应用于绝大多数类型的行业和企业。制造型企业采用敏捷制造模式后，将在以下四个方面引起明显的变革：

1）联合竞争。不同行业和规模的企业将会联合起来构造敏捷制造环境。每个企业可以扬长避短，充分利用企业的外部资源和技术发展自身，可以与工业发达国家企业之间进行合作。

2）技术和能力交叉。敏捷制造策略将促进制造技术和管理模式的交流和发展，促进各类行业中生产技术的双重转换和多种利用。

3）环境意识加强。企业将采用绿色设计和绿色制造技术，自觉地保护生态环境。

4）信息成为商品。在构成敏捷制造支撑环境的计算机网络上，会出现各种信息中介服务机构，它们将向企业和顾客提供各种咨询服务。

3.3.3　敏捷制造的研究与应用

敏捷制造于 1991 年提出后，美国和一些发达国家对敏捷制造进行了大量的研究。1992 年，由美国国会和工业界在里海大学建立了美国敏捷制造企业协会（AMEF），该协会每年召开一次有关敏捷制造的国际会议。1993 年，美国国家科学基金会和国防部联合在纽约、伊利诺斯州和得克萨斯州分别建立了三个敏捷制造国家研究中心，分别研究电子工业、机床工业和航天国防工业中的敏捷制造问题。除此之外，还配套支持了工业界进行的七项敏捷化商务实践，四项敏捷企业决策支持研究，八项敏捷化智能设计与制造系统和 10 项敏捷供应链管理系统。从 1994 年开始，由 AMEF 牵头，有近百家公司和大学研究机构就敏捷制造的六个领域（集成产品与过程开发/并行过程、人的问题、虚拟企业、信息与控制、过程与设备及法律障碍）进行了研究，以及与实践相结合的深入工作。此外，在其他国家也开展了大量敏捷制造的研究。

目前，美国已有上百家公司、企业在进行敏捷制造的实践活动，一旦某公司抓住一个机遇，设想开发某一新产品后，为了能将产品快速推向市场，它可以通过网络迅速找到要寻求的技术或关键部件，以及拥有这些技术和关键部件的工厂；然后通过网络进行协商，组织跨地区、跨企业的“虚拟”开发组，利用挂在网络上的群件，高效地并行开发新产品，同时可利用网络收集用户信息及开拓市场。欧洲也有不少公司进行企业改造和重组，日本发起了 MATIC 计划，以汽车、电子和服装为典型对象开展敏捷制造的研究。

美国汽车公司 USM（ United States Motor Co. ）是一家以国防部为主要用户的汽车公司。该公司向用户承诺：①每辆汽车都按用户要求制造；②每辆汽车从订货起三天内交货；③在整个寿命周期内，有责任使用户满意，汽车能够重新改造，使用寿命长。

在敏捷制造模式提出前，任何公司不论花费多大的代价，都难以做到以上三点。如果 USM 公司的管理机构继续按传统的、多级的和自动流水线构成，即使采用高新技术，也难以实现这些的承诺。

在 USM 公司，潜在的用户可以用任何一台计算机，利用 USM 软件设计自己的汽车。这种软件能够生成用户构想的逼真的汽车图像和售价，并能估算在一定条件下的运行费用。若需要订货，将所设计的车型传送到销售中心即可，在那里用户可以进一步进行可视化虚拟模拟。模拟时，驾驶人员坐在可编程的椅子上，戴上虚拟真实镜，在视野内就可以看到用户自己所选择的操纵板和座椅的结构、颜色及控制装置的位置，通过窗口能够看到前后盖板和挡泥板的形状、外面的景物，还可以听到各种行驶速度下发出的响声和风声。用户可以调整汽车的各种功能、美观和舒适程度，直到满意为止。这种模块化程度很高的汽车，可以使每个用户都可以得到一辆价格合理、专门定制的车。

同时，用户可以随时更换某些模块，对汽车进行更新换代。对公司来说，可以把市场积压的汽车，返回工厂重新改造再销售。这种产品的快速重构能力，即敏捷制造模式对美国的国防部也很有吸引力，因为能够在对迅速变化的军事挑战保持快速响应能力的前提下，减少库存。USM 公司成功的关键技术因素是设计与制造能力相匹配，产品设计与制造工艺设计并行进行，对整车的设计与制造工艺进行优化与仿真。由于汽车可以根据用户要求制造，交货期短，美国汽车公司具有很大的竞争优势。敏捷制造模式运用到其他企业，同样可以缩短制造周期，降低成本，提高产品的竞争力，增强企业的国际竞争力。

美国康宁公司是特殊玻璃和陶瓷材料的全球领导厂商，哈洛兹堡的康宁公司通过高度自动化和先进的 LCD 玻璃基板打开了局面，并集中供应亚洲的客户。从 2005 年起，康宁将眼光盯在移动器件的显示器玻璃上，利用以前开发的超强玻璃为基础进行升级改造，开发出了成为 Gorilla 的超强玻璃，并采用边缘涂覆技术使该玻璃实用化。正是由于采用敏捷制造技术抓住了这一市场机遇，Gorilla 玻璃呈现出了强劲的需求增长，并为公司带来了巨额利润，公司实现了重大转型，赢得了市场先机。正是由于依靠先进制造技术，哈洛兹堡的康宁公司历经多次市场变幻依然长久不衰，保持着高度创新性和灵活性。

3.4　精益生产

精益生产（lean production，LP）中的精益就是要以最小的投入，取得最大的产出，并以最快的速度设计生产出来，以最低的成本、合理的价格在市场上销售，以明显的竞争优势，全面、灵活、优质及丰富的规格品种为用户提供满意的服务，把成果最终落实到经济效益上。

精益生产是美国麻省理工学院的研究小组在对日本汽车工业的生产管理方式进行调查研究之后，对这种生产方式所赋予的名称。“精益”的“精”指精干瘦小，“益”含义是“效益”，指产生增益。精益生产指采用多种现代管理手段和方法，以社会需求为依据，以充分发挥人的作用为根本，有效配置和合理使用企业资源，最大限度地为企业谋求经济效益的一种新型生产方式。用一句话概括：精益生产方式即消除无效劳动和浪费的思想和技术。

3.4.1　精益生产的起源及内涵特征

精益生产是继手工生产、大规模生产之后的又一种变革性的工业生产方式，与手工生产的手艺型产品和大规模生产的以制作程序为导向的生产模式不同，精益生产是一种能够应对市场需求变化的灵活生产方式。

福特生产的“T”型车促成了大规模流水线作业方式的产生，改变了汽车工业的生产形态，但是这种生产也有弊端，它不能按照市场的需求灵活调整生产量，并且会导致大量的库存。日本丰田汽车公司发明了准时生产（JIT）方式，这种方式的思想就是“按照需要的量，在需要的时候生产需要的产品”，这种生产方式使日本汽车工业在 20 世纪 80 年代具有领先的竞争优势，赢得了大量的市场份额。丰田生产系统迅速得到推广，首先从丰田汽车的协作厂、供应商和经销商开始，而后扩展到汽车以外的行业，最后日本的小汽车、电视机、照相机和计算机等机电产品占领了美国和西方发达国家的市场。

正是由于日本企业的强劲表现，美国麻省理工学院制定了一个名为“国际汽车计划”的研究课题，组织了 50 多名专家学者对汽车装配厂进行实地考察，并将西方的大量生产方式与日本的丰田生产方式相比较，最后出版了《改变世界的机器》一书，并提出了精益生产的概念，精益生产相对大规模生产，投入减少谓之“精”，即对需要投入的生产要素进行控制，力求节约，达到最精，在合适的、需要的时间制造出必需数量的商品；“益”则强调能够给企业带来增益，即良好的经济效益，使企业的经营活动能够盈利。精益生产由此得名，并在世界范围内掀起了先进制造系统模式的研究热潮。

我国经过多年的学习和精益生产的实践，发现不仅要学习精益生产的实现方法，即各种技能和工具，更要理解精益生产的内核，即以人为本，发挥人的主动性，参与创新和全过程管理，不断凝练企业文化，整合系统资源，包括生产、技术和信息等，只有通过软、硬件相结合，尤其是软件即人的作用的充分发挥，才能完成精益生产走向精益企业的转变，获得质的提升，使精益生产成为企业真正的内在驱动力和竞争力。

精益生产吸取了单件生产和批量生产的优点，又避免了单件生产的高成本和批量生产的大批量带来的产品质量缺陷和不灵活性，表现出了其独有的特征：

1）以用户的需求为驱动力。用户的需求是生产的直接驱动力，生产完全按照订单进行，没有需求产品不多生产一件。产品开发面向用户，按订单组织生产，并与用户保持密切联系，快速及时供货和提供优质服务。

2）全面体现人的作用和全面质量监督。采用适度自动化生产系统，充分发挥工作人员的积极性和创造性，不断培训工人，提高他们的技能，使他们成为“多面手”和具有较强的主人翁思想和责任感。大力推行独立自主的小组工作方式，小组中每个人的工作都能彼此替代和相互监督。

3）处处体现“精简”。只有精简才能做到节约成本，提高效益的作用。精简组织机构，去掉一切多余的环节和人员，减少非直接生产工人的数量，使每个工人的工作都能使产品增值；同时削减库存，减少积压浪费，实行 JIT 生产方式，将库存降至最小限度，争取实现“零库存”。

4）实行“并行工程”。以协同工作组（team work）方式开发产品，组织各方面专业人员并行设计，杜绝不必要的返工浪费，提高产品开发的成功率。

5）追求过程控制和结果完美，争取“零缺陷”。产品质量不是“尽可能搞好一些”，而是要求“完美无缺”，将最好的产品提交给用户，并以此实施全面质量管理（TQC），确保有质量问题的废次品不往下传递。

6）采用成组技术，实现面向订单的多品种高效生产。成组技术的核心是成组工艺，它是把结构、材料、工艺相近似的零件组成一个零件族（组），按零件族制定工艺进行加工，从而扩大了批量、减少了品种，便于采用高效方法、提高了劳动生产率。

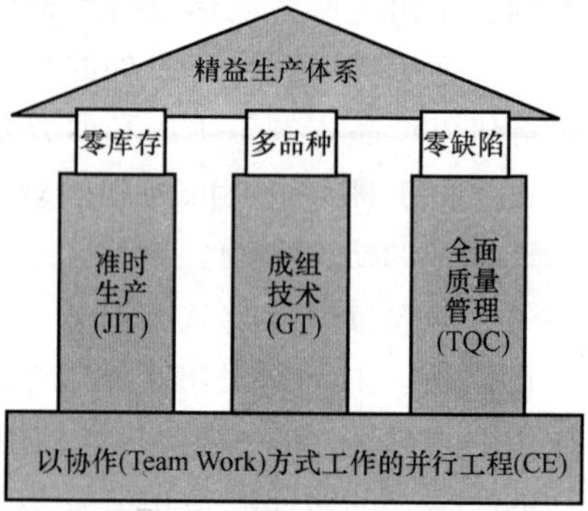

图 3-5　精益生产的体系结构

有人将精益生产体系形象地比喻为一幢大厦，如图 3-5 所示。该大厦的基础为以协作（ream Work）方式工作的并行工程，其屋顶为精益生产体系，支撑这个屋顶的三根支柱为准时生产制（JIT）、成组技术（GT）和全面质量管理（TQC），可以实现零库存、多品种、低成本和零缺陷。而我国学者则认为，应该以成组技术作为基础更确切，因为 JIT、GT 和 TQC 都应在成组技术的支持下建立更为有效。

3.4.2 精益生产的主要内容

精益生产方式的应用涉及企业的产品开发、制造和经营管理的各个方面，主要是改进企业生产劳动组织和现场管理，彻底消除生产制造过程中的无效劳动和浪费，科学、合理地组织与配置生产要素，增强企业适应市场的应变能力，取得更好的经济效益。

1. 并行开发，专人负责

精益生产首先是工作程序由传统大批量生产采用的串行式工作程序改为并行工程，产品开发从一开始设计，相关工艺、质量、成本和销售人员就联手参加有关工作，尽早进行阶段衔接，尽可能地同时工作，在产品设计过程就要确定制造工艺，用工艺保证达到质量标准、生产效率、目标成本和各项指标。

精益生产的产品开发组织是非常严谨的结构，由专人即项目负责人领导，成员是由各部门抽调来的，根据与开发任务的关系分为核心成员和非核心成员，核心成员保持固定，非核心成员仍工作在原部门，需要集中时进行集中。负责人对产品开发所需的一切资源，包括对人力、物力和财力拥有支配权；对产品设计方向和开发计划有决定权和指挥权；对小组成员有评价权、推荐权，并影响其职务及工资晋升。

2. 需求拉动的生产管理

精益生产的生产组织过程是采用订单拉动的生产管理代替了以往的生产驱动模式，即每一道工序的生产都是由其下道工序的需要拉动的，生产什么、生产多少、什么时候生产都以正好满足下道工序的需求为前提。

订单拉动式生产方式的特点是坚持一切以后道工序需求出发，宁可中断生产也不超前生产。用拉动式保证生产的准时化，即在需要的时候生产需要的产品和数量。生产指令不仅是生产作业计划，而且还用看板进行微调，即以计划为指导，以看板为现场指令。

拉动式在生产制造中的具体应用主要表现在以下几个方面：

1）以市场需求拉动企业生产，即市场需要什么就生产什么，需要多少就生产多少，超前、超量生产都是不允许的，这样可以最大程度地减少库存和生产浪费，尽量少的占有资源，进一步降低成本。

2）在企业内部，以后道工序拉动前道工序，以装配拉动零件制造，以零件拉动生产。

3）以前方生产拉动后方，准时服务生产现场。

4）以主机厂拉动协作配套厂生产，把协作配套厂的生产看成是主机厂生产制造体系的一部分，尽可能采用直达送货方式。丰田要求主要零部件及配件厂在装配总厂的 50km 范围内，这样可以保证送货的及时。

3. 以人为本，强调人的作用

在精益生产方式中，人无疑是最重要的，企业不仅把工作人员看作是劳动者，而且把工作人员看作是企业最重要的财产和创造财富的源泉。企业不仅将任务和责任最大限度地托付给在生产线上创造实际价值的工人，给他们施加压力，而且还通过培训等方式为工人们创造条件，扩大他们的知识面，提高他们的技能，使他们学会作业组的所有工作，成为多面手，能够处理作业组相关的业务操作。同时，精益生产方式将企业中所有工作人员看作是企业的主人。生产工人在生产中享有充分的自主权，当生产中出现故障时在生产线上的每一个工人，都有权拉铃，使生产线停下，并立即与小组成员一起查找故障原因，做出决策，解决问题，消除故障，恢复生产。

4. 精益求精、追求完美的质量管理

精益生产方式追求产品的完美，这一点与传统大规模生产不同。传统生产为追求生产线的连续运行，只能把质量检测进行后置，这样容易造成一定程度的浪费；而精益生产更注重源头治理和过程管理，认为产品质量是制造出来的，而不是检验出来的，认为一切生产线外的检验都是不能创造附加价值的，故从源头就要杜绝废品，避免后期检验造成的成本增加和资源浪费。精益生产方式将保证产品质量的职能和责任转移到直接生产操作人员，要求每一个生产作业人员尽职尽责，精心完成工序内的每一项操作。由每一位操作工人自己保证和检验产品质量，简化了产品的检验，保证了产品的质量。

精益生产方式追求精益求精，追求生产活动的各个环节和生产工程的不断完善。宁可停止生产，也不放过任何一个问题，生产过程中一旦出现问题，追查到底，直至解决为止。每解决一个问题，就是一次改进，最终建立起一个能够迅速追查出全部缺陷并找出其最终原因的检测系统。

5. 以顾客为中心的销售策略

精益生产方式以顾客为中心，视顾客为上帝，将使顾客完全满意作为企业的业务目标和不断改进业绩的保证。贯彻需求驱动原则，按顾客需求生产适合对路的产品；采用主动销售的策略，与顾客直接进行联系，注意发掘、引导和影响顾客的消费倾向；实行全面管理，实现供货时间、产品质量、价格、服务及环保综合优化，以最大限度地满足顾客需求。以丰田为例，他们的销售人员经常与顾客沟通，了解产品的缺陷和需要改进的地方，通过经常拜访建立起私人感情，为顾客提供的服务不仅局限于汽车方面，甚至顾客个人的很多事情都帮忙办理，这种牢固的感情纽系使客户更忠诚于丰田，其他的品牌很难再打入市场。

3.4.3 精益生产与敏捷制造的关系

精益生产与敏捷制造都是先进的生产模式，两者之间存在许多共同之处，但也存在差异。尽管两者在表现形式上存在差异，但基本原则和基本方法一致，敏捷制造中的多功能小组的协同工作、准时信息系统、最快的转换时间、最低的库存量以及柔性化生产等，使敏捷制造对市场变化具有高度适应能力、而这些能力也是精益生产的重要特征。表 3-1 对精益生产与敏捷制造的基本原则和主要特征进行了比较。

表 3-1　精益生产与敏捷制造的特征比较

比较项目	精益生产	敏捷制造
基本目标	消除冗余，减少浪费，追求“尽善尽美”	强调在连续和不可预测变化的环境下发展，承认并快速响应市场变化
质量观念	追求完美质量和零缺陷，达到用户(包括内部用户)完全满意	适应用户需求，达到整个产品寿命周期内用户满意
生产方式	变批量、柔性生产、适应产品变化，缩短生产周期	采用大量定制生产方式，模块化产品设计和模块化制造系统，生产用户化产品
关键技术	及时生产、并行工程、成组技术及全面质量管理等	准时信息系统、并行工程、网络制造及虚拟制造等
组织管理	权力下放，多功能小组，协同工作，扁平式管理	基于任务的组织与管理、多学科群体项目组
侧重点	注重技术与操作，实行持续改进	注重组织与人员、实行动态重组
协作关系	强调供应管理，与供应商建立长期稳定关系，利益共享、风险共担	采取竞争、合作策略，组建虚拟公司、以快速响应市场需求和提高竞争力
生产空间	工厂级范围	涵盖整个企业范围，并扩展到企业之间
雇员关系	终身聘用，工龄工资，雇主与雇员风雨同舟	建立基于信任的雇佣关系、实行“社会合同”

由精益生产和敏捷制造各自的特征可以看出，精益生产强调在一种相对平稳的产品和经营环境下，通过杜绝一切非增值活动以降低产品成本并提高质量；而敏捷制造则强调快速响应外界各种不可预测的需求变化，以提高客户服务水平。因而，相对企业的综合运行性能来讲，它们是互补的，而且两者无论在生产技术上还是在组织管理上都存在很多相似或共同之处。制造企业应当根据自身产品及加工过程的特点、生产批量、在供应链中的位置和经营战略等因素，汲取精益生产和敏捷制造各自的长处，实现对企业的集成管理。

3.4.4　精益生产的应用

首先以福特模式生产为例，说明大量生产流水线与精益生产体系之间的显著差别。在福特模式下，组装流水线一般是不允许随便停下来的，否则无法保证产量。因此，有质量问题的产品并不立即纠正，允许继续在流水线上流下去，直到组装线的终端后才送去返修场地，由线外的专职人员进行纠正。这种制度会造成很大的浪费，首先是组装线外的专职人员对汽车不产生任何增值；其次，让有质量问题的产品继续往下流，组装人员不负责纠正，不仅会使错误在传送过程中不断递增，而且不能防止相同问题错误地连续发生。如果错误是最前面的工序造成的，在返修现场会导致大量制品返工，造成库存紧张和成本的上涨。

在精益生产体系和全面质量管理制度下，将产品的质量检查和小修任务交给组装线工作小组，且不设专职质检人员。工作小组组长不仅要领导全组工作，而本人也承担组装工作，一旦发现问题，小组的每个人员都能将组装线停下来，然后大家一起解决问题，决不让问题向下流。不难想象，这种体制的实施初期，组装线会不断停下来和造成混乱，但是，在小组取得经验以后，错误数量将大为减少。今天在丰田公司的组装厂，虽然每个工人都能使生产线停下来，但生产线几乎从来也不停下。而在福特模式下的大批量生产流水线，虽然只有组装线的负责经理才能使线停下，其他任何人员都无权将组装线停下，但组装线却常常停下来，这并不是为了纠正差错，而是由于材料供应和协调上的问题。开动率达90%已被认为管理良好了。

在丰田公司的组装厂里，实际上已经不设返修场地，几乎没有返修作业，且在组装线上不设专职质检人员，而交到用户手中的汽车质量，据美国买主的报告，丰田汽车的缺陷是世界最少的。理由很简单，因为专职质检人员不管如何努力，也不可能发现复杂产品组装中的所有差错，只有组装人员对问题最为清楚。

3.5 智能制造

智能制造不是单一的技术概念，是以智能制造技术为基础构成的智能制造系统，由智能机器和人类专家共同组成人机一体化智能系统，在制造过程中进行智能活动，涉及产品全生命周期中的设计、生产、管理和服务等环节的制造活动。其技术体系主要包括制造智能技术、智能制造装备技术、智能制造系统技术及智能制造服务技术等。

智能制造技术（intelligent manufacturing technology，IMT）指利用计算机模拟制造业人类专家的分析、判断、推理、构思和决策等智能活动，并将这些智能活动与智能机器有机融合起来，将其贯穿应用于整个制造企业的各个子系统，以实现整个制造企业经营运作的高度柔性化和高度集成化，从而取代或延伸制造环境中人类专家的部分脑力劳动，并对制造业人类专家的智能信息进行搜集、存储、完善、共享、继承与发展。

智能制造系统是一种智能化的制造系统，是由智能机器和人类专家共同组成的，它将智能技术融入制造系统的各个环节，通过模拟人类的智能活动，取代人类专家的部分智能活动，使系统具有智能特征。智能制造系统基于智能制造技术，综合应用人工智能技术、信息技术、自动化技术、制造技术、并行工程技术、生命科学技术、现代管理技术和系统工程理论与方法，在国际标准化和互换性的基础上，使得整个企业制造系统中的各个子系统分别智能化，并使制造系统成为网络集成的、高度自动化的制造系统。

3.5.1 智能制造的发展历程

为了有效地进行国家间信息交换及世界先进制造技术共享，使世界各国的制造业活动趋向于全球化，制造、经营活动及开发研究等都在向多国化发展。各国的企业都希望以统一的方式来交换信息和数据，因此必须开发出一个快速、有效的信息交换工具，创建并促进一个全球化的公共标准来实现这一目标。

先进的计算机技术和制造技术向产品、工艺和系统的设计和管理人员提出了新的挑战，传统的设计和管理方法不能有效地解决现代制造系统中所出现的问题，这就促使人们融合集成传统制造技术、计算机技术与人工智能等技术，发展出了一种新型的制造技术与系统，即智能制造技术与智能制造系统。智能制造（intelligent manufacturing，IM）正是在这一背景下产生的。

随着产品性能的完善化及其结构的复杂化、精细化，以及功能的多样化，产品所包含的设计信息量和工艺信息量猛增。随之生产线和生产设备内部的信息流量增加，制造过程和管理工作的信息量也必然剧增。传统制造中只有能量流和物料流，现代制造则增加了信息流，对于信息流的有效利用和动态管理是现代先进制造技术必须解决的棘手问题。因而促使制造技术发展的热点与前沿，转向了提高制造系统对于爆炸性增长的制造信息处理的能力、效率及规模上。

先进的制造装备离开了信息的输入就无法运转，信息流的通畅是制造的重要前提和必要条件，柔性制造系统（FMS）一旦被切断信息来源就会立刻停止工作。现代制造系统正在由原先的能量驱动型转变为信息驱动型，这就要求制造系统不但要具备柔性，而且还要表现出智能，否则是难以处理如此大量而复杂的信息工作量的。瞬息万变的市场需求和激烈竞争的复杂环境，也要求制造系统表现出更高的灵活、敏捷和智能。因此，智能制造越来越受到高度的重视。

1989 年，日本提出智能制造系统，且于 1994 年启动了先进制造国际合作研究项目，包括了公司集成和全球制造、制造知识体系、分布智能系统控制及快速产品实现的分布智能系统技术等。

1992 年，美国执行新技术政策，大力支持几种关键重大技术（critical technology），它包括信息技术和新的制造工艺，智能制造技术自在其中，美国政府希望借助此举改造传统工业并启动新产业。加拿大制定的 1994～1998 年发展战略计划，认为未来知识密集型产业是驱动全球经济和加拿大经济发展的基础，认为发展和应用智能系统至关重要，并将具体研究项目选择为智能计算机、人机界面、机械传感器、机器人控制、新装置及动态环境下的系统集成。

欧洲联盟的信息技术相关研究有 ESPRIT 项目，该项目大力资助有市场潜力的信息技术。1994 年又启动了新的研究项目，选择了 39 项核心技术，其中 3 项技术（信息技术、分子生物学和先进制造技术）中均突出了智能制造的位置。

在 20 世纪 80 年代末，我国也将“智能模拟”列入国家科技发展规划的主要课题，已在专家系统、模式识别、机器人及汉语机器理解方面取得了一批成果。科学技术部也正式提出了“工业智能工程”，作为技术创新计划中创新能力建设的重要组成部分，智能制造将是该项工程中的重要内容。由此可见，智能制造正在世界范围内兴起，它是制造技术发展，特别是制造信息技术发展的必然，是自动化和集成技术向纵深发展的结果。

我国专家近来对智能制造技术体系进行了制造智能技术、智能制造装备技术、智能制造系统技术及智能制造服务技术的细致划分，并做了中长期规划，列出了2020~2030年的整体目标，如图3-6所示。

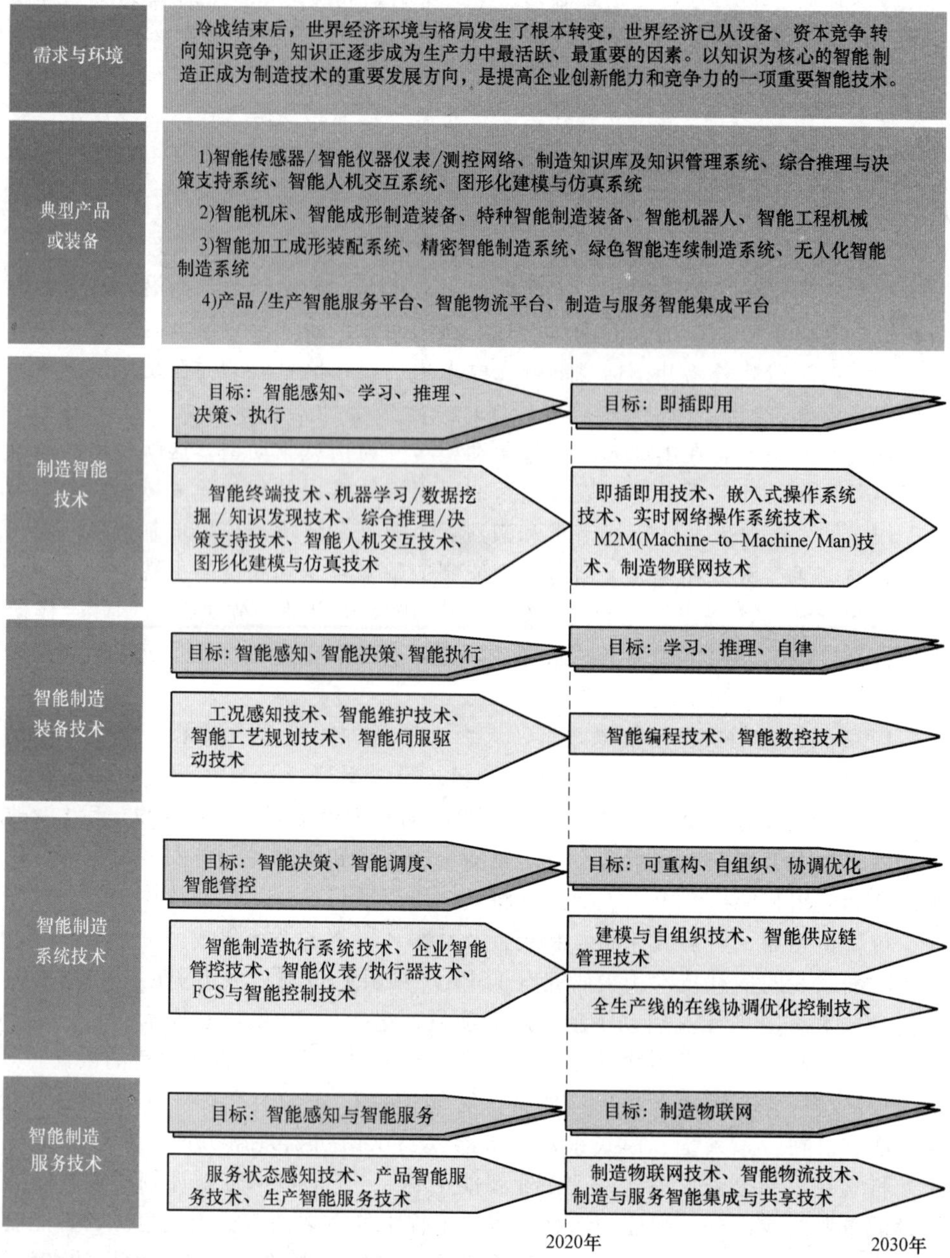

图3-6 智能制造技术系统中长期发展路线图

3.5.2　智能制造系统的特征

智能制造系统是智能技术集成应用的环境，也是智能制造模式展现的载体。IMS 理念建立在自组织、分布自治和社会生态学机理上，目的是通过设备柔性和计算机人工智能控制，自动地完成设计、加工及控制管理过程，旨在解决适应快速变化环境的制造的有效性。由于这种制造模式突出了知识在制造活动中的价值地位，而知识经济又是继工业经济后的主体经济形式，所以智能制造就成为影响未来经济发展过程中制造业的重要生产模式。

与传统的制造系统相比，智能制造系统具有以下特征。

1）自组织能力。自组织能力指 IMS 中的各种智能设备，能够按照工作任务的要求，自行集结成一种最适合的结构，并按照最优的方式运行。完成任务以后，该结构随即自行解散，以备在下一个任务中集结成新的结构。自组织能力是 IMS 的一个重要标志。

2）自我管理能力。即搜集与理解环境信息和自身的信息，并进行分析判断和规划自身行为的能力。IMS 能根据周围环境和自身作业状况的信息进行监测和处理，并根据处理结果自行调整控制策略，以采用最佳行动方案。这种自我管理能力使整个制造系统具备抗干扰、自适应和容错等能力。

3）学习和自维护能力。IMS 能以原有的专家知识为基础，在实践中不断进行学习，完善系统知识库，并删除库中有误的知识，使知识库趋向最优。同时，还能对系统故障进行自我诊断、排除和修复。这种特征使智能制造系统能够自我优化并适应各种复杂的环境。

4）人机一体化。IMS 不是单纯的人工智能系统，而是人机一体化智能系统，是一种混合智能。基于人工智能的智能机器只能进行机械式的推理、预测和判断，它只具有类似专家系统的逻辑思维，最多做到类似神经网络的形象思维，完全做不到灵感思维，只有人类专家才真正同时具备以上三种思维能力。人机一体化一方面突出人在制造系统中的核心地位，同时在智能机器的配合下，更好地发挥人的潜能，使人机之间表现出一种平等共事、相互协作的关系，使两者在不同的层次上各显其能，相辅相成。

因此，在智能制造系统中，高素质、高智能的人将发挥更好的作用，机器智能和人的智能将真正地集成在一起，互相配合，相得益彰。

3.5.3　智能制造系统的主要支撑技术

（1）人工智能技术　IMS 离不开人工智能技术。IMS 智能水平的提高依赖于人工智能技术的发展。同时，人工智能技术是解决制造业人才短缺的一种有效方法。在现阶段，IMS 中的智能主要是各领域专家即人的智能。但随着人们对生命科学研究的深入，人工智能技术一定会有新的突破，将IMS推向更高阶段。

（2）并行工程　对制造业而言，并行工程作为一种重要的技术方法学，应用于IMS中，将最大限度地减少产品设计的盲目性和设计的重复性。

（3）虚拟制造技术　用虚拟制造技术在产品设计阶段就模拟出该产品的整个生命周期，从而更有效、更经济、更灵活地组织生产，达到产品开发周期最短、产品成本最低、产品质量最优和生产率最高的目的。虚拟制造技术应用于IMS，为并行工程的实施提供了必要的保证。

（4）信息网络技术　信息网络技术是制造过程的系统和各个环节“智能集成”化的支撑。是制造信息及知识流动的通道。因此，此项技术在IMS的研究和实施中占有重要地位。

（5）智能机器装备技术　智能制造系统的物理基础是智能机器，它包括具有各种程序的智能加工机床、工具和材料传送、准备装置、检测和试验装置，以及安装、装配装置等。

一般来说，判断一台机器是智能的可以从以下几点来评估：①能识别人类的语言命令；②运作方案最优；③能自我控制以完成任务；④能识别周围的环境；⑤能与其他机器电信联络；⑥能自动修改错误；⑦依据人的判断能在意外情况下做出正确决定。

智能机器最基本的组成单元是传感器、执行器和基于知识的控制系统（如采用人工神经网络等方法）。图3-7所示为智能机器的功能和信息流。智能机器首先接收来自传感器和输入设备的外部信息，然后通过智能控制器对外部信息进行识别、判断和推理，并做出相应的反应，最后通过执行器付诸实施。

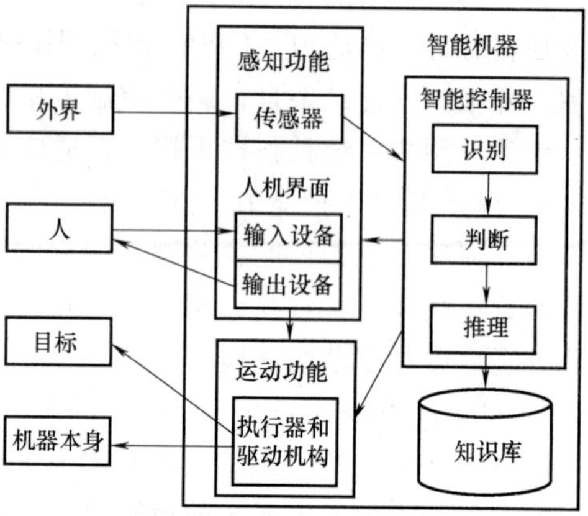

图3-7　智能机器的功能和信息流

3.5.4　机械制造业的未来——智能制造

实现智能优化控制、故障自诊断、安全保护逻辑控制及信息反馈可视化，是当今工程机械行业技术发展的主流方向。

工业的发展经历了以蒸汽机为代表的机械时代、以电子信息技术为代表的电气时代，以计算机为代表的数字时代，下一个时代应该是智能时代。数控装备、智能制造装备是有一定关联的，数控装备的制造过程可以用数字技术来进行控制，但是大部分是预先设置的。智能制造装备则是把整个过程搞成一个闭环，可以感知，可以进行分析、判断、自主做出决策，然后执行。所以智能制造装备在世界装备制造业当中，也是属于最新发展的领域。我国要从制造业大国变成制造业强国，必须要发挥后发优势，从提高发展起点的角度发展智能制造，同时智能制造装备与原来的装备是有继承性的，通过智能制造装备的发展，也可以带动整个装备制造业的发展。

智能制造就是信息技术在传统制造业的深度渗透和融合。智能制造装备是先进制造技术、数字控制技术、现代传感技术以及智能技术高度结合的结果，可实现高效、高品质、节能环保及安全可靠的下一代制造装备。高端装备的范围要比智能制造装备宽泛，并非所有高端装备都要智能化，如高端齿轮、高端轴承不需要智能的，智能制造装备相当于赛车，数控装备相当于乘用车，高端装备可能相当于商用车，它们是各种不同的类型，我们用智能制造装备发展高端装备肯定是必要的，但是它不是高端装备的全部。未来需求的智能制造装备主要集中在智能机床、智能成形制造装备、特种智能制造装备、智能机器人及智能工程机械方面，需要进行以下关键技术的研究：①装备运行状态和环境的感知与识别技术；②性能预测和智能维护技术；③智能工艺规划和编程技术；④智能数控系统和伺服驱动技术。

高端制造的智能化，一个是产品本身，第二个是高端智能化。生产过程智能化是非常重要的，现在我们有劳动力的优势，但如果工艺流程没有达到智能化生产方式，效率是很低的，所以最终的综合成本甚至更高。

我国数控机床在精度上已达到国际先进水平，但是在可靠性、功能部件等方面需要更多努力的方向。有一些数控化程度非常高的，也可把它解释为智能化。实际上，真正的智能化它一定要有感知的能力，不是预先设定的，所以我们大部分数字控制技术比较高的，还是把它称为数控。

3.5.5　智能制造系统——分布式网络化智能制造系统

IMS 的本质特征是个体制造单元的“自主性”与系统整体的“自组织能力”，其基本格局是分布式多自主体智能系统。基于这一认识，并考虑到基于 Internet 的全球制造网络环境，提出基于代理人（Agent）的分布式网络化 IMS 的基本构想，如图 3-8 所示。

一方面，通过 Agent 赋予各制造单元以自主权，使其成为功能完善、自治独立的实体；另一方面，通过 Agent 之间的协同与合作，赋予系统自组织能力。多 Agent 系统的实现模式使系统易于设计、实现和维护，降低系统的复杂性，增强系统的可重组性、可扩展性和可靠性，以及提高系统的柔性、适应性和敏捷性等。

基于以上构架，结合数控加工系统，开发的分布式网络化原型系统由系统经理节点、任务规划节点、设计节点和生产者节点四个节点组成，如图 3-8 所示。

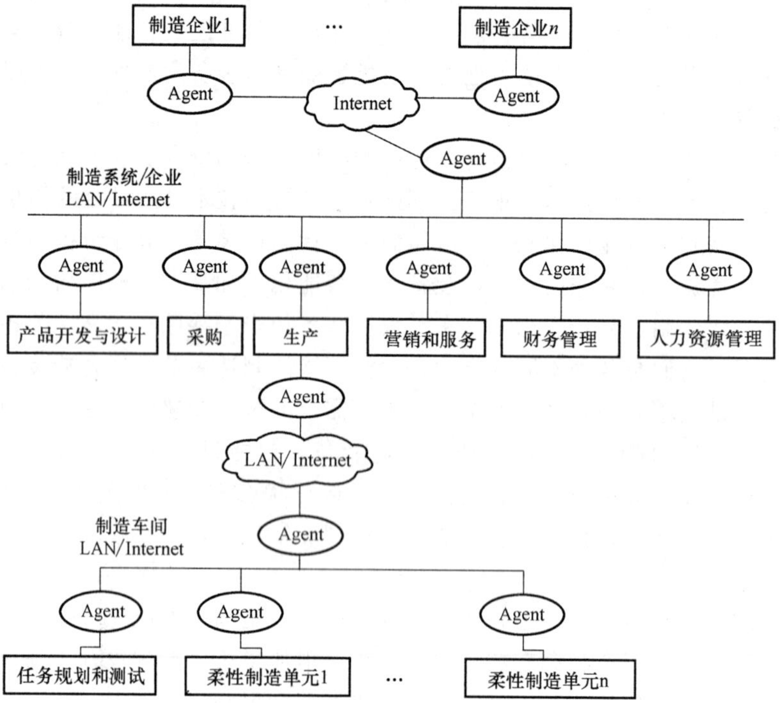

图 3-8　分布式网络化 IMS 的基本构想

系统经理节点包括数据库服务器和系统 Agent 两个数据库服务器，负责管理整个全局数据库，可供原型系统中获得权限的节点进行数据的查询、读取、存储和检索等操作，并为各节点进行数据交换与共享提供一个公共场所。系统 Agent 则负责该系统在网络与外部的交互，通过 Web 服务器在 Internet 上发布该系统的主页，网上用户可以通过访问主页获得系统的有关信息，并根据自己的需求，以决定是否由该系统来满足这些需求；系统 Agent 还负责监视原型系统上各个节点间的交互活动，如记录和实时显示节点间发送和接收消息的情况、任务的执行情况等。

任务规划节点由任务经理和它的代理（任务经理 Agent）组成，其主要功能是对从网上获取的任务进行规划，分解成若干子任务，然后通过招标—投标的方式将这些任务分配到各个节点。

设计节点由 CAD 工具和它的代理（设计 Agent ）组成，它提供一个良好的人机界面以使设计人员能有效地和计算机进行交互，共同完成设计任务。CAD 工具用于帮助设计人员根据用户要求进行产品设计；而设计 Agent 则负责网络注册、取消注册、数据库管理，以及与其他节点的交互、决定是否接受设计任务和向任务发送者提交任务等事务。

生产者节点实际是该项目研究开发的一个 IMC（智能制造单元），包括加工中心和它的网络代理（机床 Agent），该加工中心配置了智能自适应。IM 通过智能控制器控制加工过程，以充分发挥自动化加工设备的加工潜力，提高加工效率；具有一定的自诊断和自修复能力，以提高加工设备运行的可靠性和安全性；具有和外部环境交互的能力；具有开放式的体系结构以支持系统集成和扩展。

分布式网络化 IMS 的运作　在该系统运作时，每个节点必须通过网络注册，成为系统正式成员并获得相应权限，只有如此，系统中各个节点才可进行协作以共同完成系统任务。

分布式网络化 IMS 的运作过程如下：

1）任一网络用户都可以通过访问该系统的主页获得该系统的相关信息，还可通过填写和提交系统主页所提供的用户订单登记表来向该系统发出订单。

2）如果接到并接受网络用户的订单，Agent 就将其存入全局数据库，任务规划节点可以从中取出该订单，进行任务规划，将该任务分解成若干子任务，将这些任务分配给系统上获得权限的节点。

3）产品设计子任务被分配给设计节点，该节点通过良好的人机交互完成产品设计子任务，生成相应的 CAD/CAPP 数据和文档以及数控代码，并将这些数据和文档存入全局数据库，最后向任务规划节点提交该子任务。

4）加工子任务被分配给生产者，一旦该子任务被生产者节点接受，机床 Agent 将被允许从全局数据库读取必要的数据，并将这些数据传给加工中心；加工中心则根据这些数据和命令完成加工子任务，并将运行状态信息送给机床Agent；机床 Agent 向任务规划节点返回结果，提交该子任务。

5）在系统的整个运行期间，系统 Agent 都对系统中的各个节点间的交互活动进行记录，如消息的收发，对全局数据库进行数据的读写，查询各节点的名字、类型、地址、能力及任务完成情况等。

3.6　绿色制造

绿色制造（green manufacturing，GM），又称为环境意识制造（environmentally conscious manufacturing，ECM）和面向环境的制造（manufacturing for environment，MFE），指在保证产品功能、质量及成本的前提下，综合考虑环境影响和资源效率的现代制造模式。其目标是使得产品从设计、制造、包装、运输、使用到报废处理的整个产品生命周期中，对环境的负面影响最小，资源效率最高，并使企业经济效益和社会效益协调优化，这里的环境包含了自然生态环境、社会系统和人类健康等因素。绿色制造是综合考虑环境影响和资源消耗的先进制造系统和制造模式，是制造业制造技术和制造模式的重要发展方向，将成为未来制造业竞争的重要领域。

3.6.1 绿色制造的起源及特点

绿色制造有关内容的研究可追溯到20世纪80年代，但比较系统提出绿色制造的概念、内涵和主要内容的文献，是美国制造工程师学会（SME）于1996年发表的关于绿色制造的专门蓝皮书《Green Manufacturing》。1998年，SME又在国际互联网上发表了《绿色制造的发展趋势》的网上主题报告，对绿色制造研究的重要性和有关问题又做了进一步的介绍。绿色制造及其相关问题的研究近年来非常活跃，特别是在美国、加拿大、西欧等一些发达国家，对绿色制造及相关问题进行了大量的研究。在美国，从一些国家重点实验室到国家研究中心，从东海岸的麻省理工学院到西海岸的加州大学伯克利分校，大量的研究工作正在进行。不少企业也进行了大量研究，如1996年美国SME学会关于绿色制造研究的圆桌会议的大多数骨干是来自企业界的负责人或代表。

绿色制造的研究是国际上研究的重点和热点，其研究深度和规模正在迅速深入和扩大。特别是近年来，国际标准化组织ISO发布了有关环境管理体系的ISO 14000系列标准，使着绿色制造的研究更加活跃和迅速发展。在我国，近年来在绿色制造及相关问题方面也进行了大量的研究，国家自然科学基金和国家863/CIMS主题均支持了一定数量的绿色制造方面的研究课题，已取得了不少研究成果。国家863/CIMS主题还在我国现代集成制造系统网络开辟了绿色制造专题，对国内外绿色制造研究情况进行了综合介绍。我国不少高校和研究院所对绿色制造的理论体系、专题技术等都进行了大量的研究。

绿色制造沿产品生命周期主线，从原材料到绿色设计、绿色制造、绿色装配包装、使用维护直至报废和回收处理，最后实现绿色再制造，其技术支撑框图如图3-9所示。由产品生命周期过程技术层、绿色制造特征技术层、绿色制造评估及监控技术层和绿色制造支撑技术层组成。绿色制造的技术支撑框图体现了如下特点：

1）体现系统工程的特性。与传统的制造系统相比，绿色制造系统是涵盖产品整个生命周期，包括产品设计、制造、销售直至报废过程的综合制造系统，其本质特征在于除保证一般的制造系统功能外，还要保证全寿命周期内的环境污染为最少。

2）预防为主、动态闭环的环保理念。绿色制造对产品生产过程实行综合预防污染的战略，强调以预防为主，从产品的设计阶段开始采用绿色材料，一直到产品使用维护、报废回收阶段都遵循环保理念，有别于传统制造业中的环保后处

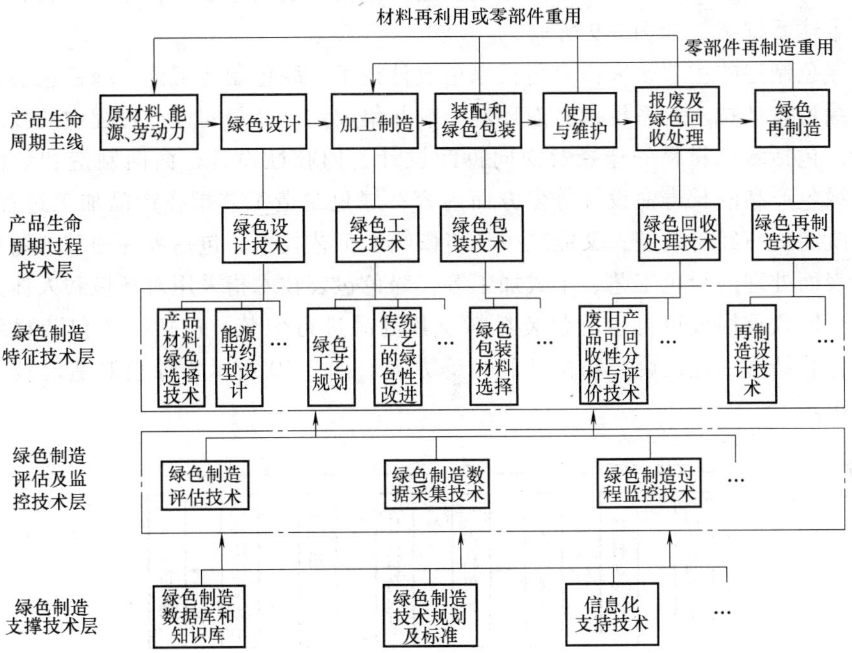

图 3-9　绿色制造的技术支撑框图

理方法，在产品诞生初始即注重环保，最终使废弃物最小化或消失于生产过程中。绿色制造从“末端治理”转向对产品及生产过程的连续控制，综合利用再生资源和能源、物料的循环利用技术，使污染物产生最少化或消失于生产过程之中。传统制造的物流情况是一个开环系统，物流的终端是产品使用到报废为止；而绿色制造的物流是一个闭环系统，可有效防止污染再生产。

3）体现经济性和竞争力。绿色制造以环保和节约为主要特色，在制造过程中节省原材料和能源的消耗，降低废弃物处理处置费用；后期处理同样考虑在内，可显著降低生产成本，体现产品的经济性，增强市场竞争力。在国际上，绿色产品已获得越来越广泛的市场，生产拥有环境标志的绿色产品必然使企业在国际市场具有更大的竞争力。

4）保持适度发展的环境友好性。绿色制造既不单纯追求环保特性，也不单独追求产品性能，而是保持适度发展的环境友好性，是结合企业产品的特点和工艺要求，并且使绿色制造目标既符合区域生产经营发展的需要，又不损害生态环境、能够继续保持自然资源的潜力。

3.6.2　绿色制造的主要研究内容

绿色制造技术体系包括产品生命周期过程技术层、绿色制造特征技术层、绿色制造评估及监控技术层，以及绿色制造支撑技术层四个层面，是一个较为系统的技术体系框架，如图 3-9 所示。

绿色制造的主要研究内容包括绿色设计技术、绿色制造工艺、绿色包装技术等。绿色设计技术是系统地考虑环境影响并集成到产品最初设计过程中的技术和方法，包括绿色材料的选择及面向拆卸设计、回收性设计、面向制造和装配设计、绿色产品的长寿命设计等多方面内容；绿色制造工艺指在产品加工过程中，采用既能提高经济效益，又能减少环境影响的工艺技术，包括零件加工的绿色工艺、表面处理的绿色工艺、干式加工等；绿色包装技术指采用对环境和人体无污染、可回收重用或可再生的包装材料及其制品进行包装，包括绿色包装材料选择、包装结构和包装废弃物循环利用等方面。图 3-10 所示为绿色制造的技术体系框图。

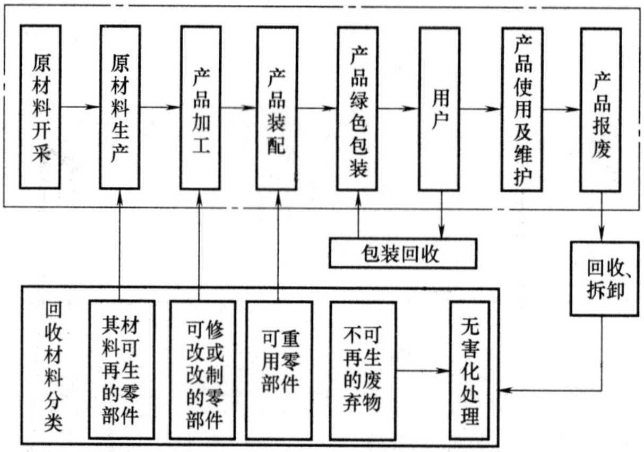

图 3-10　绿色制造的技术体系框图

1. 绿色设计技术

（1）绿色设计的意义　实现产品的绿色制造，绿色设计是关键。因为产品在设计的最初阶段就基本确定了采用何种材料、资源以及何种加工方式；同时也确定了产品在整个生命周期过程中的环境属性（可拆卸性、可回收性、可维护性及可重复利用性等）。通常设计阶段决定了产品在生命周期中至少 70% 的消耗，因此采用绿色设计技术是减小产品在生命周期内对环境造成影响的最有效的方法，是绿色制造的先导技术和保障条件。

（2）绿色设计的内涵　绿色设计（green design）也称为面向环境的设计（design for environment），是系统地考虑环境影响并集成到产品最初设计过程中的技术和方法。绿色设计概念的核心是从整个产品系统的角度，考虑在整个产品的生命周期内，从原材料的提取、制造、运输、使用、维护保养到废弃各个阶段对环境产生的影响。绿色设计要求在满足产品的功能、质量和成本的同时，优化各有关设计因素，使产品在整个生命周期过程中对环境的影响减少到最小。

绿色设计的目标除传统设计的基本目标外，还有两个：①减少甚至杜绝影响环境的废弃物产生；②材料的合理管理。即最终目标为：减少并最终避免废弃物的产生，用再造加工技术或废弃物管理方法协调产品设计，使零件或材料在产品达到寿命周期时，以最高的附加值回收并重复利用。

绿色设计与传统设计的根本区别在于：绿色设计要求设计人员在设计构思阶段就要把降低能耗、易于拆卸、再生利用和保护生态环境与保证产品的性能、质量、寿命、成本的要求列为同等的设计目标，并保证在生产过程中能够顺利实施。

(3) 绿色设计的设计原则及主要内容　绿色设计的设计原则如图 3-11 所示。

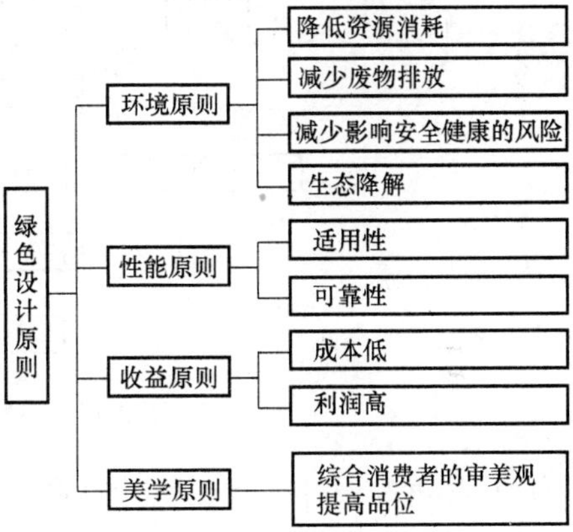

图 3-11　绿色设计的设计原则

绿色设计的主要内容包括：绿色材料的选择、面向拆卸设计、回收性设计，以及面向制造和装配设计、产品的长寿命设计等。

1) 绿色材料选择。绿色材料（green material, GM）又称环境协调材料（environmental conscious material, ECM），指具有良好使用性能，并对资源和能源消耗少，对生态与环境污染小，有利于人类健康，再生利用率高或可降解循环利用，在制备、使用、废弃直至再生循环利用的整个过程中，都与环境协调共存的一大类材料。产品设计的材料选择要考虑很多因素，如工程需要、可制造性及性能等，但产品的绿色设计要求设计人员改变传统的选材方法，选材时不仅要考虑产品的使用、性能要求，更要考虑材料对环境的影响，应尽可能选用无毒、无污染、易回收、可再用或易降解的材料。如用可降解的快餐纸盒代替不易降解的塑料餐具，采用可回收重复利用的包装材料等。

绿色材料的选择是一个系统性和综合性很强的复杂问题。美国学者提出了一种将环境因素融入材料选择的方法，该方法在满足功能、几何形状、材料等特性和环境等需求的基础上，使零件的成本最低。该材料选择方法的流程图如图 3-12 所示。图中的 LCA（life cycle assessment）为生命周期评价，它是一个对产品从原材料取得阶段到最终废弃处理的全过程中对社会和环境影响的评价方法。

2) 产品的面向拆卸设计。产品的面向拆卸设计（design for disassembly,

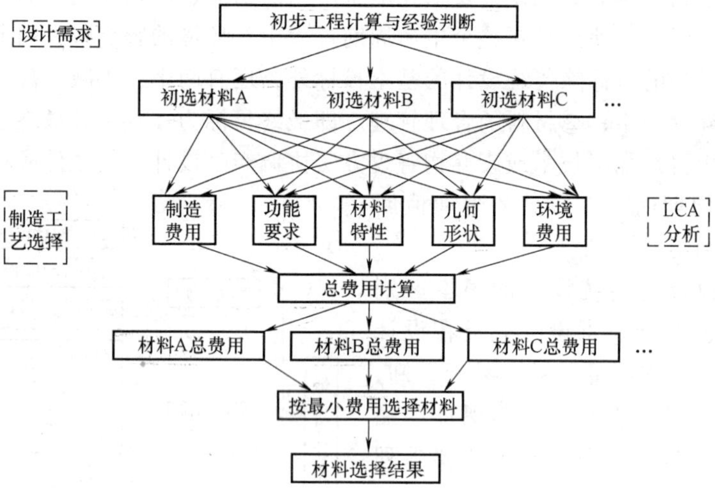

图 3-12　材料选择的流程图

DFD）也称拆卸设计，指在设计时将可拆卸性作为结构设计的一个评价准则，使设计的产品易于拆卸，使不同的材料可以很方便地分离开，以利于循环再用、再生或降解。

对于应用多种不同材料制作的复杂产品，只有通过产品拆卸和分类才能较彻底地进行材料回收和零部件的再循环利用。可拆卸性是产品的固有属性，单靠计算和分析设计不出好的可拆卸性能，需要根据设计和使用、回收中的经验，拟定准则，用以指导设计。拆卸设计尽量遵循以下准则：①拆卸量最少准则，包括零件合并原则、减少零件所用材料种类原则、材料相容性原则及有害材料集成原则等；②结构可拆卸准则，包括采用易于拆卸或未破坏的连接方法、紧固件最少原则及简化拆卸运动原则等；③拆卸易于操作准则，包括单纯材料零件原则、废液排泄原则、便于抓取原则及非刚性零件原则等；④易于分离准则，包括一次表面原则、便于识别原则、零部件标准化原则及模块化设计原则等；⑤产品结构的可预估性准则，包括避免将易老化或易腐蚀的材料与需要拆卸、回收的材料零件组合，并防止要拆卸的零件被污染和腐蚀等。

3）产品的回收设计。产品的回收设计也称面向回收的设计（design for recovering & recycling，DFR），指在产品绿色设计的初期就充分考虑产品的各种材料组分的回收再利用可能性、回收处理方法及工艺（再生、降解等）、回收费用等与产品回收有关的一系列问题，从而达到精简回收处理过程、减少资源浪费、对环境无污染或少污染的设计目的的绿色设计方法。

面向回收的设计主要原则包括：避免使用有害或对环境有不良影响的材料；减少材料的种类；避免使用与循环利用过程不相兼容的材料或零件；按兼容性组

织材料；允许使用可重用的零部件；使用不需特殊工具的连接件；鼓励用户进行循环利用。

4）产品的面向制造和装配设计。产品的面向制造（design for manufacturing, DFM）和面向装配设计（design for assembly, DFA）指产品更容易制造和装配，并且是在制造和装配过程中对环境无污染或少污染、所需能源和资源更少的一种设计方法。

5）产品的长寿命设计。产品的长寿命设计指在对产品功能和经济性进行分析的基础上，采用各种先进的设计理论和工具，使设计出的产品能满足当前和将来相当长一段时间内的市场需求。它并非一味地延长产品的生命期，而是利用模块化设计、开放性设计、可维修性设计、可重构性设计和技术预测等设计理论和方法，最大限度地减少产品过时、节约资源、减轻环境的压力。

2. 绿色制造工艺

绿色制造工艺是实现绿色制造的重要环节。绿色制造工艺指在产品加工过程中，采用既能提高经济效益，又能减少环境影响的工艺技术。它要求在提高生产率的同时，必须减少或消除废弃物的产生和有毒有害材料的用量，改善劳动条件，保护操作者的健康，并能生产出安全、可靠、对环境无害的产品。绿色工艺涉及诸多内容，如零件加工的绿色工艺、表面处理的绿色工艺及干式加工等。

绿色工艺要从技术入手，尽量研究和采用物料和能源消耗少、废弃物少、对环境污染小的工艺方案和工艺路线。如零件的绿色制造工艺主要包括加工工艺顺序、加工参数优化，绿色切削液、绿色润滑剂的使用，热处理、金属成型（铸造、熔炼）、表面喷漆中的绿色工艺以及环境影响评估。绿色制造工艺的开发策略如图 3-13 所示。

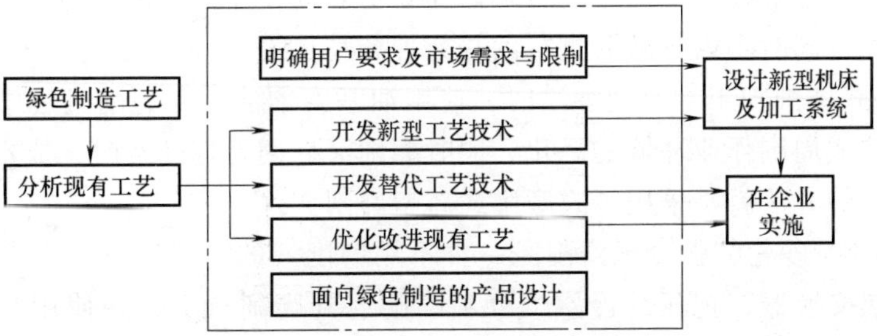

图 3-13　绿色制造工艺的开发策略

机械加工中的绿色制造工艺主要包括少屑或无屑加工、干式切削和干式磨削等。少屑或无屑加工指利用精密铸造工艺，使工件一次成形，减少切削加工量；干式加工就是在加工过程中不用切削液的加工法。近年来，在高速切削工艺发展的同时，工业发达国家的机械制造行业受到环境法规和降低制造成本的双重压力，正在利用现有刀具材料的优势探索干式切削加工工艺，主要有干式加工工艺和采用绿色切削液的方法。

（1）干式加工　这种工艺方法在生产中有较长时间的应用，但仅局限于铸铁材料的加工。随着刀具材料、涂层技术等的发展，干式加工的研究和应用已成为加工领域的新热点。近年来，美国在制造业广泛采用了干式加工。在欧洲已有一半的企业采用了干式切削加工技术，尤其在德国，应用更为广泛。

采用干式加工方法，逐步取消切削液，可以取得经济和环境两方面的效益：在经济方面，据国外统计资料表明，使用切削液的费用约占制造总成本的16%，而切削刀具消耗的费用仅占3%~4%，采用干式加工方法，可节约费用12%左右；在环境方面，切削液，尤其是雾状切削液会对操作者的健康造成损害，同时还会产生废水，造成局部环境污染。

1）干式车削加工。干式车削加工的关键问题是选择适合干式车削的刀具（如涂层刀具、PCBN或聚合金刚石等）、改进刀具几何形状和确定干式车削加工条件。在适宜的切削条件下，可延长刀具寿命，降低切削温度。如采用GE超硬磨料公司的PCBN刀具进行旋风铣削加工丝杠螺纹，钢坯在精加工之前被淬硬，以硬旋风铣削取代软车削和精磨工序，明显提高了金属切除率，加工时间大大缩短，提高效率近百倍。

2）干式滚切加工。采用干式滚切加工是实现滚齿加工绿色化的主要措施。实现干式滚切加工需要解决的关键技术包括提高滚切速度、快速排屑技术和开发高性能的高速滚刀等。如采用硬质合金或陶瓷刀具进行完全干式加工的新型滚齿机，既可以减少加工时间，又能够节约生产成本。例如，滚削汽车变速箱中的普通齿轮，用硬质合金滚刀进行干滚削，与高速钢湿滚削相比，加工费用降低了44%，加工时间缩短了48%，滚刀寿命提高了6倍，加工质量可与普通滚齿加工工艺相媲美，同时不影响随后进行的热处理和精加工。

3）干式磨削加工。磨削加工时，使用油基磨削液，在磨削过程中会产生油气烟雾，造成周围作业环境的恶化，同时磨削液后期处理既费时、成本又高。改善这种局面的方法就是采用干式磨削或新型磨削方式。

采用CBN砂轮的强冷风磨削是一种不用磨削液的干式磨削工艺方法。其原理是通过热交换器，把压缩冷空气经喷嘴喷射到磨削点上，并使用空气干燥装置，保持磨削表面干燥。由于压缩空气温度很低，所以在磨削点上很少有火花出现，几乎没有热量产生，因而工件热变形极小，可得到很高的磨削精度。此外，通过设置在磨削点下方的真空泵吸入磨削产生的磨屑，所收集的磨屑纯度很高，几乎没有混入磨料和黏结剂颗粒，因此磨屑融化后的材料化学成分几乎没有变化，可直接回收使用。

（2）绿色切削液　切削液是金属切削和磨削加工中大量使用的辅助消耗原

料，也是产生工业废水的主要来源之一。科学、合理、清洁地使用、维护切削液，可以显著地提高切削效率、防止废水污染、降低切削液的使用成本，提高企业的经济效益和社会效益。

在切削液的使用中，为了尽可能地延长切削液的使用寿命，降低废弃切削液的处理费用，应遵循以下基本原则：

1）做好切削液的使用过程记录。如刀具使用寿命，工件表面粗糙度情况，加工生产率，停机更换刀具、清理工件所耗时间，废弃切削液和回收切削液的数量等。

2）运用科学方法确定不同切削条件的切削液配方，实现切削液配方标准化。

3）选择高质量的切削液或具有兼容特性的切削液，保证切削液固有的物理、化学特性。

4）在切削液的循环使用中，始终保持切削液浓度和 pH 的稳定。

5）采取有效防护措施，规范操作使用程序，防止切削液被工作环境或人为地污染。

6）建立切削液循环使用系统，及时清除切削液中的污染物和杂质。

7）避免过量使用切削液杀菌剂，以免降低切削液的使用寿命，并可能造成二次污染。

8）无毒、无害化处理废弃切削液。

3. 绿色包装技术

产品包装是产品生产过程的最后环节。绿色包装指采用对环境和人体无污染、可回收重用，或可再生的包装材料及其制品进行包装。它是从环境保护的角度优化产品包装方案，使得资源消耗和废弃物产生最少。

（1）产品绿色包装的基本原则　产品绿色包装的基本原则主要有以下几点：

1）减量化原则（reduce）。即减少包装材料消耗，包装应从“求新求异”的消费理念转向低耗、绿色的简洁包装，这样既可以降低成本，降低废弃物的处置费用，又可以减少环境污染和减轻消费者负担。

2）重复使用原则（reuse）。包装材料的重复使用，即应尽量选择可重新使用的包装材料，以便多次利用，减少资源消耗。

3）循环再生原则（recycle）。包装材料的回收和循环使用，包装应尽可能选择可回收、无毒、无害的材料，如 EPS、聚苯乙烯产品等。

4）可降解原则（degradable）。应尽量选择易于降解的材料，如纸、可回收材料等。

（2）绿色包装技术研究的内容　绿色包装可以分为包装材料、包装结构和包装废弃物回收处理三个方面内容。

1）包装材料。绿色包装材料的研制开发是绿色包装得以实现的关键。绿色包装材料主要包括以下几类：

① 轻量化、薄型化、无氟化及高性能的包装材料。如采用新型的镁质材料可部分代替金属包装材料。

② 重复再用和再生的材料。再生利用是解决固体废弃物的好办法，并且在部分国家已成为解决材料来源、缓解环境污染的有效途径，如瑞典等国家实行聚酯 PET 饮料瓶和 PC 奶瓶的重复利用可达 20 次以上。

③ 可食性包装材料。具有原料丰富齐全，可以食用，对人体无害甚至有利，并有一定强度等特点，在近几年获得快速的发展，广泛应用于食品、药品的包装。其原料主要有淀粉、蛋白质、植物纤维和其他天然材料。

④ 可降解包装材料。指在特定时间内造成性能损失的特定环境下，其化学结构发生变化的一种塑料。发展可降解塑料包装材料，逐步淘汰不可降解塑料包装材料，是目前世界范围内包装行业发展的必然趋势，是材料研究与开发的热点之一。可降解塑料一般可分为生物降解塑料、生物分裂塑料、光降解塑料和生物/光双降解塑料。可降解塑料广泛用于食品包装、周转箱、杂货箱、工具包装及部分机电产品的外包装箱，它在完成使用寿命以后，可通过土壤和水的微生物作用，或通过阳光中紫外线的作用，在自然环境中分裂降解和还原，最终以无毒的形式重新进入生态环境中，回归大自然。

⑤ 利用自然资源开发的天然生物包装材料。如纸、木材、竹编材料、麻类制品、柳条、芦苇以及农作物茎杆、稻草、麦秸等，在自然环境中容易分解；不污染环境，而且可资源再生，成本较低。纸包装具有很多优点，如资源相对丰富，易回收、无污染。西方发达国家早就开始用纸包装来包装汉堡包、快餐或饮料等，并有取代塑料软包装之势。我国也在着手研制用纤维膜替代塑料膜作为农用薄膜，以避免对农田的污染。由于我国森林资源贫乏，必须发展纸包装主要资源的替代利用，探索新的非木纸浆资源，用芦苇、竹子、甘蔗、棉杆或麦秸等代替木材造纸，并设法扩大造纸木材的树种和充分利用丫材、废弃材和加工剩余边材，以扩大原料来源。

2）包装结构。在保证实现产品包装基本功能的基础上，从产品生命周期全过程考虑，应改革过度包装，发展适度包装；尽量减少使用包装材料，降低包装成本，节约包装材料资源，减少包装材料废弃物的产生量。

3）包装废弃物回收。包装废弃物主要包括可直接重用的包装、可修复的包装、可再生的废弃物、可降解的废弃物及只能被填埋焚化处理的废弃物等。图 3-14 所示为包装废弃物回收处理的系统框图。

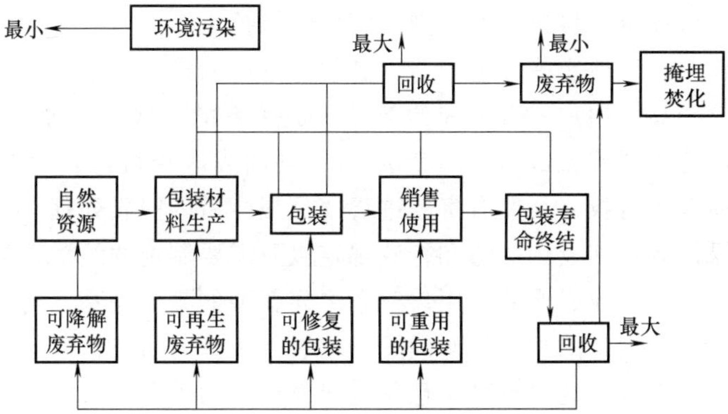

图 3-14　包装废弃物回收处理的系统框图

3.6.3　绿色制造的发展趋势

近年来，随着绿色制造重要性的凸显，我国政府对绿色制造的重视程度和支持力度显著提升。《国家中长期科学和技术发展规划纲要（2006—2020）》将绿色制造列为制造业领域发展的三大思路之一。绿色制造也表现出以下发展趋势：

1. 全球化

全球化指绿色制造的研究和应用将越来越体现全球化的特征和趋势，绿色制造的全球化特征体现在许多方面。制造业对环境的影响往往是全球化的，而绿色产品的市场竞争随着制造战略的升级也将是全球化的。ISO 14000 系列标准的陆续出台促使企业对实施绿色制造的需求，为绿色制造的全球化研究和应用奠定了很好的基础，实施绿色制造已是大势所趋。近年来，许多国家要求进口产品要进行绿色性认定，要有“绿色标志”，特别是有些国家以保护本国环境为由，制定了极为苛刻的产品环境指标，来限制外国产品进入本国市场，即设置“绿色贸易壁垒”。这就需要产品的绿色制造过程应具有全球化的特征。

2. 社会化

社会化指绿色制造的社会支撑系统需要全社会的共同努力和参与。绿色制造涉及的社会支撑系统首先是立法和行政规定问题。当前，这方面的法律和行政规定对绿色制造行为还未能形成有力的支持，对相反行为的惩罚力度不够。立法问题现在已越来越受到各个国家的重视。其次，政府可制定经济政策，用市场经济的机制对绿色制造实施导向。例如，制定有效的资源价格政策，利用经济手段对不可再生资源和虽属再生资源但开采后会对环境产生影响的资源严加控制，使得企业和人们不得不尽可能减少直接使用这类资源，转而寻求开发替代资源。又如，城市的汽车废气污染是一个十分严重的问题，政府可以对每辆汽车年检时，测定废气排放水平，收取高额的污染废气排放费。这样，废气排放量大的汽车自然没有销路，市场机制将迫使汽车制造厂生产绿色汽车。

企业要真正有效地实施绿色制造，必须考虑产品寿命终结后的处理，这就可能导致企业、产品、用户三者之间的新型集成关系的形成。例如，有人就建议，需要回收处理的主要产品，如汽车、冰箱、空调或电视机等，用户只买了使用权，而企业拥有所有权，企业有责任进行产品报废后的回收处理。

无论是绿色制造涉及的立法和行政规定以及需要制定的经济政策，还是绿色制造所需要建立的企业、产品、用户三者之间新型的集成关系，均是十分复杂的问题，其中又包含大量的相关技术问题，均有待于深入研究，以形成绿色制造所需要的社会支撑系统。这些也是绿色制造研究内容的重要组成部分。

3. 集成化

集成化指绿色制造将更加注重系统技术和集成技术的研究。绿色制造涉及产品生命周期全过程，涉及企业生产经营活动的各个方面，因而是一个复杂的系统工程问题。因此，要真正有效地实施绿色制造，必须从系统的角度和集成的角度来考虑和研究绿色制造中的有关问题。

当前，绿色制造的集成功能目标体系、产品和工艺设计与材料选择系统的集成、用户需求与产品使用的集成、绿色制造的问题领域集成、绿色制造系统中的信息集成及绿色制造的过程集成等集成技术的研究，将成为绿色制造的重要研究内容。绿色制造集成化的另一个方面是绿色制造的实施需要一个集成化的制造系统——绿色集成制造系统来进行。该系统包括管理信息系统、绿色设计系统、绿色加工系统、质量保证系统、物料资源系统及环境影响评估系统六个功能子系统，计算机通信网络系统和数据库/知识库系统等两个支撑子系统以及与外部的联系。绿色集成制造技术和绿色集成制造系统将可能成为今后绿色制造研究的热点。

4. 并行化

并行化指绿色并行工程，绿色并行工程又称为绿色并行设计，它是一个系统方法，以集成的、并行的方式设计产品及其生命周期全过程，力求使产品开发人员在设计一开始就考虑到产品整个生命周期中从概念形成到产品报废处理的所有因素，包括质量、成本、进度计划、用户要求、环境影响及资源消耗状况等。

绿色并行工程涉及一系列关键技术，包括绿色并行工程的协同组织模式、协同支撑平台、绿色设计的数据库和知识库、设计过程的评价技术和方法及绿色并行设计的决策支持系统等。

5. 智能化

智能化指人工智能与智能制造技术将在绿色制造研究中发挥重要作用。绿色制造的决策目标体系是现有制造系统 TQCS（即产品上市时间 T、产品质量 Q、产品成本 C 和为用户提供的服务 S）目标体系与资源消耗 R（resource）和环境影响 E（environment）两个因素。要解决这个多目标优化问题及以下几个方面的问题，都需要人工智能知识与智能制造技术，如在制造过程中应用专家系统识别和量化产品设计、材料消耗和废弃物产生之间的关系；应用这些关系来比较产品的设计和制造对环境的影响；使用基于知识的原则来选择实用的材料等。

6. 产业化

产业化指绿色制造的实施将导致一批新兴产业的形成。除了目前大家已注意到的废弃物回收处理装备制造业和废弃物回收处理的服务产业外，另有两大类产业值得特别注意。一是绿色产品制造业。制造业不断研究、设计和开发各种绿色产品，以取代传统的资源消耗和环境影响较大的产品，将使这方面的产业持续兴旺发展。二是实施绿色制造的软件产业。企业实施绿色制造，需要大量实施工具和软件产品，如绿色设计的支撑软件（计算机辅助绿色产品设计系统、绿色工艺规划系统、绿色制造的决策系统、产品生命周期评估系统、ISO 14000 国际认证的支撑系统等），将会推动一类新兴软件产业的形成。

第4章 先进制造自动化技术

4.1 计算机辅助设计技术

传统的设计过程为满足设计任务书的要求，需要参考已有的经验，查阅大量的设计手册和标准规范等资料，经过人工设计的多次反复修改，经过多次“设计—评价—再设计”的循环，才能确保所设计产品的性能，而繁杂的计算、分析、文件处理以及繁重的绘图工作等，常常把设计人员搞得疲劳不堪，无法把主要精力放在创造性工作上，严重影响了他们的创造性，同时也导致了设计周期长、产品更新慢、重复设计水平低等问题。而现代设计方法，依赖于计算机和信息技术的发展，出现了许多新的设计理论和方法，如优化设计、有限元法、反求工程、人机工程、可靠性设计、相似性设计、模块化设计及造型设计等。

现代设计方法是基于知识的设计，设计成功与否取决于知识储量的多少，因新产品在市场上是否有竞争力与知识的整合程度有关。现代设计方法是在继承传统设计方法基础上的延伸和拓展，这种延伸同时体现在设计范畴的不断扩大，设计思维从静态到动态、从确定到模糊、从单维到多维的延展。对比现代设计方法，传统设计方法存在很多缺陷：如对功能原理分析不充分，不易找到最佳设计方案；手工设计效率低下，精度稳定性差，需要多次重复设计，修改不方便；过分依赖设计者经验，知识面有限，设计不够全面等问题。

计算机辅助设计（CAD）是人与计算机的密切结合，由于充分利用了计算机的快速和准确的计算功能、强大的图形及文字处理能力，以及较大的可扩充的信息存储容量，实现了对包括图形图像数据、多媒体数据在内的复杂工程数据的加工、存储与传输，从而把设计者从繁杂的和重复性的劳动中解脱出来，以主要精力从事创造性工作，最大限度地发挥了人的创造性思维和分析、判断问题的能力，使设计水平大为提高。计算机辅助设计提供了各种快速、有效的工具和手段，加快和优化了设计过程与结果，以获得最优的设计效果，它的产生和发展使传统的设计过程发生了重大的变革。CAD 是以计算机及其外围设备为硬件基础的，因此 CAD 的发展与计算机技术的发展是不可分割的。CAD 的发展大致经历了形成、发展、应用及 CAD/CAM 集成等阶段。计算机技术和信息科学对传统机械的改造升级，使得传统机械脱胎换骨，结构功能上都有了很大变化，现代机械正向机电一体化，能量流、信息流、物质流一体化、集成化及模块化发展。

4.1.1 计算机辅助设计技术的发展及其定义

美国麻省理工学院于 1950 年使用类似于示波器的阴极射线管（CRT）显示了一些简单的图形，世界上第一台图形显示器诞生了。1958 年，美国两家公司研制出自动绘画仪，随后，MIT 研制出可在屏幕上直接指定目标的光笔。随着这些硬件的发展，CAD 的设想也在这些硬件设备的基础上产生了，预示着 CAD 研究工作的开始。但此阶段只有电子管计算机，用机器语言编程，计算机的主要功能是科学计算，距离真正实现 CAD 技术还有一定差距。

1962 年，MIT 的 Ivan E. Sutherland 在博士论文中提出了交互式图形生成技术，实现用光笔在屏幕上任意绘图与修改，开创了计算机图形学的研究，并极大地推动了计算机图形学和 CAD 的发展。随后，美国通用汽车和洛克希德飞机公司分别开发了相应的计算机辅助设计系统；洛克希德与 IBM 公司联合开发基于大型机的计算机辅助设计与制造系统，并具有三维结构分析能力。这一阶段的 CAD 系统非常昂贵，只有少数大型企业和研究机构拥有该技术。

20 世纪 70 年代，CAD 在国际上开始进入广泛应用时期，这得益于计算机技术的飞速发展和硬件成本的大幅降低。大规模集成电路的出现，使计算机运算速度和内存容量大幅度提高，价格却大大降低，这为 CAD 技术的广泛应用创造了条件，以小型机为主机的 CAD 系统进入市场。开发商提供的 CAD 系统包括图形输入设备、显示器及绘图机等硬件设备和相应的配套应用软件，使得中小企业也开始采用 CAD 技术。20 世纪 80 年代以来，图形工作站的出现以及计算机的普及，使 CAD 得到更广泛的应用；同时 CAD 软件的功能也更加强大，不但具有完善的二维图形处理模块，还有三维曲面造型、有限元分析、机构分析与仿真、二次开发工具、产品数据管理与交换等模块。CAD 过程中所执行的任务可大致划分为工程绘图、CAD 造型、工程分析和综合评价四个方面。

随着 CAD 技术的发展，CAD 系统已经得到了极大扩充，相应数据标准也已制定并采用，为 CAD 技术的推广、移植和资源的共享创造了条件，包括 PDM、ERP、CAM、CAE 及 DFX 等技术也整合进来，通过 CAD 和 CAM 之间的数据传输实现 CAD/CAM 系统集成。

计算机辅助设计（Computer Aided Design，CAD）是工程技术人员使用计算机，运用各自的专业知识，通过对产品的分析、计算、优化、仿真和图形处理的研究，使计算机帮助设计师完成产品的全部设计过程，并最终输出满意的设计结果和产品图形。运用 CAD 进行设计的过程中，结合了设计人员的创造性思维、综合判断能力，以及计算机强大的存储、数值计算、信息检索和分析运算等能力，完成产品的设计、分析及绘图等工作，最终达到提高设计质量、缩短产品开发周期和降低生产成本的目的。

CAD 技术包含的基本内容主要有：利用计算机进行产品的造型、装配、工程图绘制以及相关文档的设计；进行产品渲染、动态显示；对产品进行工程分析，如有限元分析、优化设计、可靠性设计、运动学及动力学仿真等。

4.1.2 计算机辅助设计系统的基本组成及功能

1. CAD 系统的组成

CAD 系统由硬件和软件两部分构成。对不同的设计需求，所需的 CAD 系统硬件也不尽相同，但一般都由主机、外存储器、输入/输出设备以及网络设备等其他通信接口等组成。其中输入设备有鼠标、数字化仪和键盘等；输出设备有绘图仪、打印机等。

CAD 系统按主机功能等级大致可分为四类：大中型计算机系统、成套系统、工作站和微型机系统。大中型计算机的 CAD 系统，拥有高速大容量的内存和外存，可配置高精度、高速度及大幅面图形输入/输出设备，但价格昂贵，只有大的公司、企业才承担得起；成套系统是基于中小型计算机的 CAD 系统，由 CAD 供应商根据企业要求提供全部硬件及软件，企业人员只要经过培训即可投入使用；对于工作站级别的 CAD 系统，响应速度快，可靠性好，且具有较强的图形及网络功能，性价比较高；而微型机系统价格低廉，配以图形显示终端、绘图机、打印机及图形输入板等，就能构成一个基本的 CAD 工作站，可以满足初步的计算机辅助设计要求，一般适合于中小型企业。随着计算机软硬件技术的快速发展和更新，现在某些微型机的性能甚至比几年前的工作站系统还要强大，比较大型的运算和处理采用工作站级别的就可以满足需求。

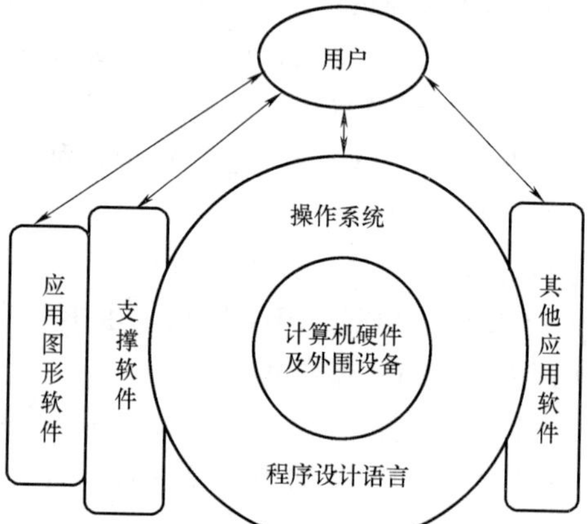

图 4-1 CAD 软件系统的关系示意

CAD 系统的软件系统包括系统软件、支撑软件和应用软件，其关系示意如图 4-1 所示。系统软件与硬件的操作系统环境有关，是其他软件的平台，直接配合硬件工作，包括计算机操作系统、窗口系统、网络系统以及语言编译系统等。支撑软件主要指各种工具软件，可以支撑计算机进行 CAD 工作的通用型软件，通常包括图形软件、数据库系统软件及常用算法软件等。而应用软件则是以支撑软件为基础的各种面向工程应用的软件，通常是为某一类用户或者某一工程领域专门开发的应用软件，如机械零件设计软件、三维建模软件及模具 CAD 软件，等等。

2. CAD 系统的基本功能

CAD 是将整个设计阶段，包括方案设计、总体设计和详细设计等过程作为一个信息处理系统，计算机作为这个系统的中心环节，对设计信息进行有效的存储、传递、分析和控制，对设计对象完成计算机内部和外部的描述。

CAD 系统的功能可以大致分为五类，即自动绘图、几何建模、工程分析、动态仿真及数据库的管理和共享。

自动绘图内容一般包括完成图形的绘制、编辑、转换、尺寸标注以及技术文档的生成等。

几何建模指在计算机上对一个三维实体进行完整几何描述，是实现计算机辅助设计的基本手段，是实现工程分析、运动模拟及自动绘图的基础。

工程分析指对设计的结构进行分析计算和优化，最常用的是利用几何模型进行质量特性分析和有限元分析。质量特性分析提供被分析物体的表面积、体积、质量、中心及转动惯量等特性。有限元分析可对设计对象进行应力和应变分析，以及动力学分析、热传导、结构屈服和非线性材料蠕变分析等。利用优化软件，可对零部件或系统设计任务建立最优化问题的数学模型，自动解出最优方案。

动态仿真指在产品的设计中，对产品的运动特性、动力学特性进行数值模拟，从而得到产品的结构、参数和模型对性能等的影响情况，并为设计提供依据。

数据库的管理和共享包括数据库存放产品的几何数据、模型数据及材料数据等工程数据，并提供对数据模拟的定义、存取、检索、传输以及转换等。

4.1.3　计算机辅助设计系统的工作过程和技术优势

CAD 系统工作的过程是一种人机交互的操作过程，是充分利用计算机的高速运算能力、海量存储能力、形象生动的图形显示以及文字处理能力，由设计人员对大量的设计信息进行加工、管理和交换的过程。

设计人员首先需要初步构思、判断和决策，并参照通过计算机检索的大量数据库资料，再根据设计要求进行计算、分析和优化，将初步设计结果通过 CAD 软件显示出来；然后通过人机交互的方式反复加以修改；最后经设计人员确认之后，输出设计结果。

CAD 的设计过程包含以下五个流程：

1）任务规划。首先需要对设计任务进一步细化，进行市场及社会需求产品现状和发展趋势等方面的调研，并写出可行性论证，制定出详细的量化指标，明确设计的最终任务。

2）方案设计。进行设计方案的优选，即根据技术、经济指标对各种功能结构方案进行比较评价、筛选优化；对总体功能进行划分，确定各分功能的具体要求，并通过功能结构图和原理图表达出来。

3）结构设计。完成产品总体设计、零部件设计，画出结构草图，进行力学、加工工艺性等方面的分析和优化，修改不适宜的环节，形成相应的完整技术文档等。

4）加工样品。按照这些步骤设计完成以后，进行样品的试制和加工。

5）试验调整。对样品或者样机进行试验检测、现场调试，并提出修改和鉴定意见，完成总体评价，最后进行修改调整直至符合最终用户要求。

与传统设计相比，CAD 技术具有以下优势：

1）大幅度提高了设计效率，缩短设计周期，降低了设计成本。利用计算机的快速计算、图形显示、海量存储等功能，达到了设计计算和绘制图样的自动化。据有关资料显示，CAD 技术与传统设计方法相比，可使设计效率提高 3~5 倍，且 CAD/CAM 一体化制造技术进一步缩短了从设计、制造到最终产品定型的整个开发周期，加速了产品的升级换代，提高了企业对市场的响应能力。

2）显著提高了设计质量。CAD 是基于知识的设计，计算机系统内存储了大量的已有信息供设计者借鉴，产品设计有大量的知识储备和已有设计作为参照，人在设计中主要的工作不是重复设计，而是在已有基础上进行推陈出新，发挥主动性、创新性的过程，这样设计出的产品往往是经过多次优化、更加合理的一种设计，易于实现产品的标准化和系列化，保证设计产品数据的一致性和完整性。

3）创新性明显增强。设计人员不再从事重复性的设计工作，更多的精力将放在创造性工作上面，尤其是占产品设计工作量 60% 的绘图工作几乎全部由计算机代替手工完成，大大提高了效率，解放了设计人员，使设计人员能更好地进行已有产品的整理和现有产品的创新性设计。

CAD 最大的贡献在于将传统的手工、重复性、低效设计工作上升为科学化、系统化、现代化的设计方法，将经验设计转化为创新设计，这是计算机技术引入的直接结果，也是客观发展的必然趋势。

4.1.4 计算机辅助设计系统的关键技术

1. 几何建模技术

所谓几何建模就是在计算机内产生一个表示零件形状和尺寸的几何模型的过程，它是 CAD/CAM 系统设计制造一个零件的首要任务。

（1）几何模型的类型　计算机内部的模型可以是二维模型、2.5 维模型和三维模型，这主要取决于应用场合和目的。二维模型适用于计算机辅助绘制主视图，或是对回转体零件进行数控编程；2.5 维模型能表示一个等截面的产品形体，即一个平面轮廓在深度方向延伸或绕一轴旋转形成三维的表示方法；而三维模型可在空间任一角度，准确地、全面地描述产品形体，并可进行任意组合和分析。根据描述方法、存储几何信息和拓扑信息的不同，三维模型可分为线框几何模型、表面几何模型和实体几何模型，如图 4-2 所示。

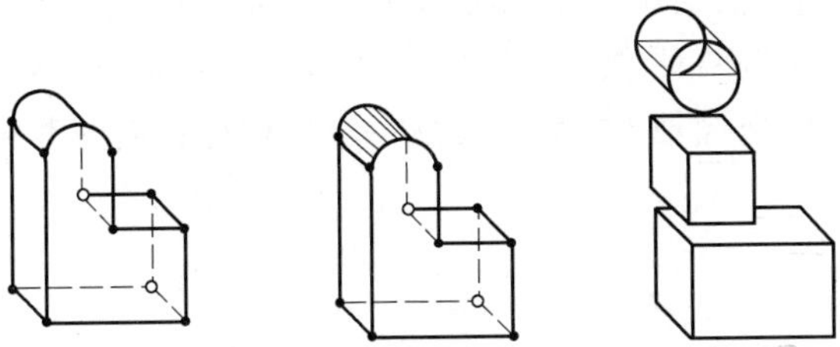

a) b) c)

图 4-2 三维模型的类型

a）线框几何模型 b）表面几何模型 c）实体几何模型

1）线框几何模型：线框几何模型是 CAD/CAM 技术发展过程中应用最早的三维模型，这种模型由物体上的点、直线和曲线组合而成，用来描述产品的轮廓外形。用线框建立形体的几何模型比较容易处理，数据存储量小，对硬件要求不高，易于掌握。但由于线框模型是用棱边来表示物体的形状，没有规定哪些是面、哪些是实体，信息表达不够完整，容易产生歧义。用线框模型无法产生剖视图、消除隐藏线以及求解两个形体间的交线，也无法根据线框模型进行物性计算和数控加工指令的编制等。

2）表面几何模型。表面几何模型指用有向棱边的集合来定义形体表面，是由面的集合来定义形体的一种描述方法。其数据结构是在线框几何模型的基础上，增加了有关面的信息和棱边的连接方向等内容。由于在表面几何模型中具有形体各个面的定义，所以可以解决许多与形体表面有关的问题，如求解两个形体的交线、消隐及获得 NC 加工所需的表面信息等。但表面几何模型所表述的信息还是不够完整，它所表示的各个面信息都是单独存储，未记录面与面之间的临界拓扑关系，不能反映由边界面所包围的形状是实心体还是空洞，无法生成形体的剖视图和进行物性的计算等。

3）实体几何模型。与表面几何模型不同，实体几何模型规定了形体表面完整的拓扑关系，从形体的任何一个面都可以遍历它所有面、边和点的信息，并规定了面的哪一侧是实体。实体几何模型能够比较完整的反映形体的几何信息，真实而唯一地表达客观世界的三维实体；它能消除隐藏线，产生有明暗效果的立体图像，生成指定位置、方向和剖切面的剖视图；自动计算体积、质量、重心；还可将有关的零部件组装在一起，动态显示其运动状态并检查是否发生干涉；支持三维有限元软件的网格自动划分和计算分析，以及进行多至五轴的数控编程等。

（2）几何造型的方法　实体造型以立方体、圆柱体、球体、锥体及环状体等多种基本体素为基本元素，通过集合运算，生成所需要的几何形体。这些形体具有完整的几何信息，是真实而唯一的三维实体。目前，常用的几何造型的方法主要有扫描法、构造实体几何法和边界表示法等。

1）扫描法。扫描法指将一个二维形体沿空间给定轨迹扫描运动而形成三维形体的方法。扫描法有两种常见的特例，平移扫描和旋转扫描。如图 4-3 所示，图 a 中平面 A 沿空间坐标轴 z 方向扫描成一个四棱柱；而图 b 中平面 A 绕 z 轴旋转形成一个回转体。

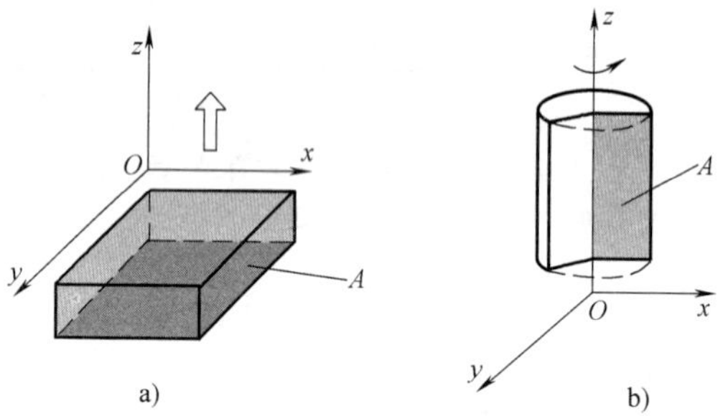

图 4-3 扫描法

a）平移扫描 b）旋转扫描

2）构造实体几何法。构造实体几何法是一种由简单的几何形体（通常称为体素，如球、圆柱、圆锥、环以及长方体等）通过正则布尔运算（并、差、交），来构造复杂三维实体的表示方法，用 CSG 表示。如图 4-4 所示，正方体和圆柱体分别通过并、差、交运算生成图 b、图 c、图 d 所示的三种形体。一个复杂的实体可以描述为一棵树，树的叶节点为基本体素，中间节点为正则集合运算，根节点即为所构造的整个形体，这棵树则被称之为 CSG 树。它以根节点作为查询和操作的基本单元，且对应于一个实体名。CSG 表示的实体具有唯一性和明确性。

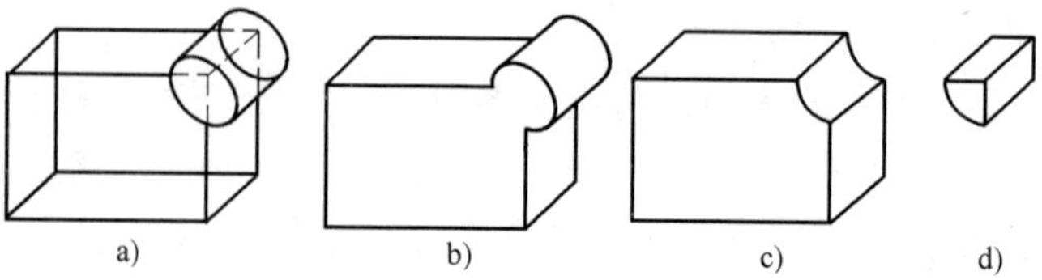

图 4-4 实体的并、差、交运算

a）两体素（正方体和圆柱） b）两体素并 c）两体素差 d）两体素交

3）边界表示法。边界表示法指以实体边界为基础而定义和描述三维实体的方法，它能给出完整的界面描述，其基本原理是一个实体可由有限个界面构成，而每个面又由有限条周边围成的封闭区域定义。边界表示法对实体几何特征的整体描述能力弱。不能反映实体的构造过程和特点，不能记录实体组成元素的原始特征，但它能清楚地表示出实体的面、边、点及其相互间的关系，具有较大的实用性。在 CAD/CAM 中，真实感图形的生成和数控加工轨迹的计算都需要用边界表示法进行造型。

在一般的几何造型系统中，需同时保存形体的 CSG 表示和边界表示。用户可用 CSG 方式构造设计对象，形成 CSG 树，迅速完成造型过程；需要时，可将 CSG 表示转换成为边界表示，为各种计算处理服务。

（3）图形处理技术　图形是产品设计与制造过程中表达信息的重要方式，因此图形处理技术是 CAD/CAM 的重要基础和主要组成部分。其内容包括图形信息的输入、图形变换技术、图形消隐技术以及装配图的生成技术等。

1）图形信息的输入。在 CAD/CAM 作业中。图形的输入方法和手段决定了图形输入的效率和精度，同时也决定了图形信息的可集成性。传统的输入方法是采用数字化仪等工具，在绘图软件的支持下，将图样逐笔逐画地输入，效率低；光学图形扫描仪和矢量化软件组成的图形自动录入系统，虽然大大提高了图形输入速度，但输入图形的信息还不足以构成产品设计模型，无法提供 CAPP 和 CAM 作业所需的信息。用于 CAD/CAM 集成的图形信息的输入一般通过实体造型和特征造型方式进行，以此建立满足 CAD/CAM 作业所需要的设计模型。

2）图形变换技术。图形变换是用来改变显示屏上的图形显示方式以及重新构造数据库中的图形，一般包括图形的比例缩放变换、平移变换，以及旋转、剖切、投影与透视等变换形式。

3）图形的消隐技术。在显示三维实体时，不仅要决定实体上每条棱边在视图区中的位置，还必须决定哪些棱边是可见的，必须显示；哪些棱边被遮挡，必须抹去或用虚线显示。找出并消除实体中不可见的部分称为消隐，经过消隐的图称为消隐图。

消隐的对象是三维实体，根据消隐对象的不同，消隐算法可分为两类：若消除的是实体上不可见的线段，称为线消隐；若消隐的是实体上不可见的面，称为面消隐。线消隐具有代表性的是 Roberts 算法，该算法思想清晰，具有较强的几何直观性；面消隐也有多种实用的计算方法，如画家算法、Z 缓冲区算法、扫描线算法及区域采样算法等。

4）装配图的生成技术。由于机械产品的多样性和复杂性，装配图的信息量很大，因此装配图的生成是 CAD 作业中的一个技术难点。装配图的生成通常有这几种方法，即采用子图块拼画装配图、由零件的图形信息生成装配图、由产品或部件的三维模型经剖切和变换生成二维或三维装配图，以及由零件图的二维视图或二维模型组合绘制装配图等。

（4）CAD与其他CAX系统的集成技术　CAD技术为产品的设计开发提供了基本的数据化模型，然而它只是计算机参与产品制造的一个环节。为了使产品制造后续的作业环节有效地利用CAD作业所构造的产品信息模型，充分利用已有的信息资源，提高综合生产率，必须将CAD技术与其他CAX技术进行有效的集成，包括CAD/CAM技术的集成、CAD与CIMS其他功能系统的集成等。CAD技术的主要功能是进行产品的设计造型，为其他功能系统提供共享的产品数据模型，成为CIMS或其他制造系统的基础和关键。

CAD技术与其他CAX系统的集成，涉及产品的造型建模技术、工程数据的管理技术及数据交换接口等技术。CAD技术的集成体现在：CAD与CAE的集成，CAD与CAPP、CAM的集成，CAD与PDM的集成，CAD与ERP等软件模块的集成，CAD与这些系统模块的集成为企业提供了产品生产制造一体化解决方案，推动企业信息化进程。将CAD技术的算法、功能模块以至整个系统，以专用芯片的形式加以固化，一方面可提高CAD系统的运行效率，另一方面可供其他系统直接调用；CAD在网络计算环境下实现异地、异构系统的企业间集成，如全球化设计、虚拟设计、虚拟制造以及虚拟企业就是该集成层次的具体体现。

（5）工程分析技术　为获得改善模型的信息和依据，在设计过程中要对设计的方案和模型进行分析评价，即工程分析，它是改进产品、提高设计水平和质量的重要手段。工程分析技术可以针对某个零件，也可以针对计算某个零件或者一组零件，甚至可以针对整机产品。在CAD作业的过程中，分析计算的内容很多，但可以归纳为三个方面，即力学分析计算、设计方案的分析评价及几何形体特性的分析计算。

1）力学分析计算　力学分析计算是产品设计的基本内容，一般包括对零部件乃至整机的强度、刚度、磨损、振动、发热及热变形等的分析计算。

2）设计方案的分析评价　指从专业设计理论与方法学出发，对各种方案的技术指标进行综合分析评价，如优化设计、可靠性设计或模拟仿真等。

3）几何形体特性的分析计算　一般包括对产品的特殊曲线、曲面和形体的造型与分析，以及机构的运动分析和干涉检验等。

工程上进行分析计算的方法很多，但大体上可分为解析法和数值法两大类。解析法是一种传统的计算方法，是应用数学分析工具，求解少量未知数的简单数学模型，如机械零件的常规设计计算，但对于复杂问题很难求解。数值法有两类：一类是在解析法的基础上进行近似值计算，如对连续体力学问题建立基本微分方程，再对微分方程进行近似的数值求解，这类方法一般有迭代法、数值积分法和有限元法等；另一类是在力学模型的基础上，将连续体简化为由有限个单元组成的离散化模型，然后再对离散化模型求出数值，进行解答。常用的是有限元法和边界元法。数值法工作量大，但借助于计算机的强大计算功能，将计算过程编制成计算程序，使许多过去无法求解的难题得到了解决，并取得了满意的计算结果。

4.1.5　逆向设计技术

逆向设计又称为逆向工程或者反求工程（reverse engineering），最常用的是进行样品的几何形状方面的反求。狭义的逆向工程指用计算机辅助的测量手段对样件和模型进行测量，根据测量信息采用三维几何建模方法将其转化为计算机模型的过程。逆向工程是近年来为消化并提高引进高新技术而发展起来的一项综合性技术；它以已有的产品或技术为对象，用现代化的手段和理论，解剖并掌握所研究对象的关键技术；在充分研究对象的基础上实现再创造，开发新产品，实行“样品—反求—再创造设计—产品”的新产品设计开发过程。

日本为在制造业方面赶超英、美强国，曾提出“一代引进，二代国产，三代进出口，四代占领国际市场”的计划，并对机床、电子、汽车、光学设备和家电等行业进行优惠扶持，确立了对别国先进产品和技术进行引进、消化、吸收和再创造的发展思路，事实证明了其正确性，实际是反求工程的成功例证。

我国在建国初期，曾在引进国外先进样机的基础上，实行过引进、消化、吸收的政策，仿制和开发了一批机械产品，在我国机械工业的发展中起过很大的作用，类似于现在的反求工程。与现在借助计算机技术不同，当时的技术手段落后，没有先进的测量设备，主要依靠手工测绘和试验，不仅效率低，而且精确度差，仿制的产品质量不高，也很难有创新和技术突破，性能和质量也比样机差。现在的反求工程，在精确的测量设备支持下，依靠计算机技术，提高了开发新产品的质量和效率，使得逆向设计能够大规模的应用，大大提高了开发新产品的效率。有关文献显示，各国 70%以上的技术来源于国外。反求工程作为快速开发和仿制技术，可以缩短新产品研制周期的 40%以上，是提高新产品开发能力的有效手段。

反求工程可分成零件反求、部件反求或整机反求，其难度在逐渐增加，所需技术和系统性也在增加。零件反求实质上是零件复制。对于结构复杂和要求精确的关键零件，如果复制不精确，将直接影响所开发机器的性能。对拟复制零件精确测量的精度直接决定了逆向生成零件 CAD 模型的准确性，因此测量工作是反求工程的关键。在反求工程中，采用的测量方法可归纳为两类：一类为采用三坐标测量机的接触式测量，另一类是采用激光测量或机器视觉系统进行图像扫描的光学非接触式测量。

整机反求要复杂得多，不仅要达到样机的全部性能和功能要求，而且必须掌握它的设计思想，并在此基础上开发出自己的产品，对发展趋势要有足够的前瞻，在某些方面要有所创新，以便于在反求的基础上继续自行开发新产品和避免专利纠纷。整机反求必须对产品的使用性能有深入的理解和把握，在产品最初设计时就能够确定产品的优势和目标客户，对产品设计功能、设计成本、技术含量及绿色化程度等方面考虑到位；分析产品的结构、可制造性及可维护性。对功能零部件的结构特点精确求解，关键零件采用先进而精确的反求手段和仪器，精确测定样件的形体和相关精度（尺寸、形状和相互位置精度），并分析它们的作用，争取使反求设计的产品达到样机的质量要求；在产品的可制造性方面，尤其是工艺方面，不能像外形一样直接拷贝，必须对关键部件的制造工艺进行分析，通过试验优化确定其工艺步骤，优化选用合适的材料，测定材料的物理性能、化学成分，分析其热处理和表面处理方法及工艺方法。

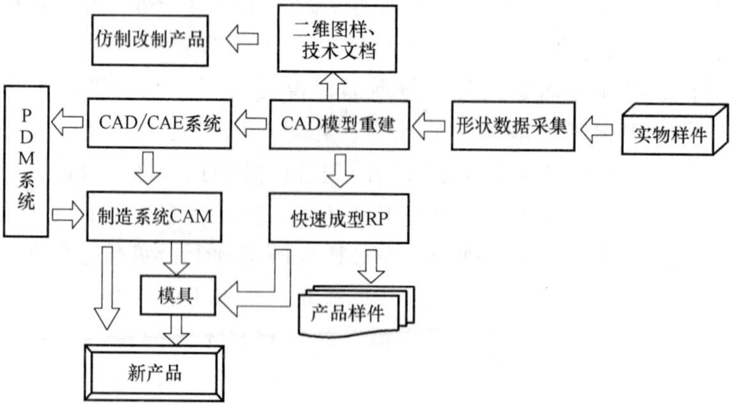

图 4-5　逆向工程的具体流程

逆向工程的具体流程如图 4-5 所示。归纳起来可以分为分析阶段、再设计阶段和重新制造阶段。分析阶段需要进行对反求对象的功能原理、结构形状、材料性能及加工工艺等方面有一个全面深入的了解，明确其关键功能和关键技术，对设计特点和不足之处做出评估，也就是对实物样件进行形状数据采集以及二维图样、技术文档的编制等，为下一步再设计阶段积累数据。该阶段对反求工程能否顺利进行和成功与否至关重要。再设计阶段包括对产品样件或模型的测量规划、CAD 模型的重构、改进设计及仿制等，具体指根据实物模型确定产品的几何元素间的拓扑关系，进行精确的测量，进而获取产品样件或模型的几何型面原始数据，以及进行必要的修正和处理；然后按照修正后的测量数据以及反求对象的几何元素拓扑关系，利用 CAD 系统，重构反求对象的几何模型。在有必要的情况下，对产品模型进行再设计，根据实际需要在结构和功能等方面进行必要的创新和改进。

在重新制造阶段，应结合先进的工艺技术进行制造工艺的改进，争取提高关键零部件的制造精度和效率，使产品的整体性价比更高；同时应把产品的制造工艺同后期设计阶段相结合，必要时进行再设计和修改调整。整个反求过程是一种并行的互动，而不是依循某一固定路线对产品的仿制。采用快速成形 RP 技术和 CAD/CAM 技术可以大幅提高产品的再制造进度，使产品的开发周期大大缩短，快速对产品的设计进行修改。

4.2　计算机集成制造技术

随着社会的发展，人们对产品创新性的要求越来越高。能否快速、高效地开发出成本可控、技术含量更高的新产品，决定了企业的核心竞争力，计算机技术的发展正迎合了这种需求。各种计算机辅助自动化技术在产品设计、制造及管理领域中不断的、广泛的应用，出现了如计算机辅助设计与制造（CAD/CAM）、计算机辅助工艺（CAPP）、计算机辅助生产管理（computer aided production management，CAPM）、计算机辅助质量管理（computer aided quality system，CAQ）和柔性制造系统（flexible manufacturing system，FMS）等。这些技术都是生产部门按照各自的需求逐渐开发出来的，从本部门角度提高产品效益的方法，存在信息和数据之间不能共享、数据不一致及功能关系不能紧密配合等问题，导致整体无法协调，人们称之为“自动化孤岛”。为消除这种情况，应把孤立的应用通过计算机网络和系统集成技术连接成一个整体，才能消除企业内部信息和数据的矛盾和冗余。

计算机集成制造系统（CIMS）应运而生，即在自动化技术、信息技术和制造技术的基础上，通过计算机及其软件，将制造工厂全部生产活动所需的各种分散的自动化系统有机地集成起来，特别适用于小批量、多品种、柔性生产的高效高智能化的集成制造系统。欧美等发达国家将 CIMS 技术列入其高技术研究发展战略计划，给予重点支持。我国对 CIMS 技术也展开了多项研究，并已在深度和广度上拓宽了传统 CIMS 的内涵，形成了具有中国特色的 CIMS 理论体系，并提出了现代集成制造系统 CIMS 的概念。

4.2.1　计算机集成制造系统的概念和基本要素

计算机集成制造最早提出了两个重要观点，一个是强调企业的各个生产环节是一个不可分割的整体，需要统一考虑，注重企业的功能集成。另一个认为整个企业生产制造过程实质上是对信息的采集、传递和加工处理的过程，最终形成的产品可看作是信息的物质表现，强调企业的信息化，并将其进行综合。这一观点提出以后，已被越来越多的人所接受，CIM 概念得到不断地丰富和发展。CIMS 是一种组织、管理企业生产的新哲理，它借助计算机软硬件，综合应用现代管理技术、制造技术、信息技术、自动化技术和系统技术，将企业生产全部过程中有关人、技术、经营管理三要素及其信息流与物质流有机地集成并优化运行，以实现产品的高质量、低成本和短交货期，提高企业对市场变化的应变能力和综合竞争能力。

CIMS 是一种新型的制造模式，它以传统的制造技术为支撑，将现代信息技术、管理技术、自动化技术及系统工程技术等先进技术有机结合，整合了从产品的创意策划、设计制造、库存销售到售后服务全过程中所有的人、财、物，以及经营管理、生产技术等要素，使制造系统中的各种活动、信息有机集成并优化运行，最终达到在保证质量的前提下低成本、快速开发的目标，从而提高企业的创新设计能力和市场竞争力。

CIMS 是一个大型复杂的计算机集成制造系统，包括人、技术和管理三要素，其中，人包括组织机构及其成员；技术包括信息技术和基础结构，即设备、通信系统及运输系统等使用的各种技术；管理包括组织机构模式以及生产经营过程的组织管理。其中技术要素作为经营管理的支撑，供人员进行统一协调管理工作，实现人、财、物的最佳资源配置和优化运行。CIMS 注重发挥人的作用，侧重于以人为中心的适度自动化，并不过分强调物流自动化，而是强调人、技术和管理三者的有机集成。

4.2.2 计算机集成制造系统的功能组成

CIMS 是针对机械制造业提出的，以计算机网络技术、数据库技术为支撑，实现了四个功能系统，即制造自动化系统、质量控制系统、管理信息系统和工程设计自动化系统；各系统之间通过计算机系统实现信息流的交换与集成。

计算机网络技术是信息集成的关键技术之一，可以实现 CIMS 的四个功能系统间的信息在计算机网络上的传递、转换和共享。目前，常用的网络标准是 ISO 制定的开放系统互联（OSI）参考模型。为实现异构环境下的信息集成，所需要解决的主要问题之一就是不同通信协议的共存及向 ISO/OSI 的过渡。OSI 标准是规定信息处理系统互联、通信和协调动作的一系列标准的统称。OSI 体系结构有七层，从最低开始分别为：物理层、数据链路层、网络层、运输层、会话层、表示层和应用层。

数据库系统是又一支撑系统，CIMS 的系统信息都要在统一格式的数据库系统中进行存储和调用，以满足系统间信息的交换和共享。CIMS 中的信息按企业经营活动的对象类型可分为：资源信息、产品信息、生产计划信息、工艺信息及组织管理信息等。CIMS 数据库系统通常是采用集中与分布相结合的三层体系结构，以保证数据的安全性、一致性和易维护性等。这三层体系分为主数据管理系统、分布数据管理系统和数据控制系统。

计算机集成制造系统具体是由计算机辅助设计（CAD）、计算机辅助制造

(CAM)、计算机辅助工艺规划（CAPP）、计算机辅助质量控制（CAQ）系统、管理信息系统（MIS）、制造资源计划系统、企业资源计划系统（ERP）及工程设计自动化系统、制造自动化系统组成。

(1) CAD　包括产品结构的设计、定型产品的变型设计及模块化结构的产品设计。软件有计算机绘图、有限元分析、计算机造型、优化设计、动态分析与仿真等。

(2) CAM　通常可用于进行刀具路径的规划、刀位文件的生成、刀具轨迹仿真以及 NC 代码的生成等。

(3) CAPP　可用于进行毛坯设计、加工方法选择、工序设计、工艺路线制订和工时定额计算等，其中工序设计又包含装夹设备选择或设计、加工余量分配、切削用量选择，以及机床、刀具和夹具的选择、必要的工序图生成、工艺文件生成等功能。CAPP 是从产品设计到制造的转换过程，是 CAD/CAM 集成的关键环节；同时它也是 CIMS 中设计信息与物料信息的“交汇点”，它与生产计划、车间控制有着紧密联系，是工程设计自动化系统与其他系统交换信息的主要信息源和信息处理核心。相对于商品化、通用化程度较高的 CAD 和 CAM 而言，目前尚缺少适应面广的通用型 CAPP 软件，还有待进一步研究和开发。

随着人们对产品的要求不断提高，市场竞争也日益激烈，企业的一切活动都开始转到以用户要求为核心的四项指标 TQCS 的竞争上。其中 T 是 time，指缩短产品制造周期，使新产品提前上市，提早交货；Q 是 quality，指提高产品质量；C 是 cost，指降低产品成本；S 是 Service，指提供良好的咨询和售后服务。

(4) CAQ 系统　又称为集成质量系统，主要为企业提供先进的、高效的手段和有力的支持工具，它使企业能更有效地实现全面质量管理。CAQ 系统除了具有直接实施检测的功能外，它的重要任务是采集、存储和处理企业的质量数据，并以此为基础进行质量分析、评价、控制、规划和决策。

CAQ 系统的功能包括以下几点：

1) 质量计划制订。包括生成零件的检测规程和规范、生成检测器具需求计划、制订进货检测计划及生成检测程序等。

2) 质量检测。包括质量数据的采集和存储，检验器具的定期鉴定。

3) 质量评价与控制。包括外购和外协质量评价、加工工序质量评价与控制、产品设计质量评价、零件加工过程质量跟踪、各类不良品的处理信息管理，以及从装配到试验、装箱过程中的质量评价。

4) 质量综合信息管理。包括使用过程中产品质量分析、质量成本分析、企业质量综合指标统计与分析、质量报表生成及质量综合查询、质量文档管理及质量检验人员档案等。

(5) MIS　MIS 的功能是多方面的，一般有生产预测、销售管理、物资供应、主生产计划、财务管理、成本核算、库存管理、人事管理、设备管理、经营与生产规划、物料需求计划、能力需求计划、技术和生产数据管理等。

（6）制造资源计划系统　它是以物料需求计划，（material requirement planning，MRP）为核心，对生产、物料、销售、财务、会计和成本等方面实行优化管理的计划，即对资金、设备、人力和时间等资源进行估计和预测的管理计划。物料需求计划则是根据主生产计划、产品物料清单、库存清单、采购清单及未交付订单等资料，计算出的物料需求量与组件生产进度表联系起来的优化技术。制造资源计划系统可使计划做到即不出现短缺、又不造成库存积压，从而解决物料需求与供给的矛盾。

（7）工程设计自动化系统　它覆盖了产品设计的全过程，包括产品的概念设计、工程与结构分析、详细设计、工艺设计与数控编程等。通常分为 CAD/CAPP 和 CAM 三部分，形成一个集成系统。

（8）制造自动化系统　它是在计算机的控制与调度下，按照 NC 代码将毛坯加工成合格的零件，装配成部件及产品，完成生产管理指定的任务，并将制造现场的不同信息实时地或经过初步处理后反馈到相应部门，它涉及加工制造的许多环节。制造自动化系统的目标是实现多品种、中小批量产品制造的柔性自动化，产品的制造过程应包括加工、装配、检验等各生产阶段；实现优质、低成本、短周期及高效率生产，提高企业的市场竞争能力；为作业人员创造舒适而安全的劳动环境。

制造自动化系统包括：

1）车间、单元、工作站的作业调度与监控。

2）刀具、夹具、模具、加工设备、仓库、物料传递工具、清洗工具及测量设备等的管理与控制。

3）物流系统的调度与监控等。

4）质量控制系统

4.2.3　计算机集成制造系统的关键技术及应用

CIMS 的关键技术主要包括系统集成和单元技术。

1. 系统集成

CIMS 要解决的问题是集成，包括各系统之间的集成、系统内部的集成、硬件资源的集成、软件资源的集成、设备与设备之间的集成及人与设备的集成等。在解决这些集成问题时，需要进行必要的技术开发，并充分利用现有的成熟技术，充分考虑系统的开放性与先进性的结合。

2. 单元技术

CIMS 中涉及的单元技术很多，而且解决起来难度相当大。对于具体的企业，应结合实际情况，根据企业技术进步的需要进行分析，提出在该企业实施 CIMS

的具体单元技术难题及其解决方法。

从开始实施至今，CIMS 在我国的机械、电子、航空、轻工、纺织、石油、化工及冶金等主要制造行业中的 200 多家企业中得到应用，并都取得了明显的经济效益和社会效益，对行业和地区的制造企业的信息化、现代化起到了重要的牵引和导向作用。例如，成都飞机工业（集团）有限责任公司是首批运用 CIMS 的企业，并取得了较大的成果。运用 CAD/CAM 型 CIMS 后，麦道机头生产周期由 12 个月缩短至 6 个月；军机批生产周期由 24 个月缩短至 18 个月；复杂结构件的设计制造效率提高了 6 倍以上；一般构件生产率提高数倍；库存减少 10%；获得 1 亿多美元的波音 757 尾段订单。再如，沈阳鼓风机（集团）有限公司是单件、小批量的大型汽轮机的生产厂家，也属于离散型企业。该企业实施 CIMS 后，产品交货期由 18 个月缩短至 10~11 个月；报价周期由六周缩短至两周；设计、生产能力由 29 台/年增至 54 台/年；产值增加 119%；质量成本下降 79.7%。唐山钢铁股份有限公司高速线材厂是较为典型的混合型企业，该厂运用的是计划调度型 CIMS。项目总投入 350 万元，每年为企业创造直接经济效益 1116.8 万元。其中，轧机作业率提高 4%，增加利润 142 万元；吨钢轧制费用降低 5 元，每年降低成本 450 万元；压缩库存量可节约 134 万元；成材率提高 0.5%，增加利润 90 万元。而其 CIMS 系统也达到国际先进水平。

4.3　数控技术

数控技术（numerical control，NC）指采用计算机技术对产品加工过程进行数字化信息处理与控制，从而实现生产自动化、提高综合效益的一门技术。它是根据设计和工艺要求，利用计算机进行拟加工产品的建模、存储、修改并将其转化为其他伺服设备能够识别的信号，从而实现对设备的控制，最终实现产品的数字化控制加工。数控技术是机械、电子、自动控制、计算机和检测技术深度融合、综合应用的机电一体化高新技术，是实现制造过程自动化的基础和自动化柔性系统的核心，是现代集成制造系统的重要组成部分。数控技术把机械装备的功能、效率、可靠性和产品质量提高到一个新水平，使传统的制造业发生了极其深刻的变化，而且随着数控技术的进一步深化和发展，数控加工必将成为未来加工方法的主流。

4.3.1　数控技术的发展概况

数控技术最早是从改进机床控制发展起来的，世界上最早的数控机床是将电子管接入机床的伺服系统作为机床控制器，利用其布线逻辑实现数控功能；随着计算机技术的发展，控制功能的增强，从而形成了计算机数字控制（CNC）。最初利用纸带作为数控程序的载体，严重影响了 CNC 的充分利用。为减少单台数控机床程序编制和制备纸带的工作量以及工人数量，20 世纪 60 年代，开始用一台中央计算机来控制多台 CNC 机床。在中央计算机中存储多个机床加工的零件数控程序，并负责 NC 程序的管理和传送，形成了直接式数字控制（direct numerical control，DNC），也称“群控”。这样不但避免了计算机数控系统中使用的纸带，而且可以缩短数控系统的设置时间，显著减少机床的准备时间，提高机床的利用率。但由于受当时 NC 控制器水平制约，直接式数字控制主要用于 NC 加工程序传送，其最大的缺点是必须依赖于中央计算机，一旦中央计算机出现问题，所有的机床就不能正常工作了。

20 世纪 70 年代，随着 CNC 技术的不断发展，数控系统的存储量已扩大到能存储整个零件程序，中央计算机的控制信息不再以实时方式送出，同时控制器的计算速度也大为提高。DNC 接口已多采用串行通信技术，通过 DNC 系统前端处理器可一次性输入零件全部加工程序，出现了采用多级计算机递阶控制结构模式。DNC 的含义也由简单的直接式数字控制发展为分布式数字控制（distributed numerical control，DNC）系统。分布式数字控制克服了直接式数字控制的缺点，由一台或多台计算机利用计算机网络向分布在不同地点的多台数控机床实施综合数字控制，传送数控程序，数控程序可以保存在数控机床的存储器中并能独立工作，这样就使机床工作可以不依赖于中央计算机；分布式数字控制还具有收集系统信息、监视系统状态和远程控制等功能。

20 世纪 80 年代，借助于柔性制造技术和计算机集成制造技术发展的推动，产生了更先进的 DNC 系统，不仅允许传送零件 NC 程序，还能在线传送 NC 设备控制命令或获取设备运行状态信息，成为发展柔性制造系统的关键使能技术。此时的 DNC 系统所集成的不仅限于数控机床，许多在柔性制造系统中才有的功能特征，如作业调度、工件刀具管理也被纳入此系统，甚至还集成了计算机辅助工艺规划（CAPP）等应用系统。一些 FMS 和计算机集成制造系统（CIMS）实际上是基于这种发展了的 DNC 系统结构基础建成的。

20 世纪 90 年代初，不少 CNC 系统制造商已将用于传送 NC 程序的 DNC 接口作为标准配置功能，并出现了通过制造自动化协议（AMP）或因特网直接联网运行的 CNC 系统。但那时的 CNC 系统并不是开放型的，同时由于其技术复杂性和高价位使得它并没有按预期的那样得到广泛应用。20 世纪 90 年代中期，随着网络技术在制造业的快速普及和广泛应用，CNC 机床不仅作为独立运行的加工设备，而且在计算机、网络和通信技术支持下可以实现网络化数控制造系统，如图 4-6 所示。

今天，分布式数字控制系统对推动工厂实现集成数字化制造技术的发展仍起着极为重要的作用。网络化 CNC 是 DNC 技术又一次创新性发展和进步，已成为

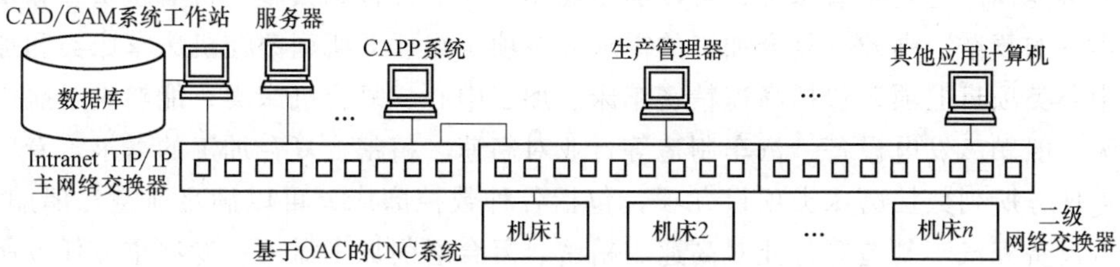

图 4-6　网络化数控制造系统

制造企业实现产品数字化设计/制造、虚拟制造、可重配制造系统及智能制造系统等的关键使能技术之一。

综上所述，数控技术从诞生至今，前后经历了以下发展阶段，即电子管数控、晶体管数控、中小规模 IC 数控、小型计算机数控、微处理器数控及网络化控制。目前数控系统的发展进入了一个良性的发展模式，即主板以超大集成电路板为主，处理器以单片机或 PLC 为主，控制核心单元以 PC 机专业软件系统为主的发展模式。我国从 1958 年起，由一批科研院所、高等学校和少数机床厂开始进行数控系统的研制和开发，但当时收效甚微。改革开放以后，我国数控技术逐步取得实质性的发展，通过引进国外先进技术，消化吸收和科技攻关，使得我国的数控技术有了质的飞跃，数控制造业进入了高速发展的阶段，许多机床厂从传统产品实现向数控化产品的转型，但总的来说，技术水平不高，质量尚不佳。“九五”以后，国家从扩大内需着手，启动机床市场，加强限制进口数控设备的审批，投资重点支持关键数控系统、设备、技术攻关，对数控设备生产起到了很大的促进作用。目前，我国高档数控系统市场的 95%仍被国外公司占据，如日本的法那科，德国的西门子等，国产数控机床系统也出现了多家，如武汉华中数控、广州数控、北京凯恩帝数控、北京航天数控及成都广泰数控等，但在数控系统加工能力、稳定性和可靠性等方面与世界数控系统巨头之间还存在巨大差距，不能满足高端制造水平的需要。

“十二五”期间，我国机床产量由 2010 年的 22.4 万台增加到 2015 年的 23.5 万台，但我国在高端数控机床控制系统方面 95%以上仍依赖进口，针对这种情况，“十二五”期间的“高档数控机床和基础制造装备”国家科技重大专项主要瞄准的是航空航天、船舶、汽车和发电设备四大行业，呈现三大特点：①行业发展迅速，汽车、船舶、发电设备产量上升很快，航空工业加工任务很重；②行业发展前景好，企业普遍加大技改投入；③需要大批高档数控机床进行装配。这些特点表明，当前是我国高档数控机床发展的难得机遇，数控机床重大专项的启动正当其时。

专项重点任务所列重型数控金属切削机床七项，包括重型立卧车床、龙门铣床、落地镗床、轧辊磨床类，可以满足船舶、发电设备和大型飞机对超重型和重型零件的复杂、高效、复合加工的需求。专项重点任务所列数控机床车床类和加工中心类项目七项，包括高速精密车床、加工中心、复合机床类，能够满足航空航天、船舶、发电设备、汽车制造等行业对高速、精密、复合加工的需求。专项重点任务所列数控磨床类项目九项，包括各种数控磨床，可以满足航空、船舶、发电设备和汽车制造等行业对高速、精密、复合磨削加工需求。专项重点任务所列齿轮加工项目两项，其中大型滚齿机和磨齿机可以满足大型矿山设备、大型船用变速箱和风电设备等大型、精密齿轮加工要求。专项重点任务所列电加工机床项目两项，包括数控线切割和成形机床，能够满足航空、模具、家电等行业对特殊加工的需求。专项重点任务所列大型数控成形设备项目 11 项，能够满足汽车、船舶、发电及家电等行业对金属成形加工的需求。

参与机床重大专项调研的专家们认为，随着四大行业的发展，除专项所列重点任务项目外，还需要一大批不同种类、不同规格的数控机床和专用机床，如大飞机制造所需的各种数控专用设备、大型汽轮机和发电机转子加工所需的数控叶根槽铣床和数控转子槽铣床、风电设备加工所需的数控成形铣齿机和数控成形磨齿机、大型核电压力容器加工所需的超重型深空钻床”、汽车发动机关键件连杆加工所需的涨断机床，以及高效、自动化的柔性生产线等，建议专项的实施推行滚动计划，适时补充四大行业急需的数控重大装备项目。

对比“十二五”规划，“十三五”规划在高端装备方面的重视更为突出，多次强调高端装备的提升和发展，对高端装置的上下游和未来发展做出了详细规划。例如，要求高端装备竞争力增强，行业基础有所改善，并且在关键基础材料、基础工艺、核心基础零部件方面取得较大突破，为高端装备进行配套，大力发展高端装备产品，推动和扩大高端装备出口。主攻基础零部件的精度和可靠性，一方面要继续推进重大技术装备的研制和突破，另一方面更为重要的是对已取得突破的重大技术装备进行“千锤百炼”，从“能做”到“做精、做好”转变，进一步提高重大技术装备的各项经济技术指标，在国际市场竞争中脱颖而出。

4.3.2 数控机床的原理及优势

数控技术是现代数控系统综合运用了计算机、自动控制、电气传动、精密测量和机械制造等多门技术发展而来的，它是自动化机械系统、机器人、柔性制造系统（FMS）和计算机集成制造系统（CIMS）等高技术的基础。

1. CNC 系统的组成

现代数控系统，即 CNC 系统，主要是靠存储程序来实现各种机床的不同控制要求。由图 4-7 可知，整个数控系统是由程序、输入设备、输出设备、计算机数控（CNC）装置、可编程控制单元、主轴控制单元和速度控制单元等部分组成，习惯上简称为 CNC 系统。CNC 系统能自动阅读输入载体上事先给定的数字值并将其译码，从而驱使机床动作并加工出符合要求的零件。

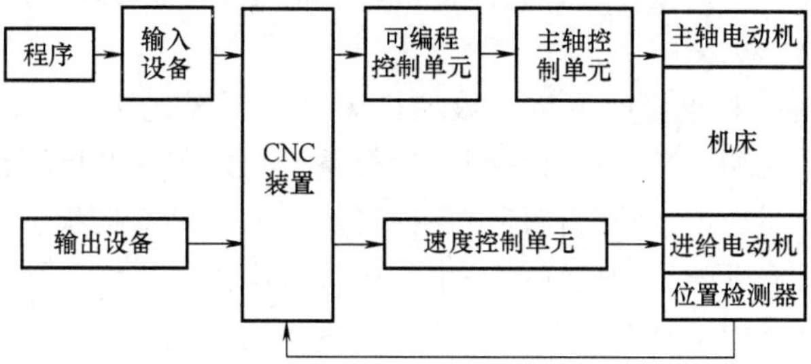

图 4-7　CNC 系统的组成框图

2. CNC 装置的工作原理

CNC 系统的核心是 CNC 装置。CNC 装置实质上是一种专用计算机，它除了具有一般计算机的结构外，还有与数控机床功能有关的功能模块结构和接口单元。CNC 装置由硬件和软件两大部分组成。CNC 装置的工作过程是在硬件的支持下，执行软件的过程。CNC 装置的工作原理是通过输入设备输入机床加工所需的各种数据信息，经过译码、计算机的处理和运算，将每个坐标轴的移动分量送到其相应的驱动电路，经过转换、放大，驱动伺服电动机，带动坐标轴运动；同时进行实时位置反馈控制，使每个坐标轴都能精确移动到指令所需求的位置。

对于连续切削的 CNC 机床，不仅要求工作台准确定位，还必须控制刀具以相对于工件的给定速度，沿着指定的路径，进行切削运动，并保证切削过程中每一点的加工精度和表面粗糙度，这取决于 CNC 装置的插补功能，如当利用数控机床加工曲线时，用一小段折线逼近要加工的曲线。插补实质上是数控系统根据零件轮廓线型的有限信息，计算出刀具的一系列加工点、完成所谓的数据“密化”工作。数控系统中完成插补工作的装置称为插补器。硬件插补器由分立元件或集成电路组成，特点是运算速度快，但灵活性差，不易改变；软件插补器利用 CPU 通过软件编程实现，其特点是灵活易变，但插补速度受 CPU 速度和插补算法影响。现代数控系统大多采用软件插补和硬件插补相结合的方法。

数控机床种类很多，规格不一，根据用途、功能及结构等可以从五个方面进行分类，例如，按照工艺用途，可以分为金属切削类、金属成形类、特种加工类机床；按照伺服控制水平，可以分为开环控制、半闭环控制、闭环控制；按照机床运动控制方式，可以分为点位控制、直线控制、轮廓控制等；按照联动轴数，可以分为三轴、五轴、多轴等。

数控机床不仅在生产某个小批量，复杂零件方面具有技术优势，其主要优点体现在高产量、高精度和高效率的持续生产中，主要优点体现在以下几方面：

(1) 准备时间明显缩短　相比人工操作机床，数控机床加工零件的准备时间大大缩短，这得益于标准刀具、精确定位装置、自动换刀装置、模块化的夹具及其他辅助装置等，这使得数控机床的准备时间更短，从而使得整体加工时间明显缩短，加工效率更高。

(2) 加工精度和重复性更高　数控机床具有明显优于人工操作机床的精度和可靠性，其重复加工精度也有保证，这得益于数控程序经检验合格后会固化下来持续执行，只要加工系统其他环节保持稳定，如刀具磨损状态以及机床运动精度等都处于合理范围内，则同样的一个程序可多次生产出一致性非常好的高精度零件，体现了数控加工具有高的可靠性和可重复性的优势。

(3) 复杂高精度零件加工　随着数控技术的发展，对于复杂外廓形状的零件可进行三维处理，生成三维刀具路径，而且多轴机床可实现零件的五面多工位同时加工，完成以前多个单型机床需要频繁更换才能完成的加工任务。这种复杂加工工艺可以通过程序固化下来，通过数控软件进行模拟、实时监控零件的加工进度，使得复杂高精度零件加工更加简便易行。

(4) 简化装夹和加工工艺　标准刀具和工夹量具解决了数控机床的附件问题。标准化的刀具易于更换并且可以批量化生产，这大大降低了附件的成本，提高了刀具的精度和产量；标准化的夹具和量具也可以使加工变得更加容易，高精度的机床定位系统也不需要手动机床的钻模、定位孔等辅助定位措施。数控加工程序的加工模拟也可以更方便地简化加工工艺，提高加工效率。

(5) 生产率大大提高　高位移速度、快速装夹系统、非常短的换刀时间、自动进料和卸料系统都使得数控机床的非加工劳动时间明显缩短；随着高速切削加工技术的发展，机床刚性和刀具强度、硬度的明显提升，硬切削和重切削加工技术的普遍应用，使得零件的加工效率明显提高，加工精度持续提高并保持稳定。对于重复性大批量零件加工，数控机床保持着高可靠性和加工效率。

4.3.3 数控机床的组成

数控机床主要由机床主体、伺服系统、数控装置和存储系统四部分组成。机床主体主要指机床的整体结构和执行部件，其运动和定位精度较普通机床高，对控制系统的响应时间短，另外还配有其他附属设施；伺服系统主要指数控系统的信号放大和控制部件，可以有效驱动执行部件进行精确运动，最终实现零件的自动加工；数控装置和存储系统主要进行数控程序的存储，修改和控制，数控装置可将程序读取转化为伺服系统能够识别的信号，对伺服系统进行驱动和控制，再由伺服系统控制机床中相关工作轴的运动。

1. 机床主体

数控机床主体也称主机，包括机床的主运动部件、进给运动部件、执行部件，以及基立柱、工作台（刀架）、导轨和滑鞍等。数控机床与普通机床不同，它的主运动和各个坐标轴的进给运动都是由单独的伺服电动机驱动，所以它的传动链短、结构比较简单。为了保证数控机床的快速响应特性，在数控机床上还普遍采用精密滚珠丝杠副和直线滚动导轨副。目前先进的数控机床已采用直线电动机作为驱动部件，直线电动机具有结构简便、适应性强、更快的响应速度，以及更高的速度和加速度等特性，可达到 80m/min 的运动速度，大大提高了机床的动态特性，减少了非工作时间，提高了加工效率。在加工中心上还配有刀库和自动换刀装置，为适应各种加工任务，多功能的加工中心配有多达几十个的动力刀位以及几百把刀具。例如，德玛吉森精机机床有限公司生产的 SPRINT 65-3T 多轴机床，具有多达 36 个动力刀位，专门研发的智能轮式刀库具有 453 个刀位，并且屑-屑的换刀时间仅 2.5s；同时还有一些其他配套设施，如冷却、自动排屑、自动润滑、防护和对刀仪等，以利于充分发挥数控机床的功能。此外，为了保证数控机床的高精度、高效率和高自动化加工，数控机床的其他机械结构也产生了很大的变化。

2. 伺服系统

伺服系统由伺服驱动电动机和伺服驱动装置组成，是数控系统的执行部件，用来精确地进行某个过程的反馈控制系统。它的基本作用是接收数控装置发送的脉冲指令信号，按控制命令的要求对功率进行放大、变换与调控等处理，控制机床执行部件的进给速度、状态、方向和位移量，以完成零件的自动加工。在很多情况下，伺服系统专指被控制量，即系统的输出量，是机械位移或位移速度、加速度的反馈控制系统，其作用是使输出的机械位移或转角准确地跟踪输入的位移，其结构组成和其他形式的反馈控制系统没有原则上的区别。数控机床一般要求伺服系统具有快速响应性能、高的伺服精度以及高可靠性。

3. 数控装置和存储系统

数控装置是控制机床运动的中枢系统，它的基本任务是接收程序介质带来的信息，按照规定的控制算法进行差补运算，把它们转换为伺服系统能够接收的指令信号，然后将结果由输出装置送到各坐标控制的伺服系统。存储系统用于记载机床加工零件的全部信息，如零件加工的工艺过程、工艺参数、位移数据及切削速度等。常用的存储介质有磁带、磁盘等。也有一些数控机床采用操作面板上的按钮和键盘将加工程序直接输入，或通过串行接口将计算机上编写的加工程序输入到数控系统。在计算机辅助设计与计算机辅助制造（CAD/CAM）集成系统中，加工程序可不需要任何载体而直接输入到数控系统中直接存储。

4.3.4　数控编程技术

数控加工程序是按照标准编写的程序代码，经伺服系统接受识别后对数控机床进行控制，从而实现加工的信号指令。数控机床之所以能够自动进行加工，成为高效的自动化设备，主要得益于数控编程技术的发展。理想的加工程序不仅应保证加工出符合要求的合格产品，同时应能使数控机床的功能得到合理的利用和充分的发挥，尽可能提高加工效率，并应使机床能安全、可靠地高效工作。

数控编程指根据零件的加工工艺特征，合理选择刀具、切削参数、工艺参数，如主运动、进给运动的速度和切削深度等，以及辅助操作，如换刀，主轴的正、反转，切削液的开、关，刀具夹紧、松开等的加工信息，将被加工零件的加工顺序、刀具运动轨迹的尺寸数据等用规定的文字、数字及符号组成的代码，按一定格式编写成数控加工程序的全过程。数控编程的主要任务是计算加工走刀中的刀位点。刀位点一般取为刀具轴线与刀具表面的交点，多轴加工中还要给出刀轴矢量。

零件程序编制的主要步骤包括零件图样的工艺特征分析、加工工艺分解和处理、编制加工程序清单和程序的调试几个主要步骤。

1. 零件工艺特征分析

零件程序编制工作一般从分析零件图样入手，全面了解被加工零件的几何形状和尺寸、加工要求以及零件材料和热处理等技术要求，以便正确地对零件进行工艺处理。例如，零件主要特征，属回转类零件还是盘类、板类零件，或者属于复合加工类零件，然后进行下一步加工设备的选取以及加工工艺的处理。

2. 加工工艺处理

加工工艺的编制是在准确分析零件加工工艺特征，根据自身设备条件选择加工设备及数控操作系统的基础上进行的，不同的加工零件根据设备情况的不同，其具体加工工艺会有较大的差别。例如，综合加工能力较强的数控机床可以实现车、铣、钻、镗、磨、滚齿等复合加工，可以实现复杂零件的一次装夹完整加工，其工艺路线的编制则相对复杂，而一般数控机床则加工能力受限，需要多台协作才能完成。

确定总体加工方案，包括选择适合的数控机床，选择或设计夹具及工件装夹方法，合理选择刀具及切削用量等，这些内容与普通机床的零件加工工艺设计内容基本相似。进行数控加工编程时，要正确选择工件坐标原点，确定机床换刀点，进行刀具库的调换，选择合理的走刀路线，考虑装夹方式及工具等。正确选择工件坐标原点，也就是建立工件坐标系，确定工件坐标系与机床坐标系的相对尺寸，便于刀具轨迹和有关几何尺寸的计算，并且也要考虑零件形位公差的要求，避免产生累积误差等。

确定机床的对刀点或换刀点。机床的对刀点或换刀点是数控加工程序中刀具的起点，要便于对刀点检测与刀具轨迹的计算，要考虑换刀时避免刀具与工件及有关部件产生干涉、碰撞，同时又要尽量减少起点或换刀时的空行程距离。

进行刀具库的调换和准备。要根据零件的工艺特征，决定刀具的种类和规格型号，如铣刀、钻头材质及直径大小的选择，是否需要丝锥、中心钻、面铣刀等刀具，并根据刀具库的容量合理放置，以备后续使用。具体到每一个零件，所需刀具肯定有所区别，刀具的合理规划和调换要尽量做到刀具库中的刀具能够完成本次加工。

走刀路线的合理规划。所谓走刀路线就是整个加工过程中刀具相对工件的具体运动轨迹，包括刀具快速接近与退出加工部位时的空行程轨迹和切削加工轨迹。即使是平面加工，也有很多不同的走刀路径可供选择，选择走刀路线的原则是：在保证加工零件的精度和表面粗糙度要求的前提下，应尽量缩短走刀路线，减少空行程，提高生产率。还应在加工时确定机床的相关辅助功能，如切削液的使用、压缩空气的开启及加工中某些重要的中断，以保证阶段性检测等。

3. 编制加工程序清单

根据事先规划好的加工工艺路线，一般是采用 CAD/CAM 软件，利用走刀路线的计算数据和已确定的切削用量，根据 CNC 系统的加工指令代码和程序段格式，逐段编写出零件加工程序清单。某些数控系统，可以根据编程人员的大致设置，自动生成加工代码。由于 CNC 系统种类很多，每个系统有自己的标准格式和相关要求，编写具体的加工程序时，需要严格参照有关编程说明书进行，在细节方面各个系统会有偏差。

4. 程序的调试

目前，简单的数控程序可以在 MDI（手动录入数据）的方式下，利用数控面板的键盘输入到 CNC 系统的存储器中，在输入过程中，系统要进行一般的语法检验。程序应进行空运行检验或图形仿真检验，发现错误要进行修改。最后进行首件试切，在已加工零件被检测无误后，数控编程工作才算正式结束。数控程序也可在其他编程计算机上完成，通过串行接口，由编程计算机输入到 NC 系统，或通过软盘输入。这些编程步骤中的各项工作，主要由人工完成，这样的编程方式称为手工编程（manual programming）。

先进的数控机床操作系统，不仅可以根据绘制出的三维模型自动编制数控加工程序，而且具有模拟加工的能力，可以自动进行程序校验，出现干涉情况自动报警，省去了很多人工的检验。但在不复杂的零件加工时，如仅由直线、圆弧等几何元素构成的形状，这些零件的工艺处理和数学处理较为简单，程序段数不多，程序检验也容易实现，因而可采用手工编程方式完成编程工作。由于手工编制简单程序的难度较低，对于简单零件，仍然非常实用，而复杂零件则必须依靠强大的数控系统，进行一系列的建模、后处理、程序自检及试切检验等环节。

4.3.5 数控机床的关键技术

1. 高速电主轴技术

电主轴是内装式电动机主轴单元，它不需要传动装置，直接驱动机床主轴旋转，把机床主传动链的长度缩短为零，实现了机床的“零传动”和高效率，具有结构紧凑、可获得极高的回转速度、回转精度高、效率高、噪声低及振动小等优点，因而在现代数控机床中获得了越来越广泛的应用，尤其是高速切削机床，必须依靠高转速的电主轴才能满足要求。

（1）电主轴的结构及组成　如图 4-8 所示，电主轴由无外壳主轴电动机、主轴、轴承、主轴箱体、驱动模块和冷却装置等组成。

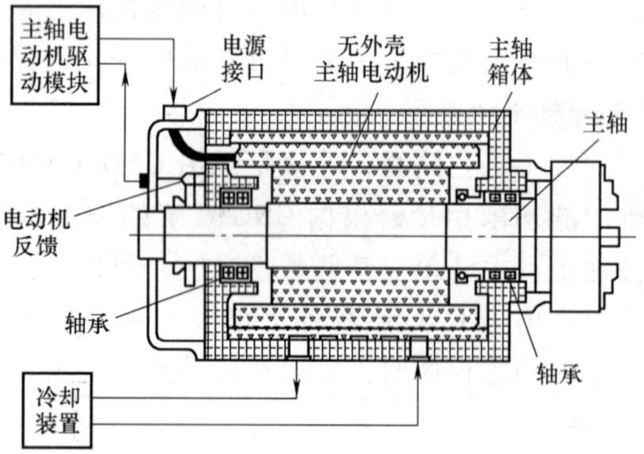

图 4-8　电主轴结构示意图

电主轴的定子通过冷却套安装于主轴的箱体中，转子则采用压配方法与主轴做成一体，主轴则由前后轴承支承。主轴的变速由主轴电动机驱动模块控制，而主轴单元内的温升由冷却装置控制，一般采取强制循环、油冷却的方式对电主轴的定子及主轴轴承进行冷却，即将经过冷却装置的冷却油强制性地在电主轴的定子外和主轴轴承外循环，带走主轴高速旋转产生的热量。为保证机床主轴的精度，减少主轴轴承的发热，还必须对主轴轴承进行合理的润滑。在主轴的后端装有测速、测角位移传感器，前端的内锥孔和端面用于安装刀具。电主轴的电动机均采用交流异步感应电动机，由于主轴转速很高，起动时瞬间加速度很大，从静止迅速升速至每分钟数万转乃至数十万转，起动转矩大，因而起动电流比普通电动机要大很多。其驱动方式多采用变频器驱动，驱动控制特性为恒转矩驱动，输出功率与转矩成正比。

（2）电主轴的轴承　电主轴的轴承一方面要保证主轴的承载，另一方面要保证高转速下的回转精度和可靠性，是决定主轴寿命和承载能力的关键部件，其性能对电主轴的使用功能极为重要。目前电主轴采用的轴承主要有陶瓷球轴承、流体静压轴承和磁悬浮轴承。

在高速精密轴承中，应用最多的是混合陶瓷球轴承，即使用热压 Si_3N_4 陶瓷球作为滚动体，轴承圈仍为钢圈。陶瓷滚珠质量小、硬度高、摩擦因数小、热胀系数小，可大幅度减小轴承离心力和内部载荷，减少磨损，从而延长轴承寿命。使用这种轴承对机床结构改动小，便于维护保养，特别适合于高速运行场合。与其组装的高速电主轴，具有高转速、大刚度、大功率和长寿命等优点。综上所述，陶瓷轴承具有金属轴承所无法比拟的优良性能，在航空航天、石油化工、机械冶金等行业，以及高温高压、易燃易爆、强腐蚀和干摩擦等特殊工况下得到了广泛的应用。

流体静压轴承为非直接接触式轴承，其工作原理是靠外部供油、在轴承内形成静压承载油膜以实现液体润滑的滑动轴承。液体静压轴承始终在液体润滑下工作，具有回转精度高、刚性高、磨损小、寿命长及振动小等优点，用于电主轴上，可延长刀具寿命、提高加工质量和加工效率。液体静压轴承有供油压力恒定系统和供油流量恒定系统，其中供油压力恒定系统较为常用。液体静压轴承一般在轴不受外力时，轴颈与轴承孔同心，各油腔的间隙、流量、压力均相等，这称为设计状态。当轴受外力时，轴颈发生位移，各油腔的平均间隙、流量和压力均发生变化，这时轴承外力与各油腔油膜力的向量和相平衡。其中，补偿元件的作用是自动调节油腔压力和补偿流量，其补偿性能会影响轴承的承载能力和油膜刚度等。供油压力恒定系统中的补偿元件称为节流器，常见的有毛细管节流器、小孔节流器、滑阀节流器和薄膜节流器等多种。由于轴的旋转，在轴承封油面上有液体动压力产生，有利于提高轴承的承载能力，这种现象称为动压效应。转速越高，动压效应也越显著。

磁悬浮轴承是利用磁力作用将转子悬浮于空中，使转子与定子之间没有机械接触。其原理是磁感应线与磁浮线垂直，轴心与磁浮线是平行的，依靠多对在圆周上互为 180°的磁极产生径向吸力（或斥力）而将主轴悬浮在空气中，使轴颈与轴承不接触，所以转子的重量就固定在运转的轨道上，径向间隙为 1mm 左右。当承受载荷后，主轴空间位置会产生微小变化，控制装置根据位置传感器检测出的主轴位置变化值改变相应磁极的吸力（或斥力）值，使主轴迅速恢复到原来的位置，从而保证主轴始终绕其惯性轴作高速回转。与传统的滚珠轴承、滑动轴承以及油膜轴承相比，磁悬浮轴承不存在机械接触，转子可以运行到很高的转速，具有机械磨损小、能耗低、噪声小、寿命长、无需润滑及无油污染等优点，特别适用于高速、真空及超净等特殊环境中。磁悬浮事实上只是一种辅助功能，并非是独立的轴承形式，具体应用还得配合其他的轴承形式，如磁悬浮+滚珠轴承、磁悬浮+含油轴承、磁悬浮+汽化轴承等。

（3）电主轴的冷却　由于电主轴的转速一般较高，且电动机集成于主轴单元中，运转时会产生大量热量，如不及时进行冷却，会导致电主轴温度升高，其热态特性和动态特性变差，从而影响电主轴的正常工作。因此，必须采取冷却措施控制电主轴的温度，使其恒定在一定值内。目前一般采取强制循环、油冷却的方式对电主轴的定子及主轴轴承进行冷却，即将经过冷却装置的冷却油强制性地在主轴定子外和主轴轴承外循环，带走主轴高速旋转产生的热量。另外，主轴轴承的发热也要引起重视，一般是采用对主轴轴承进行合理的润滑的方式避免轴承温升过高。

（4）电主轴的驱动方式　电主轴的电动机多采用交流异步感应电动机，由于用在高速加工机床上，其最高转速高达几十万转，起动时转速要从静止快速达到每分钟数万转乃至数十万转，起动转矩大，起动电流要超出普通电动机额定电流的 5~7 倍。其驱动方式有变频器驱动和矢量控制驱动器驱动两种，常采用变频器驱动的控制方式，变频器的驱动控制特性为恒转矩驱动，输出功率与转矩成正比。最新变频器采用先进的晶体管技术可实现主轴的无级变速。矢量控制驱动器的驱动控制为：低速端为恒转矩驱动，中、高速端为恒功率驱动。

2. 直接驱动技术

直接驱动就是将直接驱动旋转电动机（DDR）或直接驱动直线电动机（DDL）直接耦合或连接到从动负载上，从而实现与负载的刚性耦合。全新直接驱动技术使得电动机可直接连接被驱动负载，而无须像常规伺服电动机那样需要通过机械传动部件，直接驱动可以实现主轴或者进给轴及动力刀头的驱动，从而可为客户的机械传动系统带来零维护和清洁的机械组件、更高的精度、更高的可靠性，以及平稳安静的操作等诸多优势。

（1）直接驱动旋转电动机　直接驱动旋转电动机，有时也称为转矩电动机，可将负载直接连接到电动机上，能在相对较低的速度时产生较大的转矩。DDR 能够为客户带来的好处有：①DDR 可以减少零部件数量，缩短组装时间；②DDR可将精度提高 50 倍，具备更高的伺服性能和更大的带宽，不需要惯量“匹配”；③DDR 既不需要张紧和调节的皮带，也没有会发生泄漏并需要润滑的齿轮，所以几乎不需要维护；④DDR 不存在会断裂的机械传输部件；⑤运行噪声可降低高达 20dB。

（2）直接驱动直线电动机　直线电动机的工作原理：直线电动机是一种将电能直接转换成直线运动机械能，而不需要任何中间转换机构的传动装置。它可以看成是一台旋转电动机按径向剖开，并展成平面而成，图 4-9 所示为直线电动机的转变过程。

由定子演变而来的一侧称为初级，由转子演变而来的一侧称为次级。在实际应用时，将初级和次级制造成不同长度，以保证在所需行程范围内初级与次级之间的耦合保持不变。直线电动机可以是短初级长次级，也可以是长初级短次级。

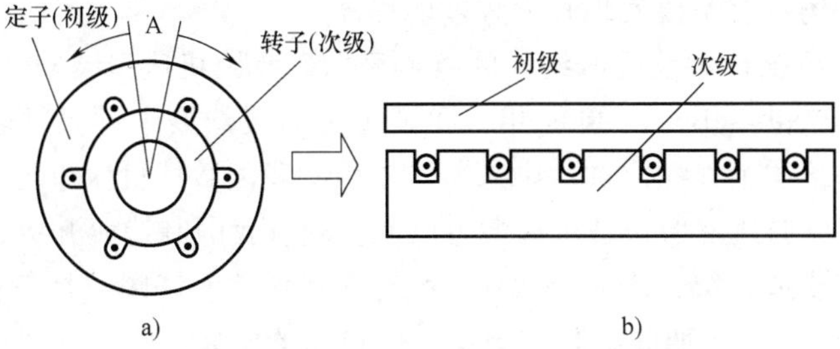

图 4-9　直线电动机的转变过程
a）沿径向剖开　b）把圆周展成直线

考虑到制造成本、运行费用，目前一般均采用短初级长次级。

直线电动机在机床进给伺服系统中的应用使其在世界机床行业得到重视，并掀起直线电动机热。高档数控机床为达到快速响应，尽量减少非生产时间，进给轴多采用直线电动机。与原来的旋转电动机驱动方式+滚珠丝杠副相比，直线电动机驱动具有如下优点：高速响应、高精度、动刚度高、速度快、加减速过程短、行程长度不受限制、运动安静、噪声低以及效率高等明显优点。

直接驱动技术是高速、高精数控机床的理想驱动模式，受到机床厂家的重视，技术发展迅速。近年来，国际上几十家公司展出了直线电动机驱动的高速机床，一些制造厂商已将机床运动加速度提高到 2～3g，快速移动速度提高到 150～240m/min。德玛吉森精机生产的 DMC 系列机床，快速移动速度为 100m/min，全部采用直线电动机驱动。MAZAK 公司将推出基于直线伺服系统的超声速加工中心，切削速度为 8 马赫（1 马赫≈340m/s），主轴最高转速 80000r/min，快速移动速度 500m/min，加速度 6g。这标志着，以直线伺服为代表的第二代高速机床，已克服了直线电机的发热、防护和成本高的缺点，逐步走向实用。

3. 数控系统

数控系统是数控机床的大脑和指挥中枢，先进的数控加工机床具有的加工能力很大程度上是数控系统赋予的，高档数控系统决定了机床的性能和功能，也影响着机床的可靠性和成本，数控系统的配置不同，对应的机床成本也不同。高档数控机床的软、硬件作为不同的配置进行购买，具有高级加工功能的软件甚至比标准配置的机床还要昂贵。国外对于高性能机床能够进行实时定位和远程控制，甚至可以遥控机床的开启和关闭，这对于机床的使用安全构成了挑战。由于国外对我国的高档数控机床，无论是硬件还是软件仍然施行封锁限制，针对这种情况，我国也出台了一系列政策，其中《装备制造业调整和振兴规划》明确提出，要提升数控系统等基础配套件的市场占有率，落实装备自主化的重要内容。国家科技重大专项《高档数控机床与基础制造装备》也提出，到 2020 年，国产高档数控机床的市场占有率要实现较大程度的提高。

根据数控系统行业发展所统计的数据显示，我国机床消费额从 2002 年起已经连续 8 年排名世界第一。2009 年，我国机床消费额大于世界排名第二位的日本和第三位的德国消费额之和。未来若干年内，我国数控机床市场需求量将继续以年均 10~15%的速度增长，市场潜力巨大。随着我国制造业升级，我国现有普通机床也亟需改造升级，因此，数控系统行业市场空间广阔，具备进一步发展的巨大潜力。“十二五”期间，随着国民经济快速的发展，汽车、船舶、工程机械及航天航空等行业将为我国机床行业提供巨大的需求，我国各类数控机床及数字化机械所需数控系统需求将达到 25 万台套以上（不包含进口机床所配套的数控系统），产品结构也逐渐向中、高档转化，其中高档数控系统所占比率将提升至 10%左右，中档数控系统所占比重提升至 50%左右。而根据国家科技重大专项之一《高档数控机床与基础制造装备》要求，到 2020 年，国产中、高档数控机床用的国产数控系统市场占有率达到 60%以上；国内中高端数控系统市场有 12 万台的替代空间，未来行业空间巨大。

数控系统尤其是具有多种功能的高端数控系统，依然是我国装备制造业的短板，迫切需要研发具有自主知识产权、能够经受住可靠性检验及功能完备的数控系统，只有持续投入、不断吸收创新，才能破除数控系统的国外垄断僵局，真正为我国制造提供强有力的支持。

4.3.6 数控技术的相关应用

数控技术是从机床方面发展而来的，但其应用却不仅限于数控机床装备，由于数控编程具有可模拟性、易于实现控制、便于检测调整，广泛应用于工业机器人、矿山机械和汽车等行业，在工业生产中发挥着重要作用。

1. 机床装备

数控技术首先在机床方面得到发展，也在数控机床装备上得到了最广泛的应用。数控机床在机械制造业中居于核心地位，面对更高端、更苛刻的加工要求，机械制造业迫切需要具备控制能力的数控机床设备，用来加工精密、复杂的机械零件，应用于航空航天、武器装备等方面，目前，以数控机床装备为支撑形成的先进制造业，其加工精度和制造能力是体现一个国家整体国力和制造水平的重要标志。以计算机技术为核心的数控技术为机械制造业提供了先进的控制能力，应用在机床装备行业形成的数控机床装备，是计算机软、硬件和机械相结合的产物，提高了机床装备的制造能力和控制水平，可以通过软件设置来控制主轴速度变化、选择刀具和起动冷却泵等多种繁杂的操作，并且可以模拟加工过程，实时反馈加工效果，当出现紧急情况时，可以做出有效的中断；实现网络化控制和实时监测加工，提高了制造业整体的加工精度和水平。

2. 工业机器人

其他工业机器设备，如工业机器人就是数控技术的典型应用。工业机器人广泛用于高温和环境恶劣等的高危环境下工作，可替代人的劳动，完成人不方便完成或者不能完成的工作，是目前热门的发展产业，有着巨大的发展潜力和应用前景。使用机器人代替人的劳动，可以充分保障人员安全。采用计算机编写其操作程序，实现了机器人的自动化控制，其工作的可靠性和实效性更强。而在实际作业中，它还能够凭借它自身的传感器检测系统进行同步检测，发现故障问题，能够发出预警提示，使操作人员及时发现问题，采取相应措施加以解决。

3. 矿山机械

数控技术在矿山机械中同样得到了广泛应用。以采煤机为例，其样式繁多，同时更新交替的时间也越来越短、生产数量也不多。采煤机的机械外壳多半是以焊件为主，用传统的机械技术进行下料，容易造成材料浪费严重，成本过高，而采用现代数控技术，可以方便地实现单件下料，具有效率高、成本低的技术优势。数控气割机可以采用数控操作把一些零件割出坡口，从而加快了工作进程，提高了工作效率，还能够精确地控制切缝的补偿值，从而精确掌控工件加工余量。

4. 汽车行业

随着社会的发展和人们生活水平的提高，对汽车的需求依然强劲，同时也要求汽车行业的生产更加自动化、批量化和高技术化，随之而来对汽车零部件的生产需求也就更加强烈。在这种形势下，以数控技术为支撑构建的汽车全自动生产流水线和零部件生产流水线，使汽车行业零部件制造质量更加完善，不仅满足了市场对产品的质量需求，又大幅度降低了汽车零部件的加工成本，这是以高技术为驱动的行业生产力的增长，是先进制造技术发挥的重要作用。数控技术在该行业中的广泛应用，使汽车零部件加工完全可以实现多规模、小批量的高效生产。除此之外，数控技术中的虚拟现实技术和计算机辅助制造技术，都被广泛运用于汽车制造领域。在未来，数控技术将继续长期领跑企业制造工业。

4.3.7　数控机床的发展趋势

数控技术是用数字信息对机械运动和加工过程进行控制的技术，是现代化工业生产中的一门发展十分迅速的高新技术。数控装备是将以数控技术为代表的新技术，应用于传统制造业和新型制造业形成的机电一体化产业，即所谓的数字化装备。进入 20 世纪 90 年代以来，计算机技术的飞速发展推动了数控机床技术更快的更新换代。除了对数控机床技术指标，如高速化、高精度和可靠性的进一步提高外，世界上许多数控系统生产厂商还利用 PC 丰富的软、硬件资源开发了开放式体系结构的新一代数控系统。开放式体系结构使数控系统具有更好的通用性、柔性、适应性及扩展性，并向智能化和网络化方向发展。

1. **数控机床结构发展趋势**

（1）串并联相结合　串并联相结合指在并联机床上串联传统机床的若干部件，以扩大并联机床的工作范围、增加灵活性以及提高加工精度。例如哈尔滨量具刃具集团有限责任公司应用瑞典爱克斯康公司的最新并联机床技术，开发的LINKS-EXE700（见图4-10）新一代并联机床，在各致动器与下平台之间的铰链仅有一个摆动的自由度，其中两个致动器与上平台之间的连接采用两个自由度的虎克铰结构，中间一个致动器与上平台连接为一个三个自由度的虎克铰，这种设计使得并联机构仅有六个活动关节，10个自由度，是目前世界上现存的并联机构中活动关节和自由度较少的。这种设计形成的实体结构可以完全去除施加给机床各方向的挠曲和扭矩力。当给机床主轴施加一个作用力时，动平台将产生扭转趋势，通过一个自由度的铰链和各致动器，将力均匀地传递给上平台，提高了机床的刚性。该机床的三个致动器也采用了与以前的并联机床明显不同的结构，以前的并联机构普遍采用套装的伸缩杆结构，刚性差，而LINKS-EXE 700采用的是整体结构，刚性大幅度提高。

LINKS-EXE700机床的主要技术指标和特殊性能可描述如下：

1）加工范围。X轴，2000mm；Y轴，1500mm；Z轴，500mm；A轴，270°；B轴360°。

2）加速度。X、Y轴，2g；Z轴，1g。

3）电主轴。功率，32kW；转矩，28N·m；转速，18000r/min；夹持刀柄CAPTOC6。

4）圆检测精度。最大误差不超过0.01mm。

5）静态刚性。该机床的设计静态刚性为15N/μm，且在机床加工空间任何位置均保持一致。

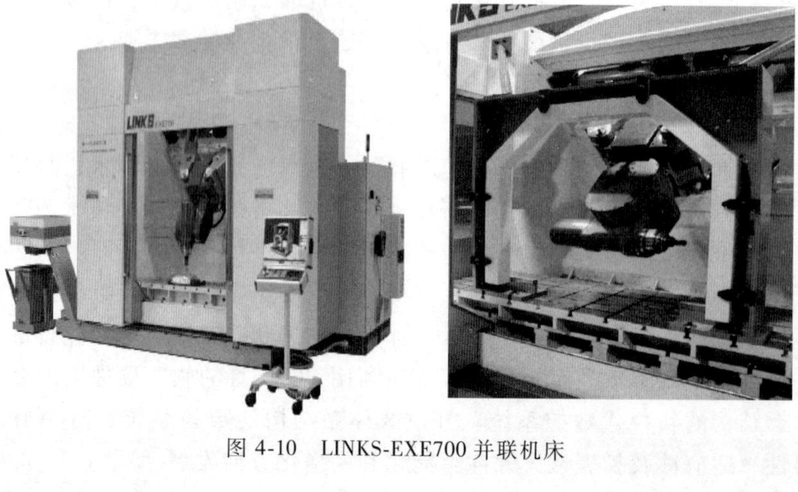

图4-10　LINKS-EXE700并联机床

（2）铣头倾斜的加工中心　加工中心的一种创新设计就是立柱倾斜，其目的是更好地排屑及排放冷却液。这种结构是将立柱设计成与铅垂线成一定角度，往往是主轴轴线向操作者倾斜。德国 DMG 公司的 DMP60 Linear 加工中心（见图 4-11），它的设计是使铣头主轴轴线与水平面成 45°，主要是为了在干切削时有利于排除切屑。DMP60 Linear 的工作台，不仅可以绕 C 轴回转，还具备绕 A 轴做 45°的翻转功能，以转向与主轴轴线垂直。DMP60 Linear 是一台适宜于高速加工的加工中心，主轴转速为 18000r/min，快移速度为 100m/min，加速度为 1.5g。DMP60 Linear 的结构也是采取斜床身形式，床身倾斜 45°，铸件成三角形板筋状，刚性及抗振性好；进给采用直线电动机，机床精度高。

图 4-11　DMP60 Linear 加工中心

（3）超声振动加工技术　陶瓷、玻璃及硬质合金等材料具有良好的抗磨损、耐高温及耐蚀性能，在医疗器械、光学行业以及汽车行业等领域内得到广泛应用。但此类材料的高硬度及脆性，使用传统的工艺方法难以加工。隶属 DMG 的 Hermann Sauer 公司研制成功了超声振动加工技术，使硬、脆材料的加工技术获得了新的突破。振动切削理论是在切削过程中加入了超声振动。由工业金刚石颗粒制成的铣刀、钻头或砂轮，在加工过程中对零件表面进行 20000 次/秒的连续敲击，即使是高硬材料，在如此高频的振动敲击下，一个很小的切削力即可将其瓦解。当然，机床的进给力还是很大的，因此在振幅的最高点，附在刀具上的金刚石颗粒以撞击方式将零件表面材料以微小颗粒形式分离出来。这种加工方式的效率要比传统方式提高 5 倍；零件表面粗糙度 $Ra<0.2\mu m$；可加工 0.3mm 的精密零件；切削温升低，故可保护刀具及延长寿命。采用超声振动技术的机床，主轴转速为 3000～4000r/min，X 轴行程为 350mm 或 500mm，刀具中心冷却，冷却液将细屑冲离加工区。

2. 数控机床进给驱动的发展趋势

（1）直接传动和直线电动机进给驱动　数控机床正在向精密、高速、复合、智能及环保的方向发展。精密和高速加工对传动及其控制提出了更高的要求，即更高的动态特性和控制精度、更高的进给速度和加速度，以及更低的振动噪声和更小的磨损。问题的症结在于，传统的传动链从作为动力源的电动机到工作部件要通过齿轮、蜗轮副，皮带、丝杠副、联轴器或离合器等中间传动环节，在这些环节中产生了较大的转动惯量、弹性变形、反向间隙、运动滞后、摩擦、振动、噪声及磨损等。虽然在这些方面通过不断的改进使传动性能有所提高，但问题很难从根本上解决，于是出现了“直接传动”的概念，即取消从电动机到工作部件之间的各种中间环节。随着电动机及其驱动控制技术的发展，电主轴、直线电动机、力矩电动机的出现和技术的日益成熟，使主轴、直线和旋转坐标运动的“直接传动”概念变为现实，并日益显示其巨大的优越性。直线电动机及其驱动控制技术在机床进给驱动上的应用，使机床的传动结构发生了重大变化，并使机床性能有了新的飞跃。

（2）直线电动机进给驱动的主要优点：

1）进给速度范围宽。一般为20~200m/min，目前加工中心的进给速度已达208m/min；而传统机床的进给速度<60m/min，一般为20~30m/min。

2）速度特性好。速度偏差≤0.01%。

3）加速度大。直线电动机最大加速度可达30g，目前加工中心的进给加速度已达3.24g，激光加工机的进给加速度已达5g，而传统机床的进给加速度≤1g，一般为0.3g。

4）定位精度高。采用光栅闭环控制，定位精度可达±5μm/m。应用前馈控制的直线电动机驱动系统可把跟踪误差减少原来的1/200。由于运动部件的动态特性好，响应灵敏，加上插补控制的精细化，可实现纳米级控制。

5）结构简单、运动平稳、噪声小，运动部件摩擦因数小、磨损少，使用寿命长，安全可靠。

以德国DMG公司的DMU 50/70 eVo Linear 5轴万能加工中心为例（图4-12）。

1）采用直线电动机的全方位加工技术，X轴直线电动机驱动最大加速度为10m/s^2，最大进给速度为80m/min，B轴为40r/min，C轴为50r/min，稳定的交叉溜板进一步保证了高的加工速度（图4-13、图4-14）。

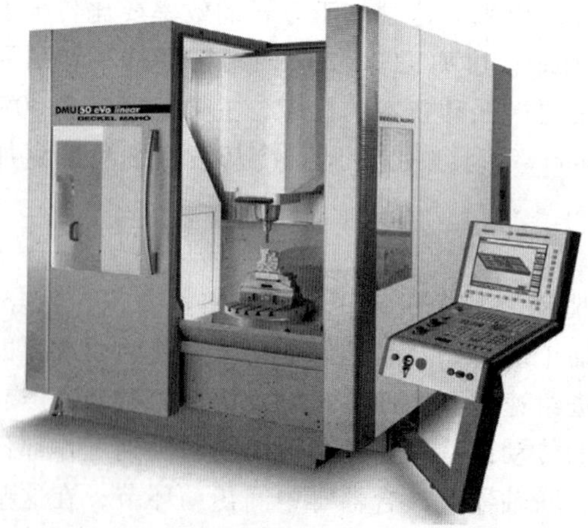

图4-12 DMU 50/70 eVo Linear 5轴万能加工中心

图4-13 X轴直线电动机驱动和直接测量系统

2）批量加工时，电主轴的速度为 18000r/min，可选择速度为 24000r/min 或 42000r/min 的主轴（图 4-15）。

图 4-14　*B* 轴加工摆角为 −18°

图 4-15　电主轴

4.4　柔性制造技术

柔性制造系统（flexible manufacture system，FMS）指具有柔性且自动化程度高的制造系统。其最初的原型源于美国马尔西（MALROSE）公司。1965 年，英国莫林斯公司（Molins Co.）的狄奥·威廉姆逊（Williamson T.）首先提出了“计算机控制的加工系统”的概念。1967 年，莫林斯公司率先研制成功了“Molins System-24”，该系统可以在无人值守的时候 24h 自动运行，是世界著名的第一套 FMS。从 20 世纪 70 年代以来，为适应变批量、多品种的需要，柔性自动化制造系统得到了迅速的发展，世界各工业发达国家发展和完善这项技术，以此提高制造的柔性和生产率。

4.4.1　概述

1. FMS 的定义

柔性制造系统（FMS）目前还没有统一的定义。根据 GJB 2254—1994《武器装备柔性制造系统术语》，FMS 被定义为：数控加工设备、物料运储装置和计算机控制系统等组成的自动化制造系统。它包括多个柔性制造单元，能根据制造任务或生产环境的变化迅速进行调整，适用于多品种、中小批量生产。

美国制造工程师协会（America Society of Manufacturing Engineer，ASME）曾把柔性制造系统定义为：使用计算机控制柔性工作站和集成物料运贮装置来完成零件族某一系列工序的，或一系列工序的一种集成制造系统。

为了方便对 FMS 的理解，国外有关专家对 FMS 进行了更为直观的定义：柔性制造系统至少是由两台机床、一套高度自动化的物料运贮系统（从装载到卸载具有高度自动化）和一套计算机控制系统所组成的制造系统，通过简单地改变软件的方法便能制造出多种零件中的任何一种零件。

2. FMS 的分类

按系统规模和投资强度，FMS 可分为以下三类。

（1）柔性制造模块（flexible manufacturing module，FMM） FMM 指一台扩展了自动化功能的数控机床，如刀具库、自动换刀装置、托盘交换器等，FMM 相当于功能齐全的加工中心。

（2）柔性制造单元（flexible manufacturing cell，FMC）。如图 4-16 所示，FMC 由单台带多托盘系统的加工中心或三台的 CNC 机床组成，除了能够自动更换刀具之外，还配有储存工件的托盘站和自动上、下料的工件交换台，具有适应加工多品种产品的灵活性。FMC 自成体系，成本低、功能完善、占地面积小，有廉价小型 FMS 之称。

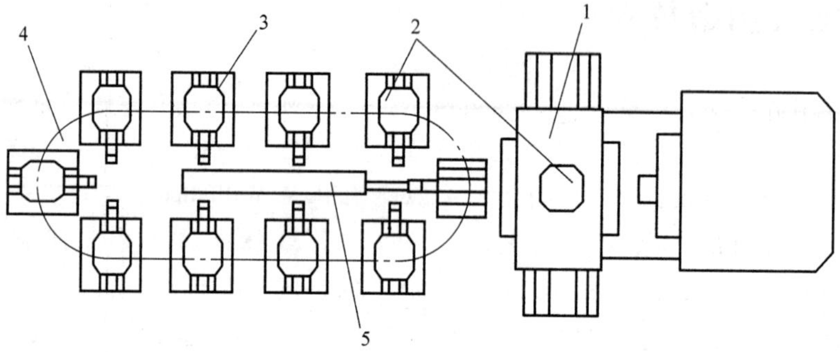

图 4-16 柔性制造单元

1—加工中心机床 2—托盘 3—托盘站 4—环形工作台 5—工件交换台

（3）柔性制造生产线（flexible manufacturing line，FML） FML 的加工设备在采用通用数控机床的同时，更多地采用数控组合机床，如可换主轴箱机床、数控专用机床等，是处于非柔性自动线和 FMS 之间的生产线，对物料系统的柔性要求低于 FMS，但生产效率更高。FML 采用的机床大多为多轴主轴箱的换箱式或转塔式组合加工中心，能同时或依次加工少量不同的零件。

3. 柔性制造系统（FMS）

FMS 通常包括三台以上的 CNC 机床、加工中心或柔性制造单元（FMC）以及其他加工设备组成。由集中的控制系统和物料系统连接起来，可在不停机的情况下实现多品种、中小批量的加工管理。FMS 是使用柔性制造技术最具代表性的制造自动化系统。值得一提的是，由于装配自动化技术远远落后于加工自动化技术，产品最后的装配工序一直是现代化生产的一个瓶颈问题。研制开发适用于中小批量、多品种生产的高柔性装配自动化系统，特别是柔性装配单元（FAC）及相关设备已越来越广泛地引起重视。

4. FMS 的功能

FMS 常见的功能主要有以下几个：

1）自动制造功能。由数控机床群承担制造任务，自动完成多品种、多工序零件的制造加工任务。

2）自动运输和储料功能。由各类自动输送设备和自动化储料仓库完成物料的自动运输和存储。

3）自动诊断功能。主要包括系统工况监听功能和指令恢复功能。

4）自动保管毛坯、工件、半成品、卡具及模具等的功能。

5）调度管理功能。能实现无人化或少人化加工，具有优化调度管理功能。

这些功能是在柔性制造系统的计算机系统控制下协调一致、有序连续地实现的。柔性制造系统的“柔性”就是计算机系统赋予的，被加工的零件种类变化时，只需变换其程序，而不必改动设备。

4.4.2　柔性制造系统的组成

典型的 FMS 主要由多工位的数控加工系统、物流运贮系统、刀具管理系统和控制与管理系统四个子系统组成：

1）加工系统。加工系统的功能是以任意顺序自动加工各种工件，并能自动地更换工件和刀具。通常由两台以上的 CNC 机床、加工中心或柔性制造单元以及其他的加工设备所组成，如动平衡机、清洗机、测量机和各种特种加工设备等。

2）物流运贮系统。物流系统的功能是实现工件的运输和贮存。包含传送带、有轨小车、无轨小车、搬运机器人、上下料托盘及交换工作台等机构，能对刀具、工件和原材料等物料进行自动装卸和运贮。

3）刀具管理系统。包括中央刀库、机床刀库、刀具运送小车或机器人、换刀机械手等。能实现 FMS 系统内刀具循环的优化管理。

4）控制与管理系统。能够实现对 FMS 的运行控制、刀具管理、质量控制，以及 FMS 的数据管理和网络通信。

1. 加工系统

加工系统是 FMS 基本的组成部分。在 FMS 中，加工系统就好像人的手脚，把原材料转化为最终产品，是实际完成改变物性任务的执行系统，也是 FMS 中耗资最多的部分。FMS 加工能力的高低很大程度上是由它所包含的加工系统所决定的。

FMS 的加工系统原则上应该是可靠的、自动化的、高效的和易控制的，其实用性、匹配性和工艺性应良好，并能满足加工对象的尺寸范围、精度和材质等要求。对加工系统的要求如下：

1）工序集中。如选多功能机床、加工中心等，以减少工位数和物流负担，保证加工质量。

2）控制功能强、可扩展性好。如选用模块化结构，外部通信功能和内部管理功能强，有内装的可编程控制器，有用户宏程序的数控系统，以易于与上下料、检测等辅助设备相连接，增加各种辅助功能，方便系统调整与扩展，以及减轻通信网络和上级控制器的负载。

3）大刚度、高精度和高速度。选用切削功能强、加工质量稳定和生产率高的机床。

4）使用经济性好。如导轨油可回收、排屑处理快速彻底等，以延长刀具使用寿命，降低系统运行费用，保证系统能安全地、稳定地及长时间无人值守地自动运行。

5）操作性好、可靠性好和维修性好。机床的操作、保养与维修方便，使用寿命长。

6）具有自保护性和自维护性。如能设定切削力过载保护、功率过载保护、运行行程和工作区域限制等，并具有故障诊断和预警功能等。

7）对环境适应性与保护性好。对工作环境的温度、湿度、噪声和粉尘等要求不高，各种密封件性能可靠、无泄漏，切削液不外溅，能及时排除烟雾、异味，噪声、振动小，能保护良好的工作环境。

8）其他。技术资料齐全，机床上的各种显示、标记等清楚，机床外形、颜色美观且与系统协调。

金属切削 FMS 的加工对象主要有两类工件：棱柱体类（包括箱体形、平板形）和回转体类（长轴形、盘套形）。对加工系统而言，通常用于加工棱柱体类工件的 FMS 由立、卧式加工中心（图 4-17）、数控组合机床（数控专用机床、可换主轴箱机床、模块化多动力头数控机床等）和托盘交换器等构成；用于加工回转体类工件的 FMS 由数控车床、车削中心、数控组合机床和上下料机械手或机器人及棒料输送装置等构成。因为棱柱体类工件的加工时间较长，且工艺复杂，为实现夜间无人值守自动加工，加工棱柱体类工件的 FMS 首先得到了发展。

2. 物料运贮系统

一个工件从毛坯到成品的整个生产过程中，大部分时间消耗于物料的运贮过

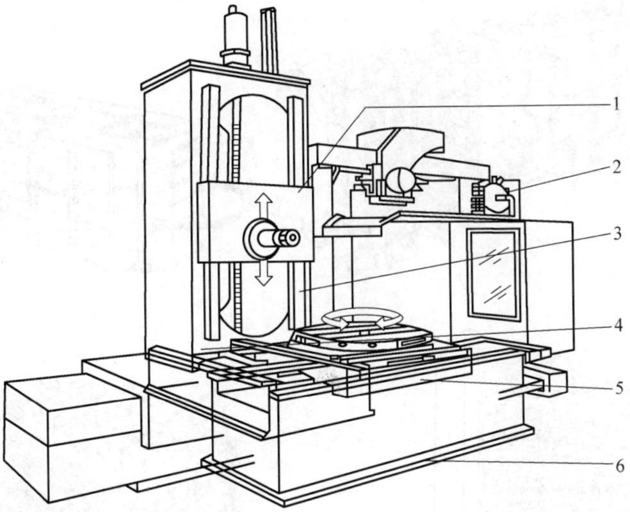

图 4-17　卧式加工中心

1—主轴头　2、3—刀库　4—立柱底座　5—回转工作台　6—工作台底座

程，只有相当短的一部分时间是用于机床的切削加工。在 FMS 中，流动的物料主要有工件、刀具、夹具、切屑及切削液等。物料运贮系统是柔性制造系统中的一个重要组成部分。

FMS 的物料运贮系统一般由工件装卸站、托盘缓冲站、物料存贮装置和物料运送装置等几个部分组成，主要用来完成工件、刀具、托盘以及其他辅助设备与材料的装卸、贮存和运输工作。

(1) 工件装卸站　工件装卸站设在 FMS 的入口处，用于完成工件的装卸工作。由于装卸操作比较复杂，通常由人工完成对毛坯和待加工零件的装卸。先将工件装夹在专用的夹具中，再将夹具夹持在托盘上。这样，完成装夹的工件将与夹具和托盘组合成为一个整体在系统中进行传送。

(2) 托盘缓冲站　托盘缓冲站也称为托盘库，是一种待加工零件的中间存贮站。由于 FMS 不可能像单一的流水线/自动线那样达到各机床工作站的节拍完全相等，不可避免地会产生加工工作站前的排队现象，因此设置了托盘缓冲站，起缓冲物料的作用。托盘缓冲站一般设置在加工机床的附近，有环形和往复直线形等多种形式，可存贮若干个工件/托盘组合体。

(3) 物料存贮装置　用于 FMS 的物料存贮装置主要有以下四种：自动化仓库系统（也称为立体仓库）、水平回转型自动料架、垂直回转型自动料架和缓冲料架。如图 4-18 所示。

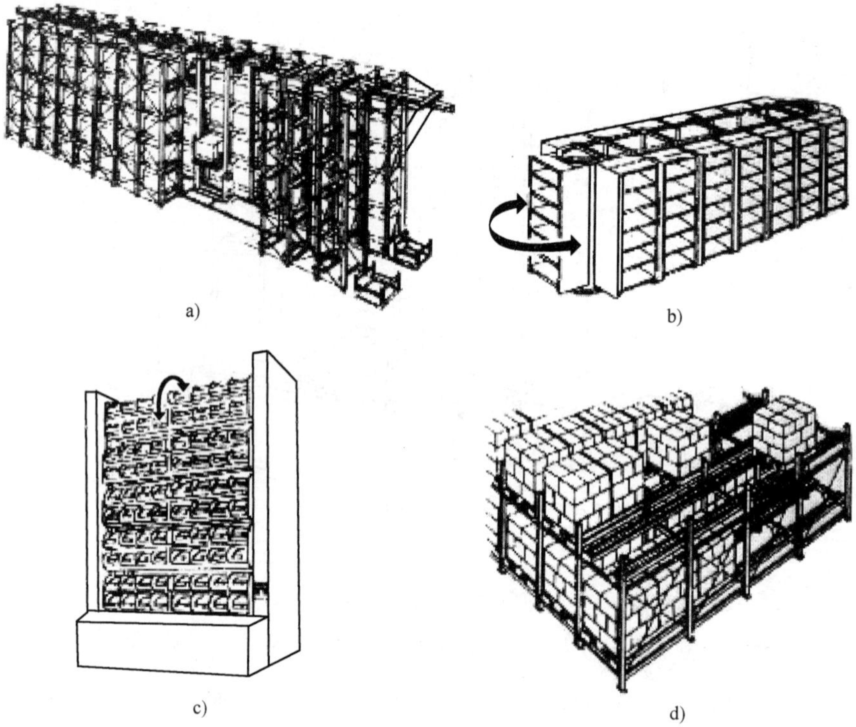

图 4-18　FMS 中常见的物料存贮装置

a）立体仓库　b）水平回转型自动料架　c）垂直回转型自动料架　d）缓冲料架

自动化仓库系统（Automated Storage and Retrieval System，AS/RS）由库房、堆垛机、控制计算机和物料识别装置等组成。由于其具有自动化程度高；料位额定存放重量大（常为 1 吨～3 吨，大的可到几十吨）；料位空间尺寸大；料位总数量没有严格的限制因素，可根据实际需求扩展及占地面积小等特点。因此，自动化仓库系统在 FMS 中得到了广泛应用。

（4）物料运送装置　物料运送装置直接担负着工件、刀具以及其他物料的运输任务，包括物料在加工机床之间、自动化仓库与托盘缓冲站之间，以及托盘缓冲站与加工机床之间的输送与搬运。FMS 中常见的物料运送装置有传送带、自动运输小车和搬运机器人等。

1）传送带。传送带主要是从传统的机械式自动线发展而来的，现在仍较普遍应用，它的制造成本低。传送带一般用于小零件加工系统中的短程传送。因传送带占据空间位置大，机械结构复杂，易磨损和失灵，而且一旦发生故障，整个输送系统都将停止运行，因而传送带在新设计的系统中用得越来越少。

2）自动运输小车。自动运输小车的结构发展较快，形式也多种多样，大体上可分为有轨小车和无轨小车两大类。有轨小车有的采用地轨，像火车的铁轨一样；也有的采用天轨，或称为高架轨道，运输小车吊在两条高架轨道上进行移动。无轨小车因导向方法的不同，又可分为有线导向、光电导向、激光导向和无线电遥控等多种形式。在 FMS 发展的初期，多采用有轨小车，随着 FMS 控制技术的成熟，采用自动导向无轨小车的也越来越多。

3）搬运机器人。搬运机器人是 FMS 中非常重要的一种设备，由于它具有较高的柔性和较强的控制水平，因而搬运机器人已成为 FMS 中不可缺少的一员。

除了这三种常用的物料传送装置，在 FMS 中往往还采用如支架式起重机、物料叉车等物料运送工具。自动化物料运送装置的选择与生产系统的布局和运行直接相关，要与生产流程和生产设备类型相适应，对 FMS 的生产率、复杂程度、资金占用和经济效益都有较大的影响。

3. 刀具管理系统

刀具管理系统在 FMS 中占有重要的地位，其主要职能是负责刀具的运输、存贮和管理，适时地向加工单元提供所需的刀具，监控管理刀具的使用，及时取走已报废或耐用度已耗尽的刀具，在保证正常生产的同时，最大限度地降低刀具的成本。刀具管理系统的功能和柔性程度直接影响到整个 FMS 的柔性和生产率。

（1）典型的刀具管理系统　典型的 FMS 的刀具管理系统通常由刀库系统、刀具预调站、刀具装卸站、刀具交换装置以及管理控制刀具流的计算机组成。

1）刀库系统包括机床刀库和中央刀库两个独立部分：机床刀库存放加工单元当前所需要的刀具，其刀具容量有限，一般存放 40~120 把刀具；中央刀库的容量很大，有的中央刀库可容纳数千把各种刀具，可供各个加工单元共享。

2）刀库预调站一般设置在 FMS 之外，用于对加工中所使用的刀具按规定要求进行预先调整。

3）刀具装卸站是刀具进出 FMS 的门户，其结构多为框架式，是一种专用的刀具排架。

4）刀具交换装置是一种在刀具装卸站、中央刀具库和机床刀具库之间进行刀具传递和搬运的工具。

刀具交换装置一般由换刀机器人或刀具运送小车来实现其功能，它们负责完成在刀具装卸站、中央刀库以及各加工中心之间的刀具交换。刀具在刀具装卸站上只是暂存一下，根据刀具管理计算机的命令，刀具交换装置将刀具从刀具装卸站搬移到中央刀库，以供加工时调用；同时再根据生产计划和工艺规程的要求，刀具交换装置从中央刀库将各加工中心需求的刀具取出，送至各加工中心的刀库中，准备加工。工件加工完成后，如发现刀具需要刃磨或某些刀具暂时不再使用，根据刀具管理计算机的命令，刀具交换装置再将这些已使用过的刀具从各个加工中心刀库中取出，送回到中央刀库。如果有一些需要重磨、需要重新调整以及一些断裂报废的刀具，刀具交换装置可直接将它们送至刀具装卸站进行更换和重磨。

进入 FMS 的刀具需经过一系列准备方可使用。首先由人工将刀具与标准刀柄、刀套进行组装，然后在刀具预调站由人工通过对刀及对刀具进行预调，测量有关参数，再将刀具的几何参数、刀具代码以及其他有关信息输入到刀具管理计算机。预调好的刀具，一般由人工搬运到刀具装卸站，准备进入系统。

（2）加工中心的自动换刀　自动换刀装置应当满足换刀时间短、刀具重复定位精度高、足够的刀具贮存量、刀库占地面积小以及安全可靠等基本要求。机械手是一种最常见的自动换刀装置，因为它灵活性大、换刀时间短。换刀机械手一般具有一个或两个刀具夹持器，因而又可称为单臂式机械手和双臂式机械手。当双臂式机械手换刀时，可在一只手臂从刀库中取出刀具的同时，另一只手臂从机床主轴上拔下已用过的刀具，这样既可缩短换刀时间，又有利于使机械手保持平衡，所以被广泛采用。常用双臂式机械手的手爪结构形式有钩手、抱手、伸缩手和叉手。这些机械手都能够完成抓刀、拔刀回转、换刀以及返回等全部动作过程。有些加工中心为降低成本，不用机械手而是直接利用主轴头的运动机能换刀。

常用的加工中心机床自动换刀有以下三种换刀方式。

1）顺序换刀方式。这种方式指将所需使用的刀具按加工顺序，依次放入刀库的每个刀座内。每次换刀时，刀座按顺序转动一个刀座的位置并取出所需的刀具。已经使用过的刀具可以放回原来的刀座，也可以顺序放入下一个刀座内。采用这种方式，换刀不需要刀具识别装置，而且驱动控制也比较简单，可以直接由刀库的分度机构来实现。它的缺点是刀具在不同工序中不能重复使用，因而必须增加相同刀具的数量和刀库容量。另外，装刀顺序不能错，否则将产生严重的事故。这种换刀方式目前已较少使用。

2）刀座编码方式。刀座编码方式指对刀库的刀座进行编码，并将与刀座编码相对应的刀具一一放入指定的刀座中，然后根据刀座编码选取刀具。这种方式可以使刀柄结构简化，刀具识别装置可以放在合适的位置。与顺序选刀方式相比，其突出的优点：刀具可以在加工过程中重复多次使用，但用完的刀具必须放回原来的刀座内，增加了刀库动作的复杂性，若放错了仍然会造成事故。这种换刀方式使用较普遍。

3）刀具编码方式。这种方式采用特殊结构的刀柄，并对每把刀具进行编码。换刀时通过编码识别装置，根据数控系统发出的换刀指令代码，在刀库中寻找所需要的刀具。由于每把刀具都有代码，因而刀具可放入刀库中任何一个刀座内，这样不仅刀库中的刀具可以在不同的工序中多次重复使用，而且换下的刀具不必放回原来的刀座。采用这种方式，装刀、换刀方便，刀库容量减小，还可避免出现因刀具顺序的差错所造成的事故。

（3）刀库　加工中心的刀库有转塔式、链式和盘式等基本类型。

1）转塔式刀库。如图 4-19a 所示，其特点是所有刀具固定在同一转塔上，无换刀臂，贮刀数量有限，通常为 6～8 把，扩展性好，在加工中心上的配置位置灵活，但结构复杂。一般仅用于轻便而简单的机型，常见于车削中心和钻削中心。

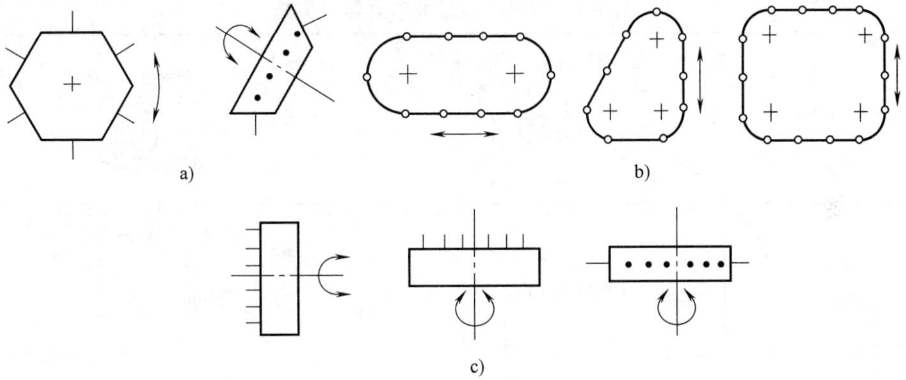

图 4-19　加工中心刀库的基本类型

a）转塔式刀库　b）链式刀库　c）盘式刀库

2）链式刀库。如图 4-19b 所示，链式刀库储存的刀具数量多，选刀、取刀动作简便，大型刀库通常采用此种方式，一般刀具数在 30～120 把。当增加链条长度时就可增加刀具数（若链条较长时，则需增加链轮的数目使链条折叠回绕），因此刀库结构有较大的灵活性。

3）盘式刀库。这种刀库中的刀具沿盘面垂直排列（包括径向取刀和轴向取刀）、沿盘面径向排列或成锐角排列，刀库结构简单紧凑，应用较多，但刀具单环排列，空间的利用率低，如图 4-19c 所示。如果增加刀库容量，必然使刀库的外径增大，那么转动惯量也相应增大，选刀运动时间长，因此刀具数量一般不多于 32 把。刀具呈多环排列的刀库的空间利用率高，但必然使得取刀机构复杂，适用于机床空间受限制而刀库容量又较大的场合。

（4）刀具的监控和信息管理　刀具的监控主要是为了及时了解每时每刻正在使用的大量刀具因磨损、破损而发生的性质变化。目前，监控主要从刀具寿命、刀具磨损、刀具破损以及其他形式的刀具故障等方面进行。

刀具寿命指刀具的耐用度，即刀具在正常情况下，磨损量到达磨钝标准为止的总切削时间。刀具寿命值可以用计算法或试验法求得，求得的寿命值记录在各刀具文件中。当刀具装入机床后，通过计算机监控系统统计各刀具的实际工作时间，并将这个值适时地记录在刀具文件内。当班管理员可通过计算机查询刀具的使用情况，由计算机检索刀具文件，并经过分析向管理员提供刀具使用情况报告，其中包括各机床工作站缺漏刀具表和刀具寿命现状表，管理员根据这些报告，查询有关刀具的供应情况，并决定当前刀具的更换计划。

加工系统的刀具监控分加工前、加工中和加工后三个时间段，见表 4-1。加工前和加工后的监控通常采用离线直接测量法；加工中的监控主要采用在线间接测量法，因而要求检测方法快速、准确、稳定及可靠。

表 4-1 不同时间段的刀具监控方法

加工前的监控	在刀具预调仪上测量刀具尺寸 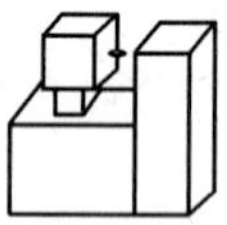	用摄像机测量刀具尺寸 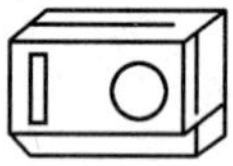
加工中的监控	主电动机功率测刀具磨损 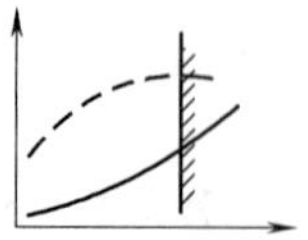	声发射监测刀具磨损 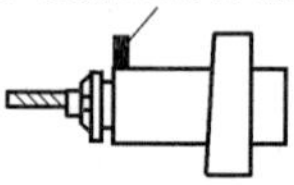
		力传感器测刀具磨损 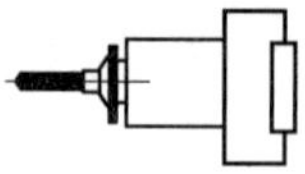
加工后的监控	用测量头检查刀具长度和破损 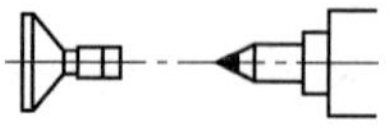	用摄像机监视刀具破损和切屑缠结 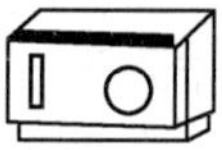
	用反射光束监测刀具破损 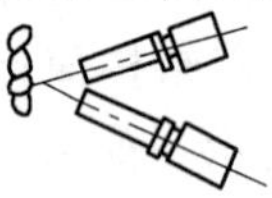	间接用测量头测量工件 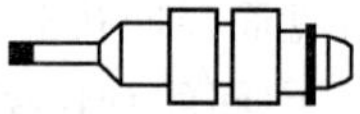

刀具磨损或破损的监控需要用专门的检测装置。在 FMS 中，有较好发展前景的监控方法有：电动机功率与电流法、切削力法、声发射法和光学图像法。

电动机功率与电流法指通过检测机床电动机功率或电流的变化来监控刀具的工作状态。此法已在一些加工中心上应用，其主要优点是传感器的安装简单易行，且可靠性高。

切削力法指通过测量切削力信号对刀具的磨损、破损进行监控。这种监控较直接，但传感器安装困难。

声发射法指利用 AE 传感器检测刀具破损时释放的弹性波来监控刀具的工作状态。其最大优点是抗干扰性较强，受切屑参数和刀具几何参数的影响较小，对刀具破损非常敏感。其应用难点在于信息处理方法复杂和传感器的安装困难。

光学图像法包括光导纤维、CCD 等多种方法，是借助刀具磨损后刀面反光条件的变化来识别刀具的磨损程度的，也可用光电开关监控刀具是否破损。其优点在于可靠性较高，且可以检测磨损量。但这种监测方法对刀头清洁要求较高。表 4-2 列出了刀具磨损和破损的主要监控方法。

表 4-2　刀具磨损和破损的主要监控方法

传感器		应用场合	主要特性
直接法	光学图像法	砂轮磨损离线或在线非实时监视多种刀具	分辨力为 0.1～2μm，精度为 1～5μm，正在进一步研究实用化，摄像法较贵
	接触	车削、钻削刀具	灵敏度为 10μm，提供直接评价，受切屑与切削温度变化影响，有应用前景
	放射线法	各种切削工艺	灵敏度为 10μm，不受切屑、切削液和切削温度影响。需进一步解决防护问题，有应用前景
间接法	切削力（扭矩法）	车削、钻削、镗削等	灵敏度为 20～100μm 其中比切削力法与功率谱分析法有应用价值
	功率（电流）法	车削、铣削、钻削等	灵敏度低，响应时间较长，易使用
	切削温度	车削	灵敏度相当低，响应慢，不可用于冷却使用状态。预测无应用前途
	刀具工件距离探测法	车削等	分辨力为 0.5～2μm，精度为 2～5μm，探测刀具工件间距离变化，多数方法处于实验研究阶段
	振动分析法	车削、铣削等	工作精度主要取决于 DDS 模型阶数，与信号处理有关，经进一步改进有工业应用潜力
	声分析法（AE 法，噪声、声振动分析）	车、铣、钻、拉、镗、攻螺纹等	已证明，其中声发射（AE）法对车、铣、钻削等刀具磨损灵敏，但尚未建立极度磨损的全部判据，在有限条件下可供工业应用，有应用前景
	表面粗糙度法	车削、铣削等	受切削条件影响，不易实现实时监测

4. 控制与管理系统

FMS 的控制系统是 FMS 的核心，负责控制整个系统协调、优化及高效地运行。由于 FMS 是一个复杂的自动化集成体，其控制系统的结构和性能直接影响整个 FMS 的柔性、可靠性和自动化程度。

（1）FMS 的控制结构　FMS 的控制系统通常采用递阶控制的结构型式，即通过对系统的控制功能进行正确、合理的分解，划分成若干层次，各层次分别进行独立处理，完成各自的功能，层与层之间在网络和数据库的支持下，保持信息交换，上层向下层发送命令，下层向上层回送命令的执行结果。通过信息联系，构成完整的系统，以减少全局控制的难度和控制软件开发的难度。FMS 的递阶控制结构一般采用三层，如图 4-20 所示：

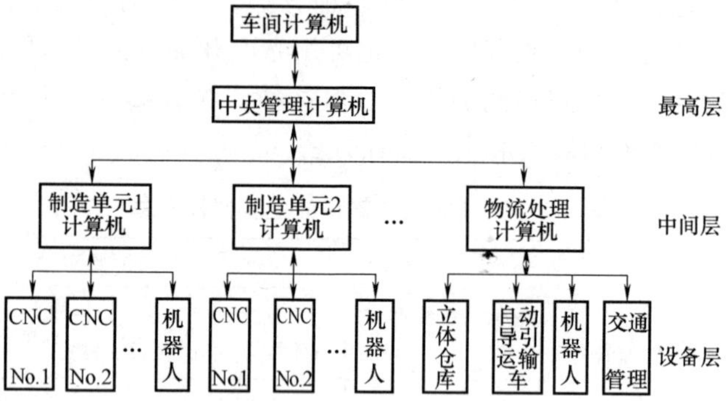

图 4-20　FMS 三层递阶控制结构

第一层即最高层，为系统管理与控制层（中央管理计算机），这是 FMS 的全部生产活动的总体控制系统。它完成按上级下达的计划制订系统内的作业计划，实时分配作业任务到各工作站、点，监控作业任务的执行状况，协调各部门与 FMS 的工作及相互支援等，起承上启下，与上级（车间级）控制系统联系的桥梁作用。

第二层即中间层，是过程协调与监控层，它将来自中央管理计算机的数据和任务分送到底层的各个 CNC 装置和其他控制装置上，并协调底层的工作。完成各设备间的交换和系统运行状态的监视与控制、加工程序的分配，以及工况和设备运行数据的采集和向上级控制器的报告等。现场操作人员主要通过该层界面实现整个系统的实时运控与现场调度。

第三层是设备控制层。它由加工机床、机器人、自动导引运输车（AGV）、立体仓库等设备的 CNC 装置和 PLC 逻辑控制装置组成。它直接控制各类加工设备和物料系统的自动工作循环，接受和执行上级系统的控制指令，并向上级系统反馈现场数据和控制信息。

在这三层递阶控制结构中，每层的信息流都是双向流动的：向下可下达控制指令，分配控制任务，监控下层的作业过程；向上可反馈控制状态，报告现场生产数据。然而，在控制的实时性和处理信息量方面，各层控制计算机是有所区别的：越往底层，其控制的实时性要求越高，而处理的信息量则越小；越往上层，其处理信息量越大，而对实时性要求则越小。

（2）控制系统的任务　FMS 的控制系统是一种层次式控制结构，各层计算机相互通信、相互协同地工作，但又分担着各自不同的任务。

中央管理计算机主要是负责全面的管理工作和支持 FMS 按计划地调度和控制，它通过以下的三个方面与下层系统进行连接。

1）控制系统方面。主要用来向下层实时地发送控制命令和分配数据。为了支持控制系统的工作，FMS 的中央计算机能够接受它上层计算机所提供的工艺过程设计、NC 零件程序、工时标准以及生产计划和调度信息，及时合理地向它下层系统分配任务、发送控制指令。

2）监控系统方面。主要用来实时采集现场工况，把收集的信息看作系统的反馈信号，以它们为基础做出决策，控制被监控的过程。

3）监测系统方面。主要用来观察系统的运行情况，将所收到的信息登录备用，计算机将利用这些信息定期打印报告供决策系统检索。例如，定期登录刀具寿命值作为刀具管理的基本信息；在线工况监测，有规律地连续收集和解释关键性元件和设备的运行状态，用这些信息预测故障的地点和原因。

中央管理计算机可在监控、监测系统的基础上，对 FMS 的短期生产计划和调度计划做出决策。例如，可根据系统的生产能力和设备、工具等现有条件，以数天或数周为计划周期计算最佳的生产批量，将零件以合理的批量分批组织生产；可根据生产现场工况，选择最佳的工艺路线，制订调度计划。

中间层计算机主要是协调各种设备的操作。它需要做出如下的决策：零件的工艺路线；物料的运送，如工件该送到哪一个加工单元，派小车到何处拣取加工好的工件等；程序和命令的分配；刀具的管理及对异常事件的反应等。

设备层计算机的任务是执行各种操作。系统中的主要设备是由 CNC 系统控制的，只要下达的程序和命令没有差错，所有设备都能按照指令完成规定的操作。这一层控制系统要完成的主要操作任务如下：①接收程序和命令；②接受调度命令，运输物料；③各类工作站设备按程序执行操作；④为下一步操作准备刀夹具或更换已磨损的刀具；⑤传感器信息采样，部分采样信息作为 CNC 系统的反馈信息，其他送往上层计算机。

除了这四个子系统外，FMS 还包括冷却润滑系统、切屑运输系统、自动清洗装置及自动去毛刺设备等附属系统。

图 4-21 所示为一个典型的 FMS 示意图。该系统由四台卧式加工中心、三台立式加工中心、两台平面磨床、两台自动导向小车、两台检验机器人组成，此外还包括立体仓库、托盘缓冲站和装卸站等。在装卸站，由人工将工件毛坯安装在托盘夹具上，然后由物料运送装置把毛坯连同托盘夹具输送到第一道工序的加工机床旁边，排队等候加工；一旦该加工机床空闲，就由自动上下料装置立即将工件送上机床进行加工；当每道工序加工完成后，物料运送装置便将该机床加工完成的半成品取出，并送至执行下一道工序的机床等候。如此不停地运行，直至完成最后一道加工工序为止。在整个运行过程中，除了进行切削加工之外，若有必要还需进行清洗、检验等工序，最后将加工完成的零件入库贮存。

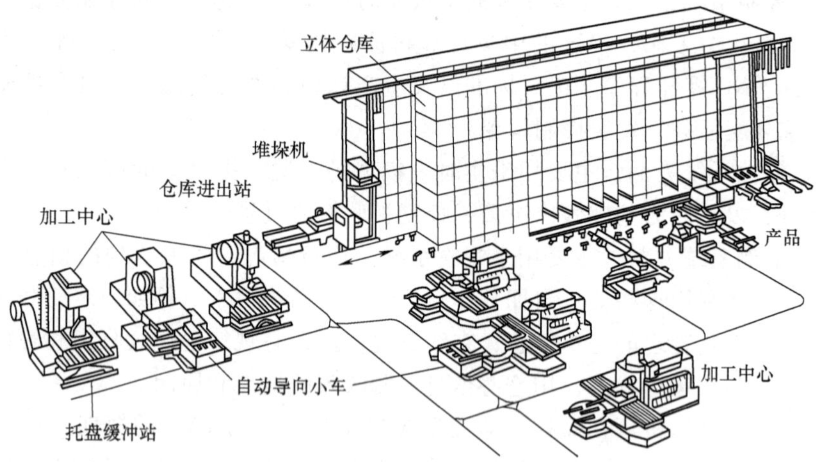

图 4-21　典型的 FMS 示意图

4.4.3　柔性制造系统的特点

柔性制造系统具有以下特点：

1）柔性高。具有较高的多变性和灵活性，能在不停机调整的情况下，完成多种不同工艺零件的加工和不同型号产品的装配，满足多品种、中小批量的个性化加工需求。

2）效率高。能采用合理的切削用量实现高效加工，同时使辅助时间、准备时间和终结时间缩短到最小程度。

3）自动化程度高。加工、装配、检验、搬运和仓库存取等自动完成，使得多品种成组生产达到高度自动化，自动更换工件、刀具和夹具，实现自动装夹和运输，有很强的系统软件功能。

4）经济效益好。可以大大减少机床数目、减少操作人员，提高机床的利用率，缩短生产周期、降低产品成本，可以削减零件成品仓库的库存、大幅度减少流动资金、缩短资金的流动周期，可取得较高的综合经济效益。

其中，关于理想柔性制造系统的柔性，有关专家认为应具有以下几种柔性：

1）设备柔性。设备柔性指制造系统中能加工不同类型零件所应具备的转换能力，其中包括刀具转换、夹具转换等。衡量指标是当加工对象变化时，系统软、硬件变更与调整所需的时间。

2）工艺柔性。工艺柔性指制造系统能以多种工艺方法加工某一零件组的能力，如镗、铣、钻、铰、攻螺纹等加工。衡量指标是系统能够同时加工的零件品种数。

3）工序柔性。工序柔性指制造系统能自动改变零件加工工序的能力。其衡量指标是系统以实时方式进行工艺决策和现场调度的水平。

4）路径柔性。路径柔性指制造系统能自动更变零件加工路径，如遇到系统中某台设备故障时，能自动将工件转换到另一台设备上加工，可以根据负荷自动改变加工路线，提高利用率，缩短等待时间。其衡量指标是系统发生故障时，生产量的下降程度或处理故障所需的时间。

5）产品柔性。产品柔性指制造系统能够经济而迅速地转换到生产一族新产品的能力。其衡量指标是系统从一族零件转向另一族零件所需的时间。

6）批量柔性。批量柔性指制造系统能在不同批量下运行都能获取经济效益。其衡量指标是系统保持经济效益的最小运行批量。

7）扩展柔性。扩展柔性指制造系统根据生产需要能方便地进行模块化组建和扩展的能力。其衡量指标是系统可扩展的规模和扩展的难易程度。

4.4.4　柔性制造系统的发展趋势

FMS 已渗透、扩散到制造业的各个领域，并对生产方式产生了深远的影响。制造柔性是由企业的长期战略考虑而产生的一种生产与经营决策，故制造柔性便不仅仅是一个技术问题，而且也涉及企业自身的具体情况和条件。FMS 的发展方向主要集中在以下几个方面：

（1）向小规模的柔性制造单元（FMC）发展　由于 FMC 的规模小，投资少，技术综合性和复杂性低，规划、设计、论证和运行相对简单，易于实现，风险小，而且易于扩展。因此，采用由 FMC 到 FMS 的规划，既可以减少一次性投入的资金，使企业易于承受，又可以降低风险，一旦运用成功就可以获得一定的经济效益，为下一步扩展提供资金和经验积累，便于掌握 FMS 的复杂技术，使 FMS 的实施更加稳妥。另外，现在的 FMC 已经具有 FMS 所具有的加工、制造、运贮、控制及协调功能，还具有监控、通信、仿真、生产调度管理乃至人工智能等功能，在某一具体类型的加工中可获得更大的柔性，提高生产率，增加产量，改进产品质量。目前国内外众多厂商将 FMC 列为发展的重点之一。

（2）朝多功能方向发展　真正完善的新一代 FMS 将是智能化机械与人之间相互融合，柔性地全面协调从接受订单至生产、销售这一企业生产经营的全部活动。由单纯加工型 FMS 进一步开发以焊接、装配、检验及板材加工乃至铸、锻等制造工序兼具的多种功能 FMS。FMS 是实现未来企业的新颖概念模式和新的发展趋势，是决定制造企业未来发展前途的具有战略意义的举措。FMS 是在自动化技术、信息技术及制造技术的基础上，将以往企业中相互独立的工程设计、生产制造及经营管理等过程，在计算机及其软件的支撑下，构成一个覆盖整个企业的完整而有机的系统，以实现全局动态最优化，总体高效益、高柔性，并进而赢得竞争全胜的智能制造系统。

（3）从计算机集成制造系统（CIMS）的高度考虑 FMS 规划设计　无论从理论上还是实践中都可以清楚地看到，FMS 是 CIMS 的重要组成部分，FMS 必须集成到 CIMS 大家庭，只有从整个企业优化的角度来考虑 FMS 才能获得预期的效果。

（4）FMS 的实施会越来越重视组织、管理和人的因素　除了现代化的硬、软件外，人在自动化中的作用已经变得很重要，因为人的创造性、主观能动性是任何机器所无法代替的，所以要想成功实施 FMS，必须通过管理把技术、组织、人和策略集成在一起。

4.5　工业机器人

1967 年，在日本召开的第一届机器人学术会议上，提出了两个有代表性的定义。一个是由森政弘与合田周平提出的："机器人是具有移动性、个体性、智能性、通用性、半机械半人性、自动性、奴隶性七个特征的柔性机器。"从这一定义出发，森政弘又提出了用自动性、智能性、个体性、半机械半人性、作业性、通用性、信息性、柔性、有限性、移动性 10 个特性来表示机器人的形象。另一个定义是由加藤一郎提出的，他认为具有如下 3 个条件的机器可称为机器人：

1）具有脑、手、脚三要素的个体。

2）具有非接触传感器（用眼、耳接受远方信息）和接触传感器。

3）具有平衡感和固有感的传感器。

该定义强调了机器人应当具有仿人的特点，即它靠手进行作业，靠脚实现移动，由脑来完成统一指挥。非接触传感器和接触传感器相当于人的五官，使机器人能够识别外界环境，而平衡感和固有感则是机器人感知本身状态所不可缺少的传感器。

国际标准化组织（ISO）给出的机器人定义较为全面和准确，其含义为：

1）机器人的动作机构具有类似于人或其他生物体某些器官（肢体、感官等）的功能。

2）机器人具有通用性，工作种类多样，动作程序灵活易变。

3）机器人具有不同程度的智能性，如记忆、感知、推理、决策和学习等。

4）机器人具有独立性，完整的机器人系统在工作中可以不依赖于人类的干预。

美国机器人工业协会（RIA）对工业机器人的定义为：机器人是一种用于移动各种材料、零件、工具，或专用装置的、通过可编程序动作来执行各种任务的并具有编程能力的多功能机械手。

日本工业机器人协会（JIRA）对工业机器人的定义为：工业机器人是一种装备有记忆装置和末端执行器的、能够转动并通过自动完成各种移动来代替人类劳动的通用机器。

我国科学家对机器人的定义为：机器人是一种自动化的机器，所不同的是这种机器具备一些与人或生物相似的智能能力，如感知能力、规划能力、动作能力和协同能力，是一种具有高度灵活性的自动化机器。

4.5.1　工业机器人的组成

工业机器人一般由执行系统、驱动系统、控制系统、传感系统和输入/输出系统等组成。

1. 执行系统

执行系统是工业机器人为完成抓取工具（或工件）实现所需各种运动的机构部件，是一组具有与人手、脚功能相似的机械机构，又称操作机。如图 4-22 所示。其通常包括以下几部分：

1）手部。又称抓取机器或夹持器或终端效应器，用于直接抓取工件或工具。在手部可安装某些专用工具，如焊枪、喷枪、电钻或电动螺钉（母）拧紧器等，就构成了专用的特殊手部。专用工业机器人的所用手部有机械式、真空式、磁力式及黏附式手爪。

2）腕部。是连接手部与臂部的部件，用以支撑和调整末端执行器（手部）的姿态，确定物件的姿态（方向）。

3）臂部。是支撑腕部和手部的部件，由操作机的动力关节和连接杆件等构成。用以承受工件、夹具等的载荷，改变它们的空间位置并将它们送至预定位置。

4）机身。又称为立柱，是支撑臂部的部件，用以扩大臂部的活动范围。

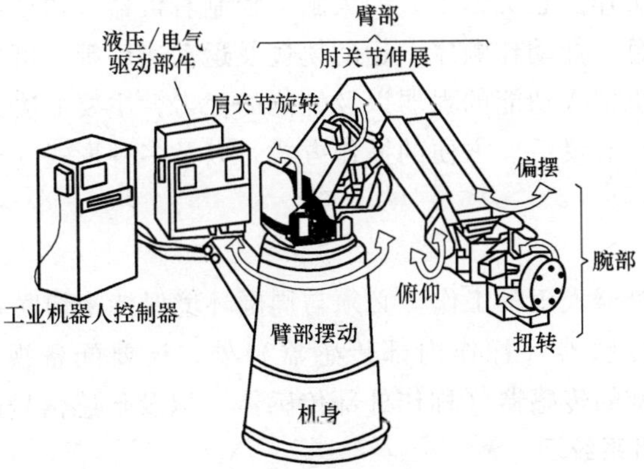

图 4-22　工业机器人的执行系统

5）机座及行走机构。是支撑整个工业机器人的基础件，用以确定或改变整台机器人的位置。

2. 驱动系统

驱动系统是机器人执行作业的动力源，按照控制系统发出的控制指令驱动执行机构完成规定的作业。常用的驱动系统有：

1）液动式驱动系统。液压驱动系统通常由液压机（各种油缸、油马达）、伺服阀、油泵及油箱等组成，由此驱动机器人的执行机构进行工作。通常它具有很大的抓举能力（高达几百 kg 以上），其特点是结构紧凑，动作平稳，耐冲击，耐振动，防爆性好，但液压元件要求有较高的制造精度和密封性能，一旦漏油将污染环境。

2）气动式驱动系统。其驱动系统通常由气缸、气阀、气罐和空压机组成，其特点是气源方便，动作迅速，结构简单，造价较低，维修方便。但难以进行速度控制，气压不可太高，故抓举能力较低。

3）电动式驱动系统。电力驱动是目前机器人使用最多的一种驱动方式。其特点是电源方便，响应快，驱动力较大（关节型的持重已达 400kg），信号检测、传递、处理方便，并可以采用多种灵活的控制方案。驱动电动机一般采用步进电动机、直流伺服电动机以及交流伺服电动机（其中交流伺服电动机为目前主要的驱动形式）。由于电动机速度快，通常须采用减速机构（如谐波传动、RV 摆线针轮传动、齿轮和多杆机构等）。目前，有些机器人已开始采用无减速机构的大转矩、低转速电动机进行直接驱动，这既可以使机构简化，又可提高控制精度。

4）混合驱动系统。液-气或电-液或电-气混合驱动系统。

3. 控制系统

控制系统是工业机器人的指挥系统，它控制驱动系统，让执行机构按照规定的控制指令进行工作。它类似于人的大脑，控制着机器人的全部动作，并记忆人们示教的指令信息，如动作顺序、运动轨迹及运动速度等，可再现控制所储存的示教信息。工业机器人功能的强弱以及性能的优劣，主要取决于控制系统。一个良好的控制系统要有灵活、方便的操作方式，以及多种形式的运动控制方式和安全可靠性。

4. 传感系统

为了使工业机器人正常工作，必须与周围环境保持密切联系，除了关节伺服驱动系统的位置传感器（称作内部传感器）外，还要配备视觉、力觉、触觉、接近觉等多种类型的传感器（称作外部传感器）以及传感信号的采集处理系统。

5. 输入/输出系统

为了与周边系统及相应操作进行联系与应答，还应有各种通信接口和人机通信装置，工业机器人提供了内部 PLC，它可以与外部设备相连，完成与外部设备间的逻辑与实时控制。一般还有一个以上的串行通信接口，以完成磁盘数据存储、远程控制及离线编程、双机器人协调等工作。新型机器人还包括语音合成和识别技术以及多媒体系统，实现人机对话。

4.5.2　工业机器人的分类

机器人的分类方法很多，在国际上没有制订统一的标准。这里仅按机器人的系统功能、结构型式、驱动方式及控制方式进行分类。

1. 按系统功能分类

1）专用机器人。在固定地点以固定程序工作的机器人。其结构简单、工作对象单一、无独立控制系统、造价低廉，如附设在加工中心上的自动换刀机械手。

2）通用机器人。具有独立控制系统，通过改变控制程序能完成各种作业的机器人。其结构复杂，工作范围大，定位精度高，通用性强，适用于不断变换生产品种的柔性制造系统。

3）示教再现式机器人。具有记忆功能，在操作者示教操作后，能按示教的顺序、位置、条件与其他信息反复重现示教作业。

4）智能机器人。采用计算机控制，具有视觉、听觉、触觉等多种感觉功能和识别功能的机器人。通过比较和识别，自主做出决策和规划，自动进行信息反馈，完成预定的动作。

2. 按结构型式分类

工业机器人最常见的结构型式是用其坐标特性来描述的。按坐标型式的不同可分为直角坐标型机器人、圆柱坐标型机器人、极坐标型机器人和关节坐标型机器人。

1）直角坐标型机器人由三个线性关节组成，如图 4-23 所示。这三个关节可确定末端执行器的位置，通常还带有附加的旋转关节用来确定末端执行器的姿态。这类机器人位置精度高，控制无耦合、简单，但结构复杂，占地面积大。

2）圆柱坐标型机器人由两个滑动关节和一个旋转关节来确定末端执行器的位置，如图 4-24 所示。也可再附加一个旋转关节来确定部件的姿态。其位置精度仅次于直角坐标型机器人，控制简单，但结构庞大，移动轴的设计复杂。

3）极坐标型（球坐标型）机器人是利用一个滑动关节和两个旋转关节来确定末端执行器的位置，如图 4-25 所示。也可再附加一个旋转关节来确定部件的姿态。这类机器人占地面积小，结构紧凑，但有平衡问题，位置误差与臂长有关。

4）关节坐标型机器人的关节全都是旋转的，类似于人的手臂，是工业机器

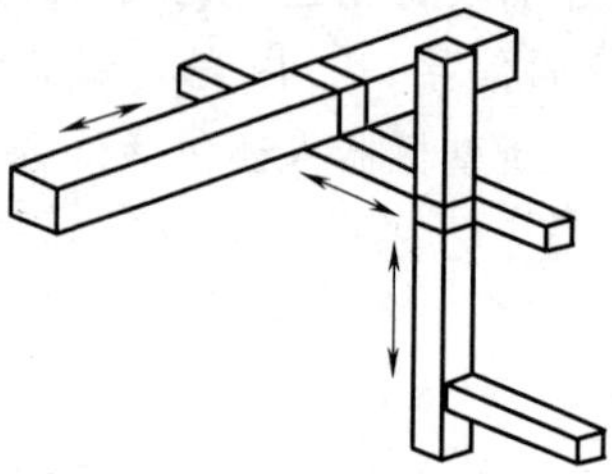

图 4-23　直角坐标型机器人

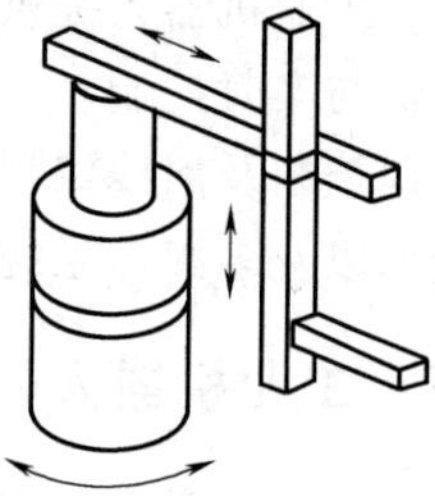

图 4-24　圆柱坐标型机器人

人中最常见的类型，如图 4-26 所示。该类机器人结构紧凑，占地面积小，工作空间大，但是位置精度较差，控制存在耦合，比较复杂。

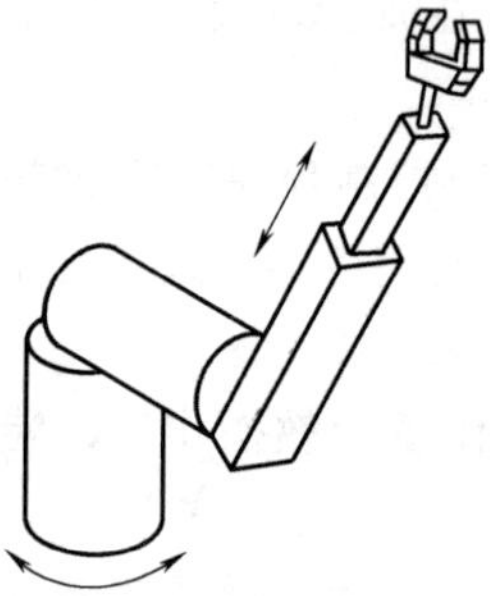

图 4-25　极坐标型机器人

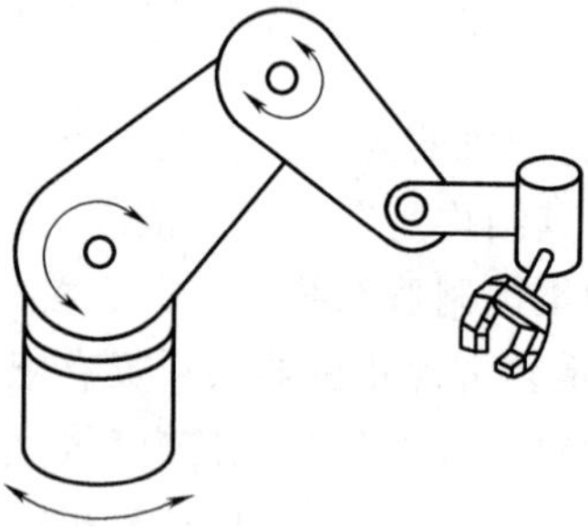

图 4-26　关节坐标型机器人

3. 按驱动方式分类

1）气压驱动机器人。以压缩空气作为动力源驱动执行机构运动的机器人。具有动作迅速、结构简单、成本低廉的特点，适用于高速、轻载、高温和粉尘大的环境作业。

2）液压驱动机器人。采用液压元器件驱动，具有负载能力强、传动平稳、结构紧凑及动作灵敏的特点，适用于重载、低速驱动的场合。

3）电气驱动机器人。用交流或直流伺服电动机驱动的机器人。不需要中间转换机构，机械结构简单、响应速度快、控制精度高，是近年来常用的机器人驱动结构。

4. 按控制方式分类

按照控制方式可把机器人分为非伺服控制机器人和伺服控制机器人。

非伺服控制机器人按照预先编好的程序进行工作，使用定序器、插销板、终端限位开关及制动器等来控制机器人的运动。

与非伺服控制机器人相比，伺服控制机器人具有较为复杂的控制器、计算机和机械结构，带有反馈传感器，拥有较大的记忆存储容量。这意味着能存储较多点的地址，运行更为复杂平稳，编制和存储的程序可以超过一个，因而该机器人可以有不同的用途，并且转换程序所需的停机时间极短。

伺服控制机器人又可分为点位伺服控制机器人和连续轨迹伺服控制机器人。点位伺服控制机器人一般只对其一段路径的端点进行示教，而且机器人以最快和最直接的路径从一个端点移到另一个端点，点与点之间的移动总是有些不平稳。这种控制方式简单，适用于上下料、点焊等作业。连续轨迹伺服控制机器人能够平滑地跟随某个规定的轨迹，它能较准确地复原示教路径。

无论是哪一类工业机器人，都要对有关位置和速度（以及可能的一些其他物理量）的信息进行连续监测，并反馈到与机器人各关节有关的控制系统中。因此，各轴都是闭环的。闭环控制的应用使机械手的构件能按指令在各轴行程范围内的任何位置移动。此外，还可以控制不同轴上的运动在运动端点之间的速度、加速度、负加速度和冲击（即加速度对时间的导数），可以大大降低机械手的振动。

4.5.3　工业机器人的主要性能

1. 机器人的自由度

机器人的自由度（degree of freedom，DOF）指其末端执行器相对于参考坐标系能够独立运动的数目，但并不包括末端执行器的开合自由度。自由度是机器人的一个重要技术指标，它是由机器人的结构决定的，并直接影响到机器人能否执行相适应的动作。

2. 工作空间

工作空间指机器人末端上参考点所能达到的所有空间区域。机器人的工作空间取决于机器人的结构型式和每个关节的运动范围。图 4-27 所示分别为直角坐标型机器人、圆柱坐标型机器人、球坐标型机器人和关节坐标型机器人的工作空间。

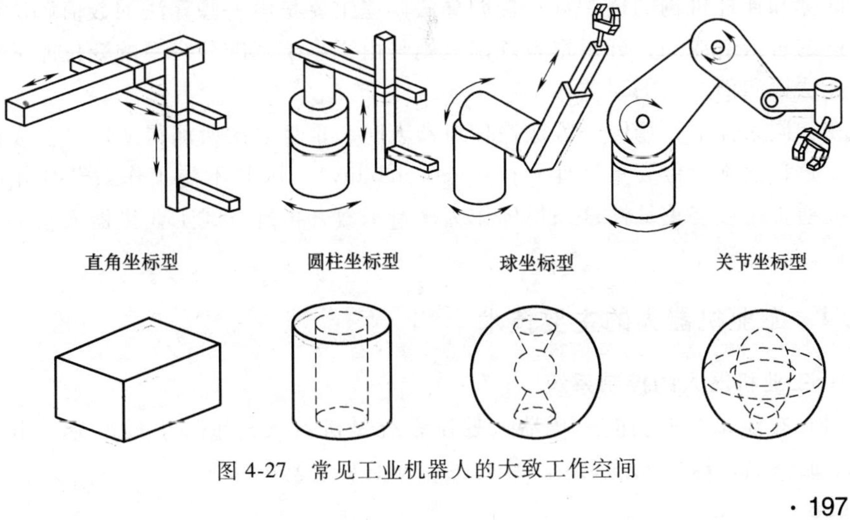

图 4-27　常见工业机器人的大致工作空间

3. 机器人额定速度与额定负载

机器人在保持运动平稳性和位置精度前提下所能达到的最大速度称为额定速度（rated velocity）。其某一关节运动的速度称为单轴速度，由各轴速度分量合成的速度称为合成速度。机器人在额定速度和行程范围内，末端执行器所能承受负载的允许值称为额定负载（rated load）。极限负载指在限制作业条件下，保证机械结构不损坏，末端执行器所能承受负载的最大值。

对于结构固定的机器人，其最大行程为定值，因此额定速度越高，运动循环时间越短，工作效率也越高。而机器人每个关节的运动过程一般包括起动加速、匀速运动和减速制动三个阶段，如果机器人负载过大，则会产生较大的惯性，造成起动、制动阶段时间延长，从而影响机器人的工作效率。对此，就要根据实际工作周期来平衡机器人的额定速度与额定负载。

4. 机器人分辨率、位姿准确度和位姿重复性

机器人分辨率指机器人各关节运动能够实现的最小移动距离或最小转动角度，它有控制分辨率（control resolution）和空间分辨率（spation resolution）之分。

控制分辨率是机器人控制器根据指令能控制的最小位移增量。若机器人末端执行器借助于二进制 n 位指令移动距离为 d，则控制分辨率为 $d/2n$；对于转动关节，则为角度的运动范围除以 $2n$ 得到控制角分辨率，再乘以臂长得到末端执行器的控制分辨率。空间分辨率是机器人末端执行器运动的最小增量。空间分辨率是一种包括控制分辨率、机械误差及计算机计算时的圆整、截尾和近似计算误差在内的联合误差。

机器人多次执行同一位姿指令，其末端执行器在指定坐标系中实到位姿与指令位姿之间的偏差称为机器人位姿准确度（pose accuracy）。位姿准确度主要包括机械误差、控制算法误差和分辨率系统误差。机械误差主要产生于传动误差、关节间隙和连杆机构的挠性等；控制算法误差主要是由一些算法的数值解法或数据精度的舍入造成的；分辨率系统误差则是由于小于基准分辨率的变位既无法编程也无法检测而产生的误差。

在相同条件下，用同一方法操作机器人时，重复多次所测得的同一位姿散布的不一致程度称为位姿重复性（pose repeatability）。因其不受工作载荷变化的影响，故通常用位姿重复性这一指标作为衡量示教—再现方式工业机器人水平的重要指标。

4.5.4 工业机器人的主要技术

1. 工业机器人的控制系统

（1）控制系统的功能　机器人控制系统是机器人的重要组成部分，用于对操作机的控制，以完成特定的工作任务，应有如下基本功能：

1）记忆功能：存储作业顺序、运动路径、运动方式、运动速度和与生产工艺有关的信息。

2）示教功能：离线编程，在线示教，间接示教。在线示教包括示教盒和导引示教两种。

3）与外围设备联系功能：输入和输出接口、通信接口、网络接口和同步接口。

4）坐标设置功能：有关节、绝对、工具和用户自定义四种坐标系。

5）人机接口：示教盒、操作面板和显示屏。

6）传感器接口：位置检测、视觉、触觉和力觉等。

7）位置伺服功能：机器人多轴联动、运动控制、速度和加速度控制及动态补偿等。

8）故障诊断安全保护功能：运行时系统状态监视、故障状态下的安全保护和故障自诊断。

（2）控制系统的组成

如图 4-28 所示，工业机器人控制系统通常由控制计算机、示教盒、操作面板、存储器、输入/输出接口、检测传感器和通信接口等组成。

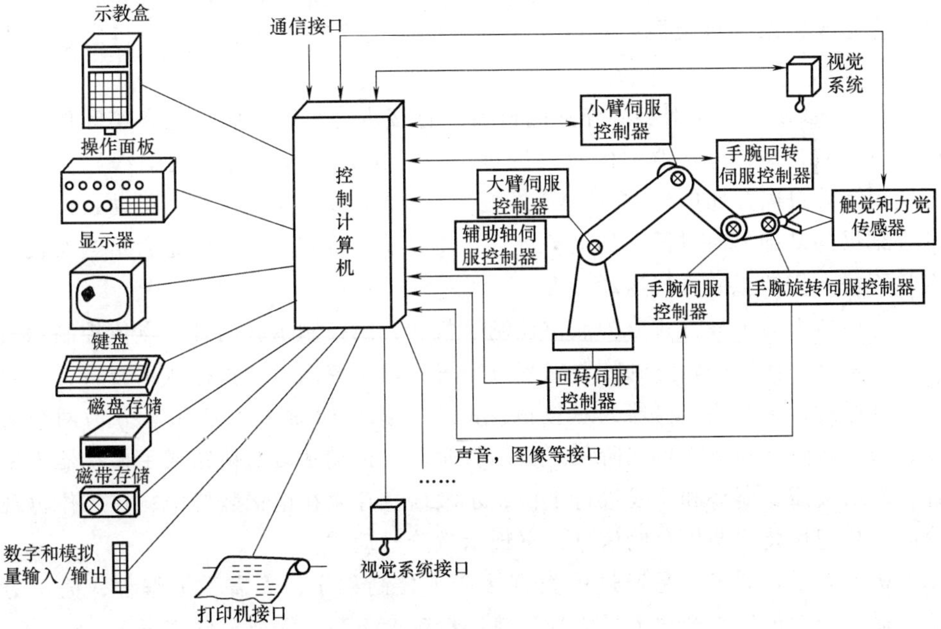

图 4-28　工业机器人控制系统的组成

2. 工业机器人的编程技术

（1）机器人的示教　用机器人代替人进行作业时，必须预先对机器人发出指示，规定机器人进行应该完成的动作和作业的具体内容。这个过程就称为对机器人的示教，或对机器人的编程。对机器人的示教有不同的方法，要想让机器人实现人们所期望的动作，必须赋予机器人各种信息，首先是机器人动作顺序的信息及外部设备的协调信息；其次是机器人工作时的附加条件信息；最后是机器人的位置和姿态信息。前两个方面很大程度上是与机器人要完成的工作以及相关的工艺要求有关，所以我们重点介绍一下有关机器人的位置和姿态的示教。位置和姿态（简称位姿）的示教大致可有以下几种，如图 4-29 所示。

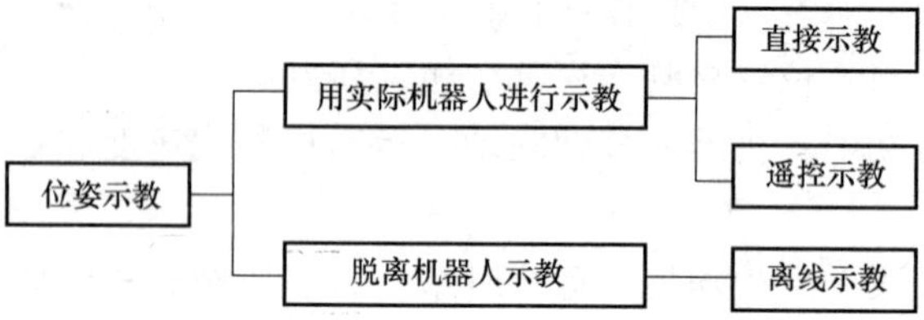

图 4-29　位姿示教框图

1）直接示教。就是我们常说的手把手示教，由人直接搬动机器人的手臂对机器人进行示教，如示教盒示教或操作杆示教等。在这种示教中，为了示教方便及获取信息的快捷而准确，人们可选择在不同的坐标系下示教，可在关节坐标系、直角坐标系（极坐标系）以及工具坐标系、工件坐标系或用户自定义的坐标系下示教。

2）离线示教。不对实际作业的机器人直接进行示教，而是脱离实际作业环境生成示教数据，间接地对机器人进行示教。在离线示教（离线编程）中，通过使用计算机内存储的模型（CAD 模型），不要求机器人实际产生运动，便能在示教结果的基础上对机器人的运动进行仿真，从而确定示教内容是否恰当及机器人是否按人们期望的方式运动。

对机器人的示教方式分为点位控制示教和轮廓控制示教两种。点位控制示教的原理是逐一使每个轴达到需要编程点位置；轮廓控制示教指握住示教臂，以要求速度通过所给路线。机器人示教再现的工作原理如图 4-30 所示。分为两个阶段，即示教阶段和工作再现阶段。在示教阶段，拨动示教盒按钮或手握机器人手臂，使之按需要姿势和路线进行工作，示教信息存储在记忆装置中；在工作再现阶段，从记忆装置调用存储信息，再现示教阶段动作。

机器人示教的优点是通过示教直接产生控制程序，无需手工编程，简单方便，适用于大批量生产。不足之处是轨迹精确度不高，需要存储容量大。

（2）机器人编程语言　机器人编程语言是人与机器人之间进行信息交换的程序语言，它伴随着机器人的诞生而问世。目前，世界上已有众多的机器人语言，在应用的机器人语言尽管种类很多，但根据作业描述水平的高低，通常可将

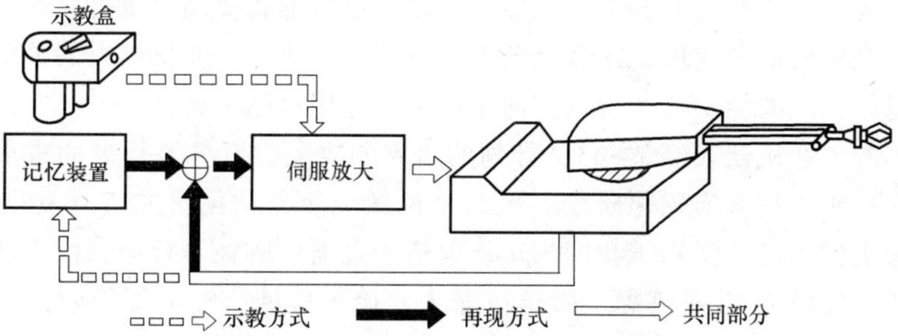

图 4-30　机器人示教再现的工作原理

机器人语言分为如下三个不同的级别。

1）动作级语言。这种语言是以机器人的运动作为描述的对象，是由控制手爪从一个位置到另一位置的一系列命令组成，每一个命令对应一个动作。如定义运动序列的基本语句格式为：MOVE TO<destination>

动作级语言的代表是 VAL 语言，其语句简单，易于编程。动作级语言的缺点是不能进行复杂的数学计算；仅能接受传感器的开关信号，不能接受复杂的传感器信息；和其他计算机通信能力很差。

2）对象级语言。该类语言弥补了动作级语言的不足，是以描述操作物体之间的关系为中心的语言，通过对操作物体之间关系的描述使机器人动作。这类语言的典型代表有 AML、AUTOPASS 等。其功能有：①运动控制，具有与动作语言类似的功能。②处理传感器的信息，可以接受比开关信号更复杂的传感器信号，并可利用传感器的信号进行控制、监督以及修改和更新环境模型。③通信和数字运算，能方便地和计算机的数据文件进行通信，数字计算功能强，可以进行浮点运算。此外，对象级语言具有很好的扩展性，用户可以根据实际需要扩展语言的功能，增加控制指令。

3）任务级语言。任务级语言是比较高级的机器人语言，这类语言允许使用者对工作任务所要求达到的目标直接下命令，不需要规定机器人所做的每一个动作的细节。只要按某种原则给出最初的环境模型和最终的工作状态，机器人可自动进行推理、计算，最后自动生成机器人的动作。任务级语言编程系统必须有能力自动地完成许多规划方面的任务。例如，当发出抓住螺栓的指令时，任务级语言系统能规划一条运动的路径，并做到与周围任何一个障碍物不发生碰撞；然后自动地在螺栓上选择一个很好的抓取点，并且能够抓住它。到目前为止，还未发现有关真正的任务级语言编程系统的报导。

4.5.5　工业机器人在现代制造业中的应用

工业机器人主要应用在汽车制造、机械制造、电子器件、集成电路及塑料加工等较大规模的生产行业。工业机器人可以以单机形式使用，也可以作为生产系统中的一个构成部分使用。随着社会需求发展的变化，工业机器人的灵活性和性能越来越好，在柔性制造系统及其他系统中的应用也越来越多。

我国的工业机器人经“863”计划的研究和攻关，取得了长足的进展，使我国机器人的研究进入实用化阶段。由北京机械工业自动化研究所开发生产的 PJ 系列喷涂机器人已广泛用于我国汽车及电机、电器、陶瓷等行业；由大连组合机床研究所开发的 R 系列弧焊、搬运机器人，用于机械、轻工等行业；由北京机床研究所开发的 GJR 系列搬运、点焊、弧焊机器人，用于汽车、摩托车、自行车等行业。此外，上海交通大学开发的精密 1 号装配机器人，采用先进的 DD 直接驱动、二维视觉、六维力觉传感器和多任务操作系统，可进行离线编程；中科院沈阳自动化所开发了水下特种机器人；北京航空航天大学开发的仿人灵巧手，7 根驱动轴，可进行复杂装配作业，已有出口；上海大学开发的壁面行走机器人，能跨越障碍，垂直于壁面行走；哈尔滨工业大学开发了管道作业机器人等。我国已能够独立自主开发各类工业机器人，并开始了自己的机器人工业。

下面是工业机器人的几种典型应用。

（1）汽车点焊、喷漆机器人　汽车制造生产线中的点焊和喷漆工作量极大，且要求有较高的精度和质量。由于采用传送带流水作业，速度快，上下工序要求严格，所以采用点焊机器人和喷漆机器人作业可保证质量和提高效率。

图 4-31 所示为一个喷漆机器人，可进行自动喷漆或喷涂其他涂料。喷漆机器人的运动采用空间轨迹运动控制方式，我国已研制出多种型号的喷漆机器人并投入使用，取得了较好的经济效果。

图 4-32 所示为奇瑞装备有限责任公司与哈尔滨工业大学合作研制的 165kg 点焊机器人，已在线应用约 50 台，分别用于焊接、搬运等场合，并自主研制出

图 4-31　喷漆机器人

图 4-32　点焊机器人

我国第一条国产机器人自动化焊接生产线，可实现 S11 车型左右侧围的生产。

（2）搬运、码垛机器人　对于柔性制造系统，要实现 24h 无人值守或者更高的自动化要求，其物料的搬运、摆放及存取等大都是通过搬运机器人和码垛机器人来完成。图 4-33 所示为用于柔性制造系统的搬运机器人。

（3）装配机器人　统计资料表明，在现代工业化生产过程中，装配作业所占的比例日益增大，其作业量达到 40%左右，作业成本占产品总成本的 50%～70%。因此，以装配机器人为主构成的装配作业自动化系统近年来获得迅速发展。在国外一些企业的装配作业中已大量采用机器人来从事装配工作，如美国、日本等国家的汽车装配生产线上采用装配机器人装配汽车的零部件，如图 4-34 所示，在电子、电器行业中，用机器人来装配电子元件和器件等。装配机器人一般用于大件、多品种、小批量及装配作业内容改变频繁的场合。

图 4-33　搬运机器人

图 4-34　装配机器人

第5章 先进制造管理技术

18世纪，第一次工业革命后，作为商品生产的管理理论逐渐产生，生产管理技术进入早期管理阶段。随着生产规模的扩大，内部分工日益明细，协作更加广泛，对生产管理的要求也就更高。1911年，科学管理之父——弗雷德里克·温斯洛·泰勒出版了《科学管理原则》一书，在该书中他阐明了如下观点：科学管理的根本目的是谋求最高劳动生产率，最高的工作效率是雇主和雇员达到共同富裕的基础，要达到最高的工作效率的重要手段是用科学化的、标准化的管理方法代替经验管理。20世纪70年代之后，市场竞争日益激烈，生产企业若要在其中求得生存和发展，除了采用现代化的生产手段、一流的制造设备和先进的工艺方法之外，还必须通过现代管理技术来加速企业的改造，于是涌现了许多先进的管理理念和技术。生产技术进入了现代生产管理阶段，这个阶段的主要特征是计算机广泛应用于企业生产管理过程。

先进制造管理技术是用于设计、管理、控制、评价、物流至销售与售后服务等一系列活动的管理思想、方法和技术的总称，是一项综合性技术。其主要管理技术包括用于生产计划与控制的物料需求计划（MRP）；在MRP基础上发展成为集采购、库存、生产、销售等于一体的制造资源计划（MRPⅡ）；在MRPⅡ基础上出现的以供应链为核心的企业资源计划（ERP）管理模式等。先进制造管理技术的主要特点如下：

1）以技术为中心向以人为中心转变。将人视为企业一切活动的主体，使技术的发展更加符合人类社会发展需要。

2）从传统的递阶多层管理结构形式向扁平式结构转变。强调组织结构的简化，减少层次，去除不产生效益的环节，增强灵敏性。

3）重视发挥计算机的作用。现代制造信息的储备、加工及交换都要求实时、准确，这些都需要计算机及其网络技术的支持。

4）强调信息集成。信息的集成有助于使制造系统始终运行在最佳状态，实现信息共享，保持信息流的畅通。

5）企业从单纯竞争走向结盟的道路，技术共享，创新成为企业竞争的焦点。

本章在讨论先进管理理念和技术的基本上，侧重介绍产品数据管理、物料需求计划、企业资源管理、准时生产和现代质量工程等先进制造管理技术。

5.1　产品数据管理

5.1.1　概述

随着科学技术的进步，制造业取得了迅猛的发展。由于生产方式和生产速度的变化，高效、准时地响应市场对企业变得越来越重要；同时，伴随着计算机技术的广泛应用，大量的 CAD、CAM、CAE 及 CAPP 等软件应用于企业，计算机产生的各种数据也迅速增加。这么多数据如何管理，成为企业面临的一大难题。因此，20 世纪 80 年代初期，CAD 开发商推出了一个管理系统，目的是建立起高效、实用的管理体系，对大量的 CAD 数据（工程图纸、文档等）实施有效的管理，解决大量产品信息的计算机管理问题。

产品数据管理（product data management，PDM）是近几年来的一个技术热点，引起国内外许多企业的兴趣。PDM 并没有一个统一的定义，可以定义为以软件技术为基础，以管理为核心，实现对所有产品相关的信息（包括电子文档、数字化产品模型、数据记录等）、过程（包括工作流程和更改流程等）和资源进行集成管理的技术。它提供产品全寿命周期的信息管理，并可在企业内或企业间建立一个并行化的产品开发协作环境。

产品数据管理的最初实施是为了解决大量的 CAD 文件、工程图样以及技术文档等的计算机管理问题，之后又逐渐扩展，包含了产品开发过程中的三个主要领域：设计图样和文档的电子管理、材料明细表及其与工程文档的集成及工程变更的跟踪管理等。现在所说的产品数据管理是对工程数据管理、文档管理、产品信息管理、技术数据管理、图像管理及其他产品信息技术的总称与概括。

产品数据管理系统与其他信息管理系统，如物料管理系统与项目管理系统的不同之处在于，产品数据管理系统进行信息管理时的两条主线是静态的产品结构以及动态的产品设计流程，所有的信息组织和资源管理都是围绕产品设计展开的。

目前，PDM 技术的研究与应用在国内外已相当广泛，已经成为企业信息化的一种重要的技术工具。商品化的 PDM 系统软件有百余种，国外的如 SDRC 的 Metaphase、EDS/UG 的 IMAN、Autodesk 公司的 Work Center 以及 IBM 的 PM 等。我国从 20 世纪 90 年代初开始 PDM 的研究与应用，总体上我国的 PDM 还处于起步阶段、水平还比较低，但已广泛应用于包括机械、电子、航空航天、汽车以及非制造企业（如石化、交通）等领域。例如，长虹电子控股集团有限公司、康佳集团股份有限公司以及科龙电器股份有限公司等企业，都已经采用 PDM 进行管理。

5.1.2 产品数据管理的体系结构

PDM系统应用面向对象的设计方法，采用现在流行的客户机/服务器体系结构，并建立在分布式数据库技术和网络技术的基础上，为开发网络和数据操作接口模块提供底层服务与支持，并提供产品数据组织与管理功能及用户前段软件工具集，实现产品全生命周期的信息管理，协调控制工作流程和项目进展。PDM系统的体系结构可以分解为以下四个层次的内容，如图5-1所示。

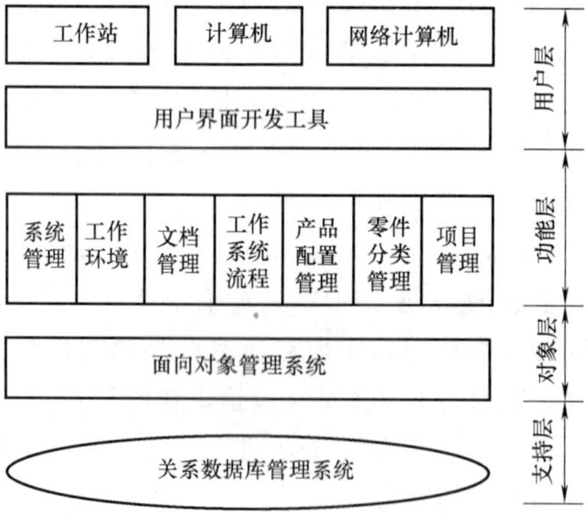

图5-1 PDM系统的体系结构

第一层为支持层。目前PDM系统普遍以通用的关系数据库作为平台，利用关系数据库的存、改、取、删、查等基本的数据管理功能。

第二层为对象层，又称为产品主题化层。产品数据动态变化，而商用关系型数据库侧重于管理事务性数据，并不能满足管理要求。因此，在PDM系统中，通过若干个二维关系表格来描述产品数据的动态变化。PDM系统将其管理的动态变化数据的功能转化成几个，甚至几百个二维关系型表格，实现面向产品对象管理的要求。

第三层为功能层。面向对象层提供了描述产品数据动态变化的数学模型。在此基础上，根据PDM系统的管理目标，在PDM系统中建立相应的功能模块。一类是包括电子仓库和文档管理、产品结构、工作流程管理及配置管理等的基本功能模块；另一类是系统管理模块，包括系统管理和工作环境两种工作模块。系统管理主要是针对系统管理员如何维护系统，确保数据安全与正常运行；工作环境主要保证各类不同的用户能够正常、可靠、安全地使用PDM系统。

第四层为用户层。包括开发工具层和界面层。用户层主要是提供给PDM系统用户一个由PDM系统依据功能单元的不同和用户的账号动态分配的界面，用来进行人机对话，这样就使得 PDM 系统只展现该用户所关心的产品信息，以便用户更有效地处理自己的工作。

整个 PDM 系统以及相应的关系型数据库都建立在计算机的操作系统和网络系统的平台上，构成了一个大型的信息管理系统，PDM 将有效地对各类信息进行合理、正确和安全地管理；同时还有各式各样的应用软件，如 CAD、CAM、CAT、CAE、CAPP、文字处理、表格生成、图像显示和音像转换等。

5.1.3　产品数据管理的主要功能

PDM 系统的主要功能模块如图 5-2 所示。

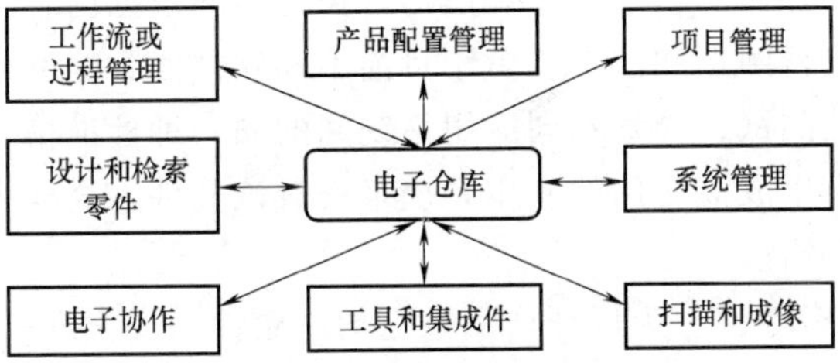

图 5-2　PDM 系统的主要功能模块

PDM 系统的功能按照软件模块来划分，可以概括为以下几个方面。

1）电子仓库，即电子资料室及文档管理（data vault and document management）。电子资料室是 PDM 最核心的功能，一般建立在关系型数据库（如 oracle）基础上，主要保证数据的安全性和完整性，并支持各种查询与检索功能。它由管理数据的数据（元数据）以及指向描述产品不同方面的物理数据和文件的指针组成，可以方便地实现以产品数据为核心的信息共享。电子资料室通过权限控制来保证产品数据的安全性，面向对象的数据组织方式能够提供快速、有效的信息访问，实现信息透明、过程透明。一个完全分布式的电子资料室能够允许用户迅速无缝地访问企业的产品信息，而不考虑用户和数据的物理位置。

2）工作流或过程管理（workflow or process management）。这一模块用来定义和控制人们创建和修改数据的方法，它主要管理当一个用户对数据进行操作时会发生什么、人与人之间的数据流动，以及在一个项目的生命周期内跟踪所有事务和数据活动。此模块为产品开发过程的自动管理提供了必要的支持。由于产品数据管理过程的复杂性和多样性，目前商品化 PDM 的工作流或过程管理，主要靠系统的用户化和系统提供的二次开发工具，经二次开发而实现。

3）产品配置管理（product configuration management）。这一功能以电子资料室为底层支持，以物料清单（BOM）为其组织核心，把定义最终产品的所有工程数据和文档联系起来，对产品对象及其相互之间的联系进行维护和管理。产品配置管理能够建立完善的 BOM 表，并实现其版本控制，高效、灵活地检索与查询最新的产品数据，实现产品数据的安全性与完整性控制。它可使企业各部门在产品整个生命周期内共享统一的产品配置，并且对应不同阶段的产品定义，生成相应的产品结构视图。

4）项目管理。一个功能很强的项目管理能够为管理者提供到每分钟项目和活动的状态信息，通过 PDM 与流行的项目管理软件包接口，可获得资源规划和重要路径报告。目前，项目管理在 PDM 系统中考虑得还不多，许多 PDM 系统只能提供工作流程活动的状态信息与过程监控。

5）查看和圈阅。该模块为计算机审批检查过程提供支持。用户可以通过它查看电子资料室中存储的包括图像和图形数据在内的数据内容。用户还可用图形覆盖技术对文件进行圈点和注释。由于目前不同软件商在标准格式文件的实现上缺乏统一的一致性测试，导致不同应用系统间的同一种标准格式文件不兼容。因此，应尽量采用由生成该文件的应用系统来查看该文件，这样才能消除由这些不一致性带来的潜在错误。

6）设计和检索零件。为保证产品数据的一致性、安全性，PDM 系统对数据库中的数据进行了分类，并提供静态保护模式和并发存取控制两种保护方式进行保护。设计和检索零件就是为最大限度的重复利用现有设计来创建新的产品提供支持。

7）扫描和图像。PDM 应能管理和编辑处理经扫描存入计算机的图样信息。这一模块能提供点阵图像和矢量图像混合编辑功能，用户可分别对图像和图形进行各种处理。通过对扫描输入的已有图样的二次开发设计与修改，提高设计效率，改善工作环境。

8）电子协作。主要实现人与 PDM 数据之间实时的交互功能。较为理想的电子协作技术能够无缝地与 PDM 系统一起工作，允许交互访问 PDM 对象，公共对象请求代理体系结构（CORBA）或对象链接与嵌入（OLE）消息的发布和签字机制把 PDM 对象紧密结合起来。

9）零件族管理。零件管理是 PDM 的辅助模块，提供符合国际的基本零件族定义与一套定制属性和继承关系的工具方法，能提高企业零部件的重新利用水平。按现行标准及成组技术，根据物性和外形尺寸，PDM 系统应能让用户建立企业基本的树形零件族。

综上所述，PDM 系统的文档管理是基础，产品管理的重要环节是产品配置管理，工作流程管理面对的是各种简单的或复杂的工作流程，项目管理和零件分类管理的作用是有助于 PDM 与 MIS、MRPU 进行信息交换。

PDM 系统的这些管理功能已得到广泛的应用。利用 PDM 这一信息传递的桥梁，可方便地进行 CAD 系统、CAPP 系统、CAM 系统、CAE 系统以及 MRPⅡ系统之间的信息交换和传递，实现设计、制造和经营管理部门的集成化管理。

5.1.4　产品数据管理技术的应用及发展趋势

PDM 技术的应用领域十分广泛，现在主要是集中在制造业领域，机械、电子、汽车等行业均已开始实施 PDM 技术。在这些行业中，PDM 系统对企业的产品数据进行统一管理，并且在产品开发的整个过程中协助管理者对开发过程进行有效管理。在此基础上，PDM 系统还可以作为 CIMS 集成的基本框架，可以把 CIMS 中的其他子系统，如 CAD/CAPP/CAM 子系统、MIS 子系统和 MRPⅡ子系统等，通过系统集成工具和接口有效地集成在一起，构成一个完整的 CIMS，在全企业范围内实现数据的共享。除制造业领域，PDM 技术还可以应用于工程项目中，如建筑、桥梁等，也可应用于基础设施和公用事业中，如机场、海港、铁路运营系统及后勤仓储等。随着 PDM 技术的不断发展，其应用的领域也将逐步扩大。从 PDM 技术本身的角度出发，根据当前研究的热点来看，PDM 技术今后的发展主要体现在以下几个方面。

1. 网络技术和分布式数据库技术在 PDM 系统中的应用

基于因特网/企业内部网平台及 Java 语言，开发结构灵活、用户界面友好的 PDM 系统已成为一种趋势。今后的制造业将向着分散网络化制造的方向发展，基于网络的企业数据管理被认为是其支撑技术之一。在分散化制造中，为支持各企业之间信息共享和企业及时重组，企业内的产品数据就必须有效管理起来，以便实现与合作企业之间的网上信息交流，共同完成产品的开发和制造。PDM 系统要能支持分散化网络制造，就需要在系统中更多地应用网络技术和分布式数据库技术，提供用户对数据访问的透明性，简化客户端的操作，加强用户之间通过网络的信息交流。

2. 基于并行工程的企业信息集成

PDM 技术作为支持企业重组和并行工程的使能技术，作为在 CIMS 集成中的理想平台，在今后的发展中将会更多地考虑这两方面的要求。并行工程是集成的、并行的设计产品及其相关过程（包括制造过程和支持过程）的系统方法。这种方法要求产品开发人员在设计一开始就考虑产品整个生命周期，即从概念形成到产品报废处理的所有因素，包括质量、成本、进度计划和用户要求。PDM 系统要能支持并行工程，需要在流程管理系统集成上按照并行工程的思想，提供并行协同的设计平台和管理平台。支持异地分布人员对同一图形进行显示与处理，保证各类技术人员在不同终端上对同一模型进行操作。在 PDM 系统环境中，技术人员可以对图形和模型数据实现共享，管理人员可以对同一决策方案进行商讨。此外，系统需要提供各种决策评价系统，评价各个阶段的工作（包括设计、管理等），后续岗位人员将评价的结果作为提前进入的依据，确保整个工作全面、顺利、协调地展开。

3. PDM与MRPⅡ相互结合

PDM系统与MRPⅡ系统都具有对产品生命周期数据进行管理的能力。PDM侧重于对产品设计和过程数据进行管理的能力，PDM的任务是控制产品配置，使用更改控制和产品生命周期来管理产品定义数据的开发、修改以及并行使用。而MRPⅡ则偏重于对计划、物料和制造过程的管理，主要任务是控制生产计划过程，平衡期望的产品销售情况与制造这些产品所需消耗资源之间的关系。因为这两个系统中的任何一个都不能完全包括所有的产品全生命周期的数据，所以PDM与MRPⅡ相结合，实现它们之间功能的互补是今后两者发展的主要方向。PDM与MRPⅡ系统集成的关键点在产品结构和配置管理，通过BOM表来传递两个系统之间的数据是集成的重要手段。BOM反映了产品的结构关系和每一个零部件所需要的物料信息，为PDM和MRPⅡ系统提供了产品的基础信息。

这些信息都是静态信息，而且PDM中的BOM表与MRPⅡ中的BOM表并不总完全一致，所以PDM在今后的发展中可以开发能够让两个系统都可用的、统一的BOM表结构。而对于两个系统都要参与的更改/审批管理等动态信息的交流，可以考虑采用CORBA技术，利用CORBA技术将接口与具体的数据库实现分离，使信息处理达到实时动态的水平。PDM与MRPⅡ的进一步结合也是实现CIMS集成必须进行的工作。

4. 向标准化与通用化发展

PDM系统现有的软件因开发商不同，各自考虑的侧重点也不一样。但是，PDM技术作为CTMS集成的基础框架，必然要有一个标准以方便将其余各系统快速集成到这一框架中。PDM系统的标准化包含管理对象的标准化和管理过程的标准化。管理对象的标准化需要系统提供能与各子系统集成的标准接口，这其中包括系统封装接口和标准数据接口。对于系统封装接口可以采用当前流行的CORBA技术，通过CORBA技术，开发者就可以采用不同的编程语言、操作系统和硬件平台来开发面向对象的分布式应用功能模块；同时，利用CORBA技术封装的系统也可以迅速集成到PDM主框架中。对于标准数据接口，可以应用国际通行的STEP标准来规范各种类型的数据。管理过程的标准化则需要PDM系统在今后的发展中，对工作流程和管理流程采用ISO 9000系列标准以及企业必须遵循的其他标准。这样就可以使PDM系统在应用到各企业时易于实施，使PDM系统客户化的工作量相应量减少。

5.2 物料需求计划

传统的生产管理问题很多，其中最突出的是库存控制问题。企业为了保证生产活动不间断地进行，往往把原材料等物料的库存量定得很高，这使得库存投资增加，生产成本上升。因此，降低成本的主要矛盾就是解决库存积压与短缺问题。

5.2.1　概述

物料需求计划（material requirement planning，MRP）是 20 世纪 60 年代末 70 年代初发展起来的一种新型的管理技术和方法，是现代生产管理系统中重要的组成部分。MRP 的核心是优化计划和支持作业调度。企业从接受客户订单开始，根据主生产计划提出的产品需求和市场对某些零部件的独立需求，根据产品结构数据（物料用量清单），并考虑产品、零部件和原材料的生产或采购提前期以及库存储备情况，计算出各零部件和原材料的需要量和需要时间，从而做出生产或采购计划，即物料需求计划。这种办法可有效地解决存货和缺货问题，迅速、准时地发货和交货，缩短生产周期。

把所有物料分成独立需求（independent demand）和相关需求（dependent demand）两种类型。在 MRP 系统中，“物料”是一个广义的概念，泛指原材料、在制品、外购件以及产品。

（1）独立需求　若某种需求与对其他产品或零部件的需求无关，则称为独立需求。它来自企业外部，其需求量和需求时间由企业外部的需求来决定，如客户订购的产品、售后用的备品、备件等。其需求数据一般通过预测和订单来确定，可按订货点方法处理。

（2）相关需求　对某些项目的需求若取决于对另一些项目的需求，则这种需求为相关需求。它发生在制造过程中，可以通过计算得到。对原材料、毛坯、零件和部件的需求，来自制造过程，是相关需求。MRP 处理的正是这类相关需求。

例如，汽车与零部件的关系。汽车产品的零部件与物料就具备相关需求，因为任意时刻所需零部件与原材料的总量都是汽车生产量的函数。相反地，汽车的需求则是独立性需求——汽车并非其他任何东西的组成元件。

根据产品的需求时间和需求数量进行展开，按时间段确定不同时期各种物料的需求。

MRP 的基本原理是，由主生产进度计划（MPS）和主产品的层次结构，逐层、逐个地求出主产品所有零部件的出产时间、出产数量，把这个计划称为物料需求计划。其中，如果零部件是靠企业内部生产的，需要根据各自的生产时间长短来提前安排投产时间，形成零部件投产计划；如果零部件需要从企业外部采购，则要根据各自的订货提前期来确定提前发出各自订货的时间、采购的数量，形成采购计划。确实按照这些投产计划进行生产和按照采购计划进行采购，就可以实现所有零部件的出产计划，不仅能够保证产品的交货期，还能够减少原材料的库存，减少流动资金的占用。

MRP 系统的工作流程图如图 5-3 所示。它从最终产品生产的时间和数量出发，按照产品的结构进行展开，推算所有零部件和原材料的需求量，并根据现有库存状态和生产或采购过程所需的提前期，最终确定具体的生产投放和物料采购的时间。

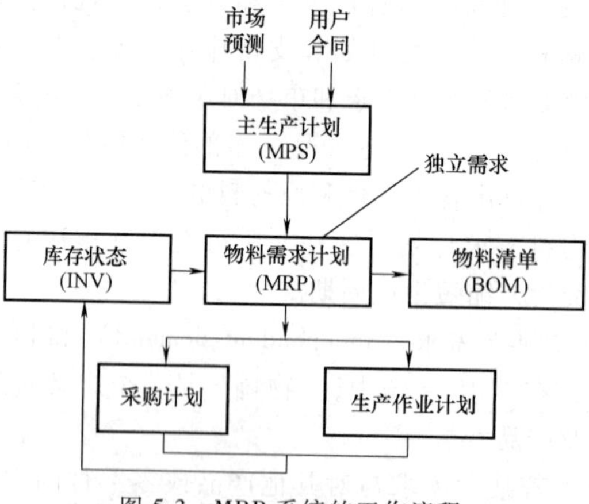

图 5-3　MRP 系统的工作流程

5.2.2　物料需求计划的输入信息

MRP 的主要功能是准确制订企业产品生产所需的原材料和零部件的采购和投放计划。MRP 系统有三种输入信息，即主生产计划信息、库存状态信息与产品结构信息。

1. 主生产计划信息

主生产计划（master production schedule，MPS）也称为主生产作业计划，它是生产计划系统的核心，是生产制造功能与市场营销功能的界面，是所有短期生产活动，包括原材料采购、零部件外协、制造和装配等活动的依据。主生产计划的对象是产品，它规定在计划时间内（年、月）每一生产周期（旬、周等）最终产品的计划生产量。

主生产计划是根据用户订货与市场预测来确定的，但它并不等于预测，因为预测未考虑企业的生产能力，而计划则要通过生产能力平衡后才能确定。预测的需求量可能随时间起伏变化，而计划可通过提高或降低库存水平作为缓冲，使各周期计划生产量趋于一致，以达到均衡稳定生产的目的。主生产计划是 MRP 的基本输入，MRP 根据主生产计划展开，导出构成这些产品的零部件与原材料在各周期的需求量。

有些企业除生产成品外，同时还生产（销售）用于维修或试验用的备件、部件，它们属于独立需求。这些备件、部件的品种、数量及需求时间等也应通过预测及用户订货来确定，并输入 MRP 系统中。

2. 库存状态信息

库存状态信息应保存所有产品、零部件、在制品和原材料（统称为项目）的库存状态信息，主要包括如下内容：

1）当前库存量。指企业仓库实际存放的、当前可用的库存量。

2）计划入库量（在途量）。指根据正在执行中的采购订单或生产订单，在未来计划周期项目的入库量。在这些项目入库的周期内，把它们视为可用库存量。

3）提前期。指执行某项作业时由开始到完成所需要的时间。对于采购件，指从向供应商提出对某个项目的订货，到该项目到货、入库所消耗的时间。对于制造或装配件，指从计划下达工作任务到制造或装配完毕所消耗的时间。

4）订购（生产）批量：指在某个时间周期一次向供应商订购（或要求生产部门生产）某项目的数量。

5）安全库存量。指为了预防需求或供应方面不可预测的波动，在仓库中应保持的最低库存数量。

此外，还需输入和保存组装废品系数、零件废品系数和材料利用率等信息。

3. 产品结构信息

产品结构又称为零件（材料）需求明细，如图 5-4 所示，图中以字母表示部件，数字表示零件，括号中的数字表示装配数。由图 5-4 可知，最高层（0 层）的 M 是企业的最终成品，它是由部件 B（每件 M 产品需用 1 个 B）、部件 C（每件 M 产品需用 2 个 C）及部件 E（每件 M 产品需用 2 个 E）组成的。而第 1 层的 B 部件是由部件 C、零件 1 和 2 各一件组成的，依次类推。这些部件和零件中，有些是企业自己生产的，有些可能是外购件。如果是外购件，如图 5-4 中的 E，则不必再进一步分解。

当产品结构信息输入计算机后，计算机根据输入的结构关系自动赋予各部件、零件一个低层代码。低层代码概念的引入，是为了简化 MRP 的计算。当一个零件或部件出现在多种产品结构的不同层次，或者出现在一个产品结构的不同层次上时，该零（部）件就具有不同的层次码。如图 5-4 中的部件 C 既处于 1 层，也处于 2 层，即部件 C 的层次代码是 1 和 2。产品结构是按层次代码逐级展开的，相同零（部）件处于不同层次就会产生重复展开，增加计算工作量。因此，当一个零、部件有一个以上层次码时，应以它的最低层代码（其中数字最大者）为其低层代码。图 5-4 中各零部件低层代码见表 5-1。

一个零件的需求量为其上层部件对其需求量之和。图 5-4 按低层代码在做第二层分解时，每件 M 直接需要 2 件 C，B 需要 1 件 C，因此生产一件成本 M 共需

3 件 C。部件 C 的全部需要量可以在第二层展开时一次求出，从而简化了运算过程。

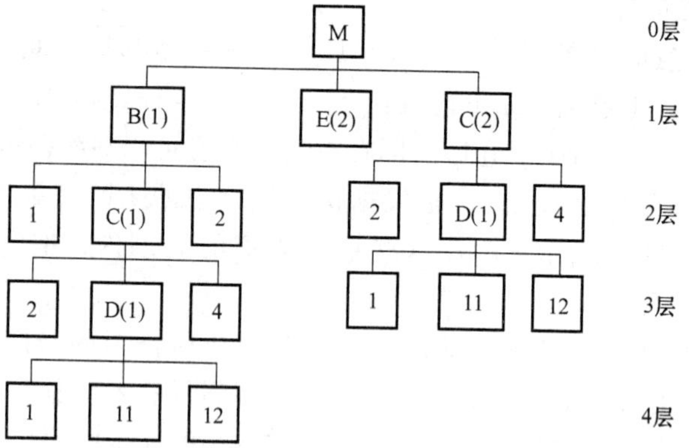

图 5-4　产品 M 的结构

表 5-1　零部件低层代码

件号	M	B	E	C	D	1	2	4	11	12
低层代码	0	1	1	2	3	4	3	3	4	4

5.2.3　物料需求计划的计算逻辑

MRP 的计算逻辑是按产品结构层次由上而下逐层展开的。首先，根据主生产计划中的最终产品数量确定总需求量；其次，查询可用库存量，计算出净需求量；再次，根据批量规则计算出每批订货量，即计划交付量；最后，根据提前期确定计划投放量及订购时间。可将计算逻辑简化为图 5-5 所示的工作计算流程，需要进行如下一些数值计算。

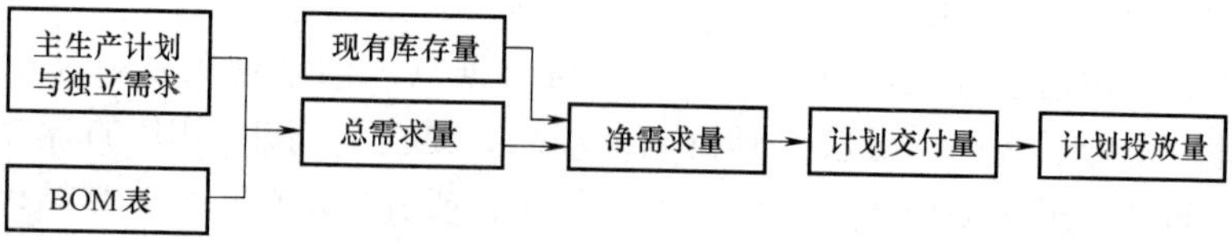

图 5-5　MRP 计算流程

1）总需求量（gross requirements）。如果是产品级物料，则总需求由 MPS 决定；如果是零件级物料，则总需求来自于上层物料的计划发出的订货量。

2）预计到货量（scheduled receipts）。该项目在有的系统中称为在途量，即计划在某一时刻入库但尚在生产或采购中，可以作为 MRP 使用。

3）现有数（on hand）。表示上期末结转到本期初可用的库存量。

现有数=上期末现有数+本期预计到货量-本期总需求量

4）净需求量（net requirements）。当现有数加上预计到货不能满足需求时产生的净需求。

净需求量=现有数+预计到货量-总需求量

5）计划接收订货量（planned order receipts）。当净需求量为正时，就需要接收一个订货量，以弥补净需求。计划接收订货量取决于订货批量的考虑，如果采用逐批订货的方式，则计划接收订货量就是净需求量。

6）计划发出订货量（planned order release）。计划发出订货量与计划接收订货量相等，但是时间上提前一个时间段，即订货提前期。订货日期是计划接收订货日期减去订货提前期。

另外，有的系统设计的库存状态数据可能还包括一些辅助数据项，如订货情况、盘点记录尚未解决的订货及需求的变化等。

5.2.4　闭环物料需求计划

20 世纪 70 年代，MRP 经过发展形成了闭环 MRP 生产计划和控制系统。闭环 MRP 是在 MRP 的基础上，引进能力需求计划，并进行运行反馈，从而克服了基本 MRP 的不足。

所谓闭环有两层含义：①把生产能力需求、车间作业计划和采购计划纳入 MRP，形成一个闭环系统；②在计划执行过程中，必须有来自车间、供应商和计划人员的反馈信息，利用这些反馈信息进行生产计划的调整和平衡，从而使生产过程中各个方面能够得到协调和统一。闭环 MRP 系统的作业过程是“计划—实施—评价—反馈—计划”不断反复、循环的过程。

闭环 MRP 的特点如下：

1）主生产计划来源于企业的生产经营计划与市场需求（如合同、订单等）。

2）主生产计划与物料需求计划的运行伴随着能力与负荷的运行，从而保证计划是可靠的。

3）采购与生产加工的作业计划与执行是物流的加工变化过程，同时又是控制能力的投入与产出过程；

4）能力的执行情况最终反馈到计划制订层，整个过程是能力的不断执行与调整的过程。

闭环 MRP 系统的出现，对生产能力进行了规划与调整；扩大和延伸了 MRP 的功能，在编制零件进度计划的基础上把系统的功能进一步向车间作业管理和物料采购计划延伸；通过对计划完成情况的信息反馈和用工派工、调度等手段来控制计划的执行，以保证 MRP 计划的实现，可加强对计划执行情况的监控和反馈。闭环 MRP 系统涉及的仅仅是物流部分，与物流密切相关的企业生产的资金流还是由财务人员另行管理的，这对生产管理过程中的成本及时核算带来不便。

5.2.5 制造资源计划

制造资源计划的英文全称是 manufacturing resource planning，缩写为 MRP；而物料需求计划的英文缩写也是 MRP，因此，为了加以区分，并考虑到两个概念产生的先后顺序，便将制造资源计划的英文缩写改写为 MRPⅡ。

MRPⅡ是一种系统化、计算机化的先进管理思想、管理技术和管理工具。它集中体现了企业管理的哲理和企业生产管理过程的客观规律和需求，是 20 世纪 80 年代在物料需求计划系统思想的基础上发展而来的。MRPⅡ由很多模块（子系统）组成，它们既相互独立又相互关联，构成制造业企业计算机管理信息系统，即计算机辅助管理的人机结合系统。

1. MRPⅡ的系统结构

目前，世界上有上百种 MRPⅡ的版本，每一种都有自己的独特之处，结构上也有所不同，但所依据的基本原理是相同的。MRPⅡ的系统结构如图 5-6 所示。

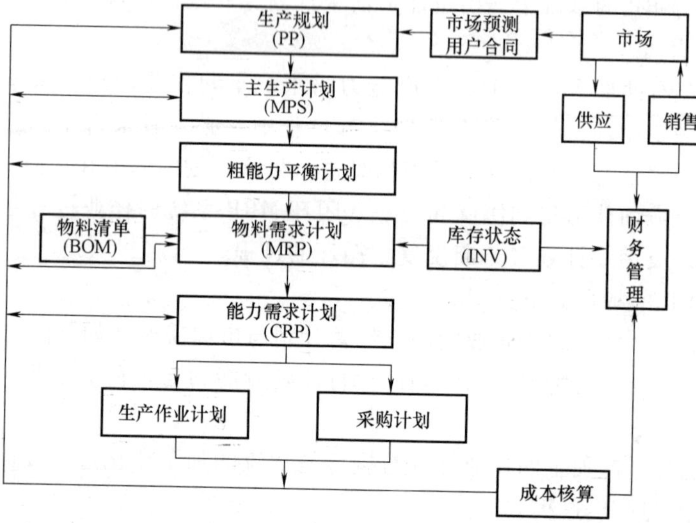

图 5-6 MRPⅡ的系统结构

一般来说，MRPⅡ可分为计划控制、物流管理和财务管理三大子系统。

（1）计划控制子系统　包括生产规划、主生产计划、物料需求计划、能力需求计划、生产作业计划和采购计划等。该子系统按照市场预测的销售前景，并考虑用户订单的实际情况来编写生产规划和主生产计划，由主生产计划、库存状态编制物料需求计划，据此计划安排原材料、外购件的采购和零部件的生产，以期将在制品、原材料及成品控制在最优的水平。此外，根据物料需求计划的结果将对生产能力进行核算，调整主生产计划，尽量维持生产的平衡。

(2) 物流管理子系统　包括库存管理、物料的采购供应和市场的营销等。物流管理子系统将向采购、销售和库房管理部门提供灵活的日常业务处理功能，并能自动将物料执行信息反馈给生产计划部门和财务部门。

(3) 财务管理子系统　财务管理子系统除对各类往来账目和日常发生的货币支付账目进行处理外，根据销售部门的销售单、发票、采购单和库存资金还能够向管理人员提供目前库存资金占用情况和企业运营情况，及时进行企业的生产成本核算。

2. MRPⅡ系统的特点

1) 管理的系统性。MRPⅡ系统是一种系统工程，它把企业所有与生产经营直接相关的部门的工作联成一个整体，每个部门都从系统整体出发做好本岗位工作，每个人都清楚自己的工作同其他职能的关系。在这样的系统中，不存在条块分割或者各行其是的状况，在统一的计划指挥下，所有人员齐心协力投入工作。

2) 计划的可行性。MRPⅡ是一个计划主导型的管理模式，包括从宏观的生产规划到微观的生产作业计划，从粗能力计划到能力计划与平衡，这些计划与企业的经营目标始终保持一致。计划由厂级职能部门进行编制，车间班组只是执行计划、进行调度和反馈计划执行中的信息。计划下达前，对生产能力进行验证和平衡，并根据反馈信息及时调整，处理好供需矛盾，保证计划的有效性和可执行性。

3) 数据共享性。MRPⅡ系统是一种管理信息系统，企业各部门都依据同一数据库的信息进行管理，任何一种数据变动都能及时地反映给所有部门，做到数据共享。在统一数据库支持下按照规范化的处理程序进行管理和决策，改变了过去那种信息不同、情况不明、盲目决策及相互矛盾的现象。为此，要求企业员工用严肃的态度对待数据，专人负责维护，提高信息的透明度，保证数据的及时、准确和完整。

4) 动态应变性。MRPⅡ系统是一个闭环系统，它要求跟踪、控制和反馈瞬息万变的实际情况，管理人员可随时根据企业内、外部环境条件的变化迅速做出响应，及时调整决策，保证生产计划正常进行。它可以保持较低的库存水平，缩短生产周期，及时掌握各种动态信息，因而有较强的应变能力。为了做到这一点，必须树立全员的信息意识，及时准确地把变动了的情况输入系统。

5) 模拟预见性。MRPⅡ系统是生产经营管理客观规律的反映，按照规律建立的信息逻辑必然具有模拟功能。它可以解决“如果怎样，将会怎样”的问题，可以预见相当长的计划期内可能发生的问题，事先采取措施消除隐患，而不是等问题已经发生了再花几倍的精力去处理。这将使管理人员从忙忙碌碌的事物堆里解脱出来，致力于实质性的分析研究和改进管理工作。

6）物流、资金流的统一。MRP Ⅱ系统包罗了成本会计和财务功能，可以由生产经营活动直接产生财务数据，把实物形态的物料流动直接转换为价值形态的资金流动，保证生产和财务数据一致。财会部门用及时得到的资金信息来控制成本，通过资金流动状况反映物流和生产作业情况，随时分析企业的经济效益，参与决策，指导经营和生产活动，真正起到会计师和经济师的作用。同时也要求企业全体员工牢牢树立成本意识，把降低成本作为一项经常性的任务。

3. MRP Ⅱ应用现状

（1）存在的问题　近年来发表的资料综述表明，MRP Ⅱ系统实施有以下几个问题。

1）许多系统被安装而没有运行，即只是形式上实施了 MRP Ⅱ系统。

2）主生产计划没有如期望的那样被 MRP Ⅱ用户计算机化。Anderson 的研究发现，只有 52.2%的 MRP Ⅱ用户计算机化了主生产计划。

3）能力需求计划在 MRP Ⅱ中的利用率大约为 42%。

4）Anderson 等发现，实现车间作业计划和控制计算机化的比例大约为 30.5%。

（2）取得的效果　许多企业由于使用了 MRP Ⅱ而达到了其性能的改善，例如，Anderson 的研究认为，在以下几个方面得到了改进。

1）平均库存性能从周转 3.2 次改善为 4.3 次。

2）平均交货提前期从 71.4 天缩短到 58.9 天。

3）平均交货性能从 61.4%上升到 76.6%。

4）检察员或进程追踪者平均数从 10.1 人下降到 6.5 人。

这些综述说明，MRP Ⅱ已经给实施它的企业带来了效益，其开支已被补偿；众多优秀用户在使用 MRP Ⅱ的许多方面代表了 MRP Ⅱ的当前水平。

MRP Ⅱ的基本原理、框架和处理逻辑对各国的制造业都适用，我国的企业也不例外。但必须注意，由于应用 MRP Ⅱ涉及经济体制、人的素质、企业生产经营体制、传统管理方法和管理基础等一系列的问题，在企业推广应用 MRP Ⅱ过程中必须予以高度重视。

5.3　企业资源计划

企业资源计划（enterprise resource planning，ERP）是由美国著名管理咨询公司 Gartner Group Inc. 于 1990 年提出来的。20 世纪 80 年代末 90 年代初，随着各国市场的开发及信息化管理手段的应用，企业逐步形成规模化发展并进入了国际化发展空间，任何企业都要承受来自国际化企业发展的竞争压力，以前企业生产什么就卖什么的时代一去不复返了。企业要不断创新才能生存，企业生产过程的调整应适应市场需求的迅速变动。

在此市场发展背景下，ERP 在 MRP Ⅱ 的基础上应运而生。它要求企业管理的注意力不仅在产品生产过程的管理、库存管理和成本控制等企业内部管理上，更需要注重供应商的物资供应、制造工厂的生产、分销与发货以及客户的售后服务这一供应链。企业的发展不仅要依靠企业自身的资源，更要利用全社会各种市场资源，来快速高效地进行生产经营，以期在市场上获得竞争的优势。

ERP 不仅扩充了 MRP Ⅱ 的制造与财务功能，同时增加了客户关系管理与供应链管理等内容，并支持流通领域的运输和仓储管理、售后服务管理、制造过程中的品质管理、设备维护管理以及区域和跨国经营管理等。特别是随着互联网技术的迅猛发展，ERP 又增加了电子商务、电子数据交换等内容，并支持企业投资和资本运作管理以及各种法规和标准管理。ERP 的系统结构如图 5-7 所示。

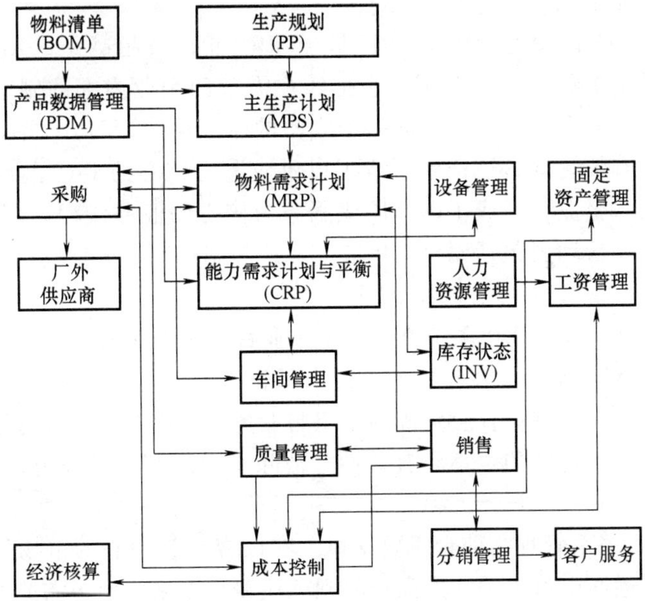

图 5-7　ERP 的系统结构

5.3.1　企业资源计划的核心思想

对于企业来说，ERP 首先应该是管理思想，其次是管理手段与信息系统。它的先进管理思想主要体现在以下六个方面：

1）帮助企业实现体制创新。ERP 能够帮助企业建立一种新的管理体制，其优势在于能实现企业内部的相互监督和相互促进，并使每个员工能自觉发挥最大的潜能去工作，使每个员工的报酬与他的劳动成果紧密相连，管理层也不会出现独裁现象。新的管理机制必须能迅速提高工作效率，节约劳动成本。

2）以人为本的竞争机制。ERP 认为，企业内部仅靠员工的自觉性和职业道德是不够的，必须建立一种竞争机制。在此基础上，给每位员工制订一个工作评价标准，而且越远越好。随着标准的不断提高，生产率也会随之提高。

3）把组织看作是一个社会系统。ERP 吸收了西方现代管理理论中社会系统学派的创始人巴纳德的管理思想，把组织看作是一个社会系统，要求人们之间的合作。在 ERP 的管理思想中，组织是一个协作的系统。应用 ERP 的现代企业管理思想，结合通信技术和网络技术，在组织内部建立起上情下达、下情上达的有效信息交流沟通系统，这一系统能保证上级及时掌握情况，获得作为决策基础的准确信息，又能保证指令的顺利下达和执行。

这样一种信息交流系统的建立和维护，是一个组织存在与发展的首要条件，其后才谈得上组织的有效性和高效率。另外，在运用这一系统时，还应当注意信息交流系统的完整性。

4）以供应链管理为核心。ERP 基于 MRP Ⅱ，又超越了 MRP Ⅱ。ERP 在 MRP Ⅱ 的基础上扩展了管理范围，它把客户需求和企业内部的制造活动以及供应商的制造资源整合在一起，形成一个完整的供应链（SCM），并对供应链上的所有环节进行有效管理，这样就形成了以供应链为核心的 ERP 管理系统。供应链跨越了部门与企业，形成了以产品或服务为核心的业务流程。以制造业为例，供应链上的主要活动者包括原材料供应商、产品制造商、分销商与零售商和最终用户。

以 SCM 为核心的 ERP 系统，适应了企业在知识经济时代、市场竞争激烈环境中生存与发展的需要，给有关企业带来了显著的利益。SCM 从整个市场竞争与社会需求出发，实现了社会资源的重组与业务的重组，大大改善了社会经济活动中物流与信息流运转的效率和有效性，消除了中间冗余的环节，减少了浪费，避免了延误。

5）以客户关系管理为前台重要支撑。在以客户为中心的市场经济时代，企业关注的焦点逐渐由过去关注产品转移到关注客户上来。由于需要将更多的注意力集中到客户身上，关系营销、服务营销等理念层出不穷。与此同时，信息科技的长足发展从技术上为企业加强客户关系管理提供了强有力的支持。

ERP 系统在以供应链为核心的管理基础上增加了客户关系管理后，将着重解决企业业务活动的自动化和流程改进，尤其是在销售、市场营销、客户服务和支持等与客户直接打交道的前台领域。客户关系管理（CRM）能帮助企业最大限度地利用以客户为中心的资源（包括人力资源、有形和无形资产），并将这些资源集中应用于现有客户和潜在客户身上。其目标是通过缩短销售周期和降低销售成本，通过寻求扩展业务所需的新市场和新渠道，并通过改进客户价值、客户满意度、盈利能力以及客户的忠诚度等方面来改善企业的管理。

6）实现电子商务，全面整合企业内，外资源。随着网络技术的飞速发展和电子化企业管理思想的出现，ERP 也在不断地调整，以适应电子商务时代的来临。网络时代的 ERP 将使企业适应全球化竞争所引起的管理模式发生变革，它采用最新的信息技术，呈现出数字化、网络化、集成化、智能化、柔性化、行业化和本地化的特点。

在具体管理技术上，ERP 对整个供应链的管理更加注重对资金流和信息流的控制；同时，通过企业员工的工作和业务流程，促进了资金流、物料流的流动和价值的增值，并决定了各种流的流量和流速，如图 5-8 所示。供应链管理的内容有：供应商和用户伙伴关系管理、供应链产品需求预测和计划、全球企业节点的定位设备和生产的集成化计划跟踪与控制、企业内部与企业之间的物料供应与需求管理、基于供应链管理的产品设计与制造管理、基于供应链的用户服务和后勤管理，以及基于 Internet/Intranet 的供应链交互信息管理等。

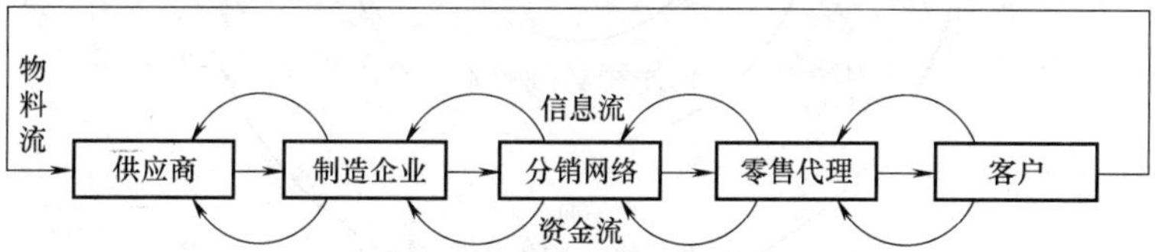

图 5-8　供应链中物料流、信息流和资金流

5.3.2　企业资源计划的特点

ERP 可以定义为一个有效地组织、计划和实施企业的人、财、物管理的系统，它依靠 IT 技术和手段，以保证管理信息的集成性、实时性和统一性。与 MRPⅡ相比，ERP 系统具有以下特点：

1）由于包括供应链管理功能，ERP 强调供应商、制造商与分销商之间的新型伙伴关系，因而更加面向市场、面向经营和面向销售，能够更快速地响应市场。

2）ERP 更加强调企业业务流程，通过工作流程化实现企业生产、财务与销售之间的集成，并支持企业过程重组。

3）ERP 更加强调财务管理的核心作用，通过建立完善的企业财务管理体系，实现资金流、物料流与信息流的有机结合。

4）ERP 较多地考虑人作为资源因素在生产活动中的主导作用，同时也考虑了人员培训、成本等因素，使人、机有机结合，并使成本核算更加合理。

5）在生产计划中，ERP 支持 MRPⅡ与准时生产（just in time，JIT）的混合生产管理模式，也支持多种生产方式（离散型生产、连续型生产或混合型生产等）的管理模式；

6）ERP 采用最新的计算机技术，如 C/S 分布式结构、面向对象技术、电子数据交换、图形用户界面、多数据库集成及电子商务平台等，因而能更好地支持企业内部各部门之间的集成以及企业与企业之间的集成。MRP、MRPⅡ及 ERP 之间的关系如图 5-9 所示。

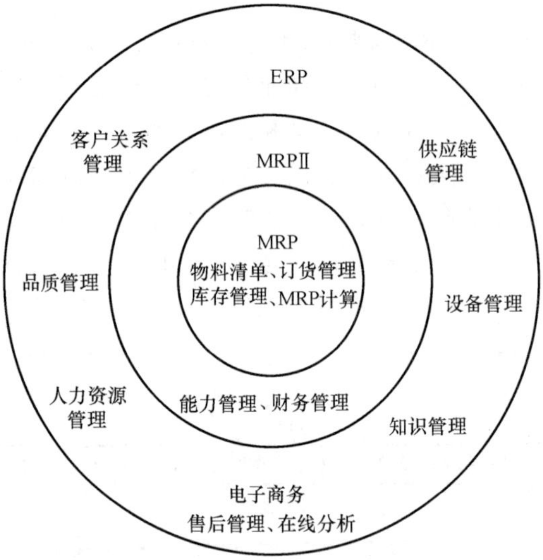

图 5-9　MRP、MRPⅡ及 ERP 之间关系

ERP 是从 MRPⅡ发展而来的，它继承了 MRPⅡ的基本思想，如制造、进销存和财务管理模块，还大大拓宽了其范围，增加了多工厂管理、质量管理、设备管理、运输管理、分销资源管理、过程控制接口、数据采集接口及电子通信模块等管理模块。

MRPⅡ的核心是物流，主线是计划，伴随着物流的过程，同时存在资金流和信息流。

ERP 的主线也是物流，但 ERP 已经将管理的重心转移到财务上来，在整个企业的运作中贯穿了财务成本控制的概念。ERP 极大地扩展了业务管理的范围和深度，包括质量、设备、分销、运输、多工厂管理和数据采集接口等，几乎涉及企业所有的供需过程。

ERP 的管理范围更大，已扩展到供应链管理、电子商务、客户关系管理和办公室自动化等。ERP 能更好地支持企业的业务流程重组，因为企业内部和外部的环境变化相当快，企业为了更好地适应市场，需要不断调整组织结构和业务流程，ERP 的发展趋势是更好地支持这种变化，以最小的代价完成改变和重组。

随着时代的前进和计算机技术的发展，科学的决策越来越依靠计算机所能提供数据的全面性、准确性和实时性。21 世纪，ERP 已向协同商务等其他活动方向发展。

5.3.3　企业资源计划应用实例

MFG/PRO 系统是美国 QAD 公司的产品，MFG/PRO 的系统结构如图 5-10 所示。它主要用于电子工业、汽车制造工业、医药工业和消费品工业。

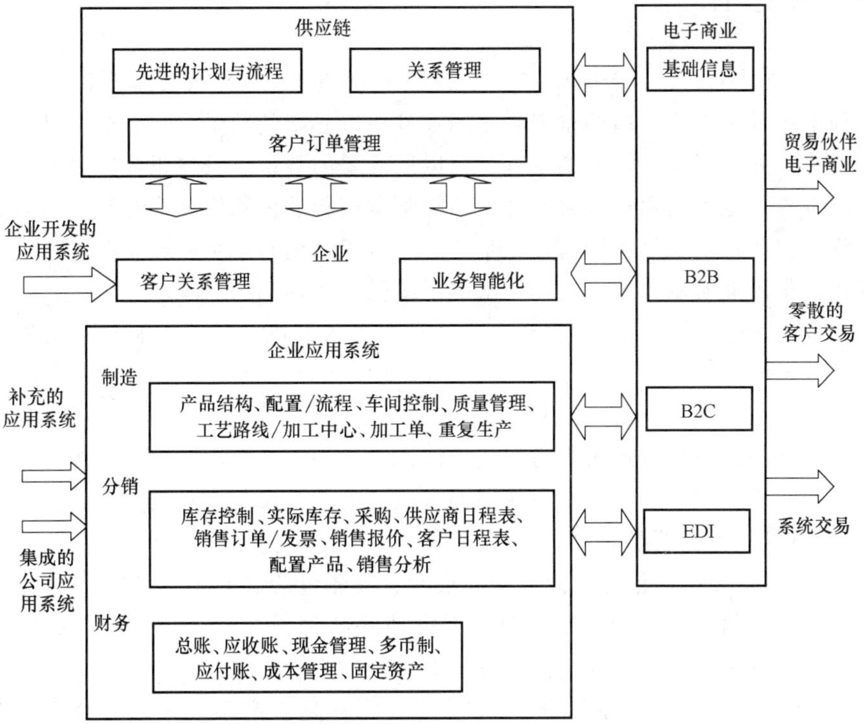

图 5-10　MFG/PRO 的系统结构

MFG/PRO 系统的特点如下：

1）集成化软件包。MFG/PRO 系统是一套完整的分销、制造、财务管理的集成软件系统，其中的每个部分又是由若干模块集成的，这些模块之间相互传递数据。

2）适用于多种制造行业。包括重复生产和按订单的生产方式，适用于流程工业、成批生产、备货生产、按订单生产和重复生产。

3）集中式销售功能。系统能将销售中心的销售订单对产品或发运的需求立即传送至各分销点上。

4）分散式采购功能。系统提供汇总物料的需要，以及可在网络任一点上进行采购的功能。

5）国际事务的处理能力。系统能支持多币制、多种语言和当地商业惯例。

6）支持多种计算机硬件和操作系统。平台系统开放，可运行于 HP-Unix、X-Windows 或 Microsoft Windows 等，并且在一个屏幕上可以同时运行 MFG/PRO、电子邮件和字处理等。

5.4 准时生产

JIT（准时生产，或及时生产）是起源于 20 世纪 50 年代日本丰田汽车公司的一种生产管理方式，指的是把必要的零件、以必要的数量、在必要的时间送到生产位置，并且只把所需要的零件、只以所需要的数量、只在正好需要的时间送到生产位置，也就是通过改善活动，消除隐藏在企业里的库存浪费和劳动力浪费的办法。它使得企业的生产流程、生产率、组织结构乃至企业理念都发生了巨大的变化。丰田准时制生产方式的技术体系结构如图 5-11 所示。

20 世纪 70 年代末，JIT 生产方式从日本引入我国，某汽车制造厂最先开始应用看板系统控制生产现场作业。到了 1982 年，该汽车制造厂采用看板取货的零件数，已达其生产零件总数的 43%。与此同时，中国企业管理协会组织推广现代管理方法，看板管理被视为现代管理方法之一，在全国范围内宣传推广，并为许多企业所采用。近年来，在我国的汽车、电子等实行流水线生产的企业中广泛应用 JIT，获得了明显效果。

JIT 的目标是彻底消除无效劳动和浪费，具体包括以下几个方面：

1）质量目标。废品量最低，JIT 要求消除各种引起不合理现象的原因，在加工过程中每一工序都要求达到最好水平。

2）生产目标。库存量最低，JIT 认为，库存是生产系统设计不合理、生产过程不协调及生产操作不良的反映；零件搬运次数少、搬运量低，零件搬运是非增值操作，如果能使零件和装配件运送量减少，搬运次数减少，可以节约装配时间，减少装配中可能出现的问题；设备完好率要高；批量要尽量小。

3）时间目标。准备时间最短，准备时间的长短与批量选择相关，如果准备时间趋于零，准备成本也趋于零，就有可能采用极小批量；生产提前期最短，短的生产提前期与小批量相结合的系统，应变能力强，柔性好。

5.4.1 看板管理技术

看板是 JIT 的一个管理工具，也是 JIT 的一种生产控制手段。所谓看板，就是产品从一道工序转移至另一道工序的备忘卡片或传票。通过看板，可以有效地组织生产，能够对生产系统中物流的速度和大小进行有效的调节。看板控制系统

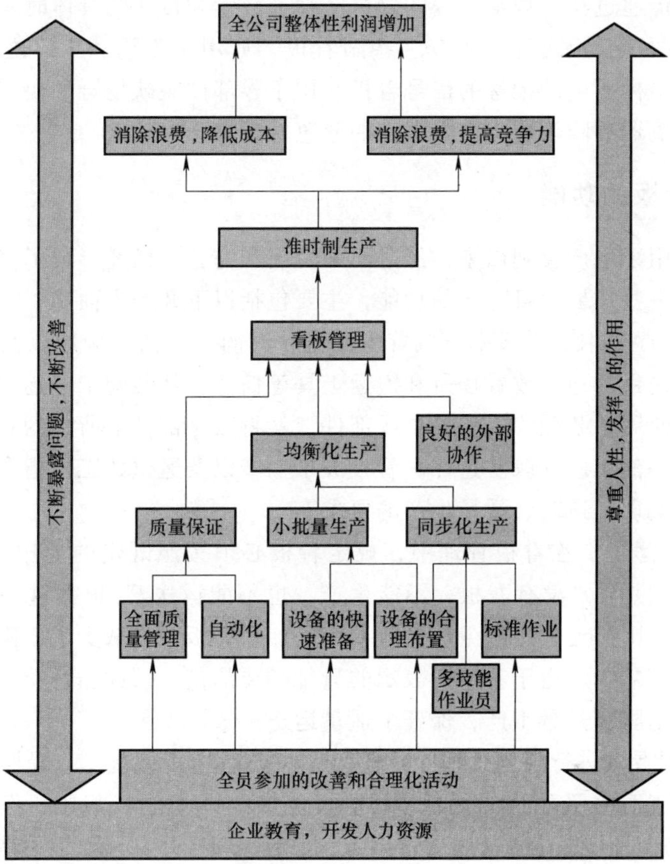

图 5-11　丰田准时制生产方式的技术体系结构

由看板及其使用规则构成，它是及时生产方式解决生产与库存控制问题的工具。

看板是指示系统启动下一个生产工序或进行搬运的一个信号工具，也可称信号板，其本质是传递生产信息的媒介体，通常是一张纸卡片。

根据所传递的信息不同，看板有生产看板和传送看板之分。图 5-12 所示为生产看板，它是在生产过程中用于指挥工序加工之类的工作，规定零部件数量、加工时间等。传送看板如图 5-13 所示。它是指不同的工序之间，特别是相邻工

工作地点： 工作零件号： 工作零件名称： 所属产品：	工序
	…

图 5-12　生产看板

工作地点： 工作零件号： 工作零件名称： 所属产品：	上一道工序：
	下一道工序：

图 5-13　传送看板

序间的物料传递过程，规定传送的物料品种、数量和传送的具体时间等。

除以上两种看板之外，还有一些副看板，如用于工厂和工厂之间的外协看板，以及用于标明生产批量的信号看板、用于零部件短缺场合的快捷看板和用于发现次品、机器故障等特殊突发事件的紧急看板等。

5.4.2 看板的功能

看板自用于生产管理以来，经过不断发展和完善，已经形成了完整的运作机制，形成了一些重要而且稳定的功能，主要包括以下几个方面：

1）后工序领取。看板中记载着生产量、时间、方法、顺序以及运送量、运送时间、运送目的地、放置场所和搬运工具等信息，从装配工序逐次向前工序追溯。当工人使用了装配线上的某个零部件，就将该零部件上所带的看板取下，拿着该看板再去前工序领取。这样，看板成了生产以及运送的工作指令，通过后工序领取准则实现了适时、适量生产的要求。

2）适量运送。在看板管理中，规定看板必须按照既定的运用规则来使用。其中一条规则是："没有看板，不能生产，也不能运送。"根据这一规则，看板数量增多了，则前道工序的生产量就相应增加；看板数量减少了，则前道工序的生产量也相应减少。由于看板所表示的只是必要的量，因此通过看板的运用，就能够做到自动防止过量生产，保证了适量运送。

3）根据看板进行现场管理。看板的另一条运用规则是："看板必须在实物上存放，前工序按照看板取下的顺序进行生产"。根据这一规则，作业现场的管理人员对生产的优先顺序能够一目了然，易于管理，并且只要瞧一瞧看板，就可知道后工序的作业进展情况、库存情况等。看板成了生产管理人员进行目视管理的有力工具。

4）产量的调节功能。由于市场需求随时会发生变化，所以生产是不可能百分之百地完全按计划进行的。总装配线就好比面向市场的最敏锐的神经末梢，它对市场的感应，对月生产量及日生产计划的修改，都通过看板来进行微调。看板相当于传递生产信息和运送信息的指令，好比工序之间、部门之间及物流之间的联络神经。

5）生产的改善功能。看板除了以上的生产管理功能外，还有一大功能，即改善功能。通过看板，可以发现生产中存在的问题，使其暴露，从而立即采取相应的改善对策。如果采用传统的生产方式，在一般情况下，若在制品库存较高，可以及时补充后道工序的要求，即使前一道工序的设备出现故障、不良品数目增加，也不会影响到后道工序的生产，所以容易把生产中的质量差、人员冗余和库存高等问题掩盖起来。如果减少各工序的看板数，各工序间在制品存储量就会降低，这样在高存储下掩盖的各种问题就会暴露出来，从而得到及时解决。

正是由于看板有这些作用，才得以实现拉动生产组织与控制方式下的生产与库存控制，同时也为精益生产提供了一个追求尽善尽美的工具。

5.4.3　准时生产管理方式的实现方法

为了消除或降低各种浪费，准时生产采取的主要措施是适时、适量生产、最大限度地减少操作工人和全面及时地进行质量检测与控制。

1. 适时、适量生产

准时生产的具体方法包括以下两种：

（1）均衡化生产　均衡化生产指企业在生产中尽可能地减小投入批量的不均衡性，使生产线每日平均地生产各种产品。可通过以下措施实现均衡化生产：①制订合理的生产计划，控制产品投产顺序；②在专用设备上增加工夹具，使得专用设备通用化，以加工多种不同的零部件或半成品，制订标准作业规范、合理的操作顺序和规范等。

（2）生产过程同步化　生产过程同步化的理想状态是前一道工序加工结束后，立即转入下一道工序，工序间不设置仓库，使工序间在制品存贮量接近于零。为接近理想状态，采取的措施包括合理地布置设备、缩短作业更换时间、确定合理的生产节拍及采取后工序领取的控制流程。

2. 最大限度地减少操作工人

准时生产方式打破了传统生产定员制的观念，通过采取各种措施，以实现弹性作业人数的配备。实现弹性作业人数配备采取的主要方法有以下两种：

（1）配置适当的设备　把几条 U 形生产线作为一条统一的生产线连接起来，使原先各条生产线的非整数人工互相吸收或化零为整，使每个操作人员的工作范围可简单地扩大或缩小，实施一人多机、多种操作。将特定的工时分配到尽量少的人员身上，从而将人数降下来。

（2）培养训练有素、具有多种技能的操作人员　日本丰田汽车公司采取定期调动、班内定期轮换、岗位定期轮换、制订或改善标准作业组合等措施来进行职务定期轮换，从而培养操作人员的多种技能和适应能力。

3. 全面及时地进行质量检测与控制

在准时生产管理方式中，将质量管理贯穿于每一道工序，对产品质量进行及时的检测与处理，实现提高质量与降低成本的一致性（传统观念认为，要想提高质量，就得花费人力、物力来加以保证）。实现质量的及时检查与处理可以通过下述措施来实现：①将产品质量差的原因消除在萌芽状态；②生产一线操作人员发现产品或设备问题时，可自行停止生产。

准时生产管理方式追求生产的合理性和高效性，其基本原理和诸多的方法、措施对许多行业都有积极的参考价值。但是，在实际的生产过程中，要实现准时生产方式并不容易，需要一定的条件、采用一些独特的方法和手段。

准时生产是精益生产管理体系的一个方面，必须以管理体系的其他方面为基础。同时，准时生产方式的实现必须以全面质量管理为支撑。

5.5 质量工程

质量是企业的生命，质量持续存在于产品市场需求调研、设计、加工制造、营销、使用、服务及回收的产品全生命周期。市场竞争是全面质量的竞争，体现制造企业竞争力的四要素，即产品质量（quality）、产品价格（price，cost）、上市时间（time to market）和创新能力（creation）均与质量密切相关。

在激烈的市场竞争机制下，质量的含义发生了根本的变化，它不仅反映在耐用，还反映在可靠、安全和可维护等特征上。现代产品质量标准是以用户的满意度来度量的。质量控制是产品全生命周期中的一项重要内容，它对提高产品的市场竞争力，降低产品成本有着极其重要的意义。产品质量问题时刻存在、处处存在，只要有产品生产、销售和服务活动，就有质量问题的存在。为了提高企业竞争力，现代制造企业必须解决产品质量水平的 FTQCSE 难题，即以产品达到的最优功能（F）、最短的开发周期（T）、最好的质量（Q）、最低的成本（C）、最优的服务（S）和最小的环境污染（E）来满足不同的顾客需求。为了保证和提高产品质量，对质量管理和质量保证的现代化也提出了更为迫切的要求。

ISO 8402 将质量定义为：质量是反映实体满足明确或隐含需要能力的特性总和。若从用户的角度定义：质量是用户对产品包括相关服务的满意程度的度量。从其定义可知，质量是针对一个产品或一项服务而言的，它只有通过用户的使用才能体现出来，所以对质量唯一有发言权的是用户。只要用户满意，就说明产品质量好；用户不满意，再好的产品也不能说质量好，没有市场的产品是谈不上质量的。

5.5.1 全面质量管理的内容

国际标准化组织（ISO）将全面质量管理（TQC）定义为：一个组织以质量为中心，以全员参与为基础，目的在于通过让顾客满意和本组织所有成员及社会收益而达到长期成功的管理途径。全面质量管理是全员的管理，产品质量是企业各方面、各部门和各环节全部质量工作的综合反映。企业中任何一个环节，任何一个人的工作质量都会不同程度地直接或间接地影响着产品质量或服务质量，只有全体人员都参与质量管理，才能生产出顾客满意的产品。除此之外，全面质量管理也是全过程的质量管理，它包括了从市场调研、产品的设计开发和生产（作业）到销售、服务等全部有关过程的质量管理，它涵盖了质量形成过程中的每一环节。全面质量管理的最终目标是把产品质量形成全过程的各个环节和有关因素控制起来，形成一个综合性的质量体系，做到以预防为主，防检结合的质量管理和控制。

全面质量管理充分体现了现代质量管理的基本原则，从产品周期的视角来分析全面质量管理的基本内容，包括设计过程质量管理、制造过程质量管理、辅助过程质量管理和使用过程质量管理。

（1）设计过程质量管理　设计过程是指进行市场调研后，产品正式投产之前的全部技术准备过程，包括产品开发设计、工艺设计、试制、试验和鉴定等。统计资料表明，产品质量的好坏，60%～70%是由产品设计的质量所决定的。因此，必须加强产品设计的质量管理。设计质量使产品具有技术上的先进性和经济上的合理性。在产品设计中要积极采用新技术、新工艺、新材料，从而提高产品质量的档次；在工艺设计方面，应使加工制造方便、制造成本降低和经济效益提高。

（2）制造过程质量管理　制造过程质量管理的任务是使生产系统始终处于受控状态，以及生产过程能够稳定、持续地生产出符合设计质量要求的产品，建立一个能够稳定生产合格品和优质品的生产系统。

（3）辅助过程质量管理　辅助生产过程和生产服务过程是为保证制造过程正常进行而提供各种物资技术条件的过程，它是企业质量管理体系的重要组成部分，其任务是为制造过程实现优质、高效、低耗的目标创造必要条件。辅助生产过程是为基本生产提供辅助产品，如动力、工具、道具、量具和模具等；而生产服务过程是为基本生产和辅助生产提供各种生产服务活动，如设备维修服务、物资供应、保管及运输等工作。

（4）使用过程质量管理　使用过程是考验产品实际质量的过程，它是企业内部质量管理的继续，也是全面质量管理的出发点和落脚点。它的基本任务是提高服务质量（包括售前服务和售后服务），保证产品的实际使用效果，不断促使企业研究和改进产品的质量。

5.5.2　全面质量管理的基本程序

全面质量管理的活动过程就是质量计划的制订和组织实现的过程。这个过程是按照图 5-14 所示的 PDCA 管理循环，不停地、周而复始地运转。PDCA 分别表示计划（plan）、实施（do）、检查（check）和处理（action）。作为全面质量管理体系运行的基本方法来说，PDCA 管理循环必须经过图 5-14 中所示的四个阶段、八个步骤。

第一个阶段是制订计划阶段，即 P 阶段。本阶段确定质量目标、质量计划、管理项目和措施，可分为四个步骤：①分析质量现状，找出存在的质量问题，并用数据来说明和表示所存在的质量问题；②分析产生质量问题的各种原因或影响因素，对每个问题或影响因素加以具体分析；③从各种原因中找出影响质量的主要原因，解决质量问题必须从解决主要原因入手；④针对影响质量的主要原因制订对策，拟定管理、技术和组织措施，提出执行质量管理计划和预计效果。

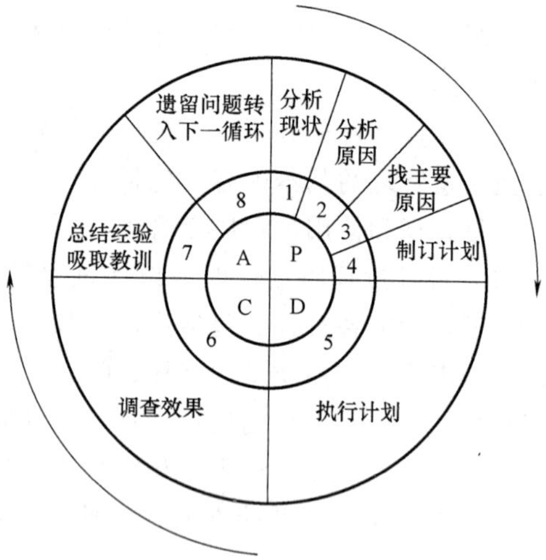

图 5-14 PDCA 管理循环

第二个阶段是实施阶段，即 D 阶段。这也是 PDCA 循环的第五步骤，就是实实在在地按预定的计划、措施和分工去执行，努力实现预定的目标。

第三个阶段是检查阶段，即 C 阶段。这也是 PDCA 循环的第六个步骤，就是将实施的结果与计划的要求进行比较，检查计划执行是否达到预期的目标和效果，哪些做得不对或者不好，哪些是成功的，其经验是什么，教训是什么，其原因又在哪里。既要掌握进度、检查效果，又要从中找出问题。

第四个阶段是处理阶段，即 A 阶段。该阶段包括两个步骤：①总结经验教训，巩固已有成绩，并对出现的问题加以处理，也就是把成功的经验和失败的教训都要纳入相应的标准、制度或规定之中，防止重复发生已经发生过的质量问题；②提出本轮循环尚未解决的问题，作为遗留问题转入下一轮循环，并为下一轮循环计划的制订提供资料和依据。

PDCA 管理循环不停地运转，原有的质量问题解决后又会产生新的问题。问题不断产生而又不断解决，这就是管理循环不断前进的过程，也是全面质量管理必须坚持的科学方法。

5.5.3 全面质量管理的特点

TQC 注重预防原则，在产品设计阶段就运用可靠性工程的方法来预先消除产品的各种质量隐患及不可靠因素；在产品制造过程中用统计过程控制（statistical process control，SPC）方法和工具对生产过程进行控制。TQC 完全体现了闭环控制的控制理论。TQC 四个阶段的工作方式具有如下的特点：

1）TQC 的 PDCA 循环是动态的，四个阶段是顺序不停地反复运转的，不允许次序错乱、中断与停顿。

2）从整个企业的质量管理看，PDCA 是一个大循环，而各车间、各部门又有自己的 PDCA 循环，依次往下，形成相互促进的大循环套小循环的方式。

3）PDCA 循环不是单纯的周而复始的运动，而是阶梯式的螺旋上升运动。它每循环一次都有新的内容与目标，都解决一批质量问题，从而使产品质量和工作质量在 PDCA 循环中不断提高，达到一个新的水平。

全面质量管理对整个企业组织也有影响。由于全面质量管理的深度不仅包括质量管理部门的活动，而且更重要的是包括整个企业组织内各部门之间互相依存的质量活动。或者可以这样说：全面质量管理对整个企业组织的影响涉及所有在管理上和技术上开展的以顾客为中心的质量活动。质量检验、统计质量控制和全面质量管理的比较见表 5-2。

表 5-2　质量检验、统计质量控制和全面质量管理的比较

比较项目	质量检验	统计质量控制	全面质量管理
管理对象	产品和零部件质量	工序质量	产品全生命周期质量
管理范围	产品及零部件	工艺系统	全过程和全体人员
管理重点	制造结果	制造过程	一切过程要素
评价标准	产品技术标准	设计标准	用户满意程度
涉及技术	检验技术	数理统计技术	各种质量工程技术
管理方式	事后把关	制造过程预防废品	寿命循环全过程预防
管理职能	剔除不合格品	消除产生次品的原因	零缺陷
涉及人员	检验人员	质量控制人员	全体员工

5.5.4　全面质量管理实施现状

全面质量管理在国外 20 世纪六七十年代就已经盛行，但其在我国企业的实施却有很多障碍，尽管也有些大企业对实施全面质量管理做了些尝试，但对绝大多数的国内企业来说，全面质量管理还仅仅停留在理论认识的水平上，实施过程常流于形式，造成明确的质量目标难以确定，更难以具体落实到质量执行层的现状，最终无法达到质量改善的目的。造成这些现象的原因，除了我国企业的科学管理基础薄弱、资金缺乏及缺少必要的员工培训等以外，从企业信息化角度来看，主要障碍之一是缺乏一种质量数据的组织形式和载体来有效组织和管理产品的相关质量信息，以便尽可能地利用统计分析工具和方法，来实现质量不断改善的目的。事实上，全面质量管理作为一种多方法的质量管理，其优势就在于运用各种统计工具，如统计过程控制（SPC）、质量功能展开（QFD）、控制图及流程图等，最大限度地挖掘历史质量数据中所包含的有用的、可供决策的质量信息，进而识别具体的产品及过程改进机会，因此全面质量管理的成功实施有赖于高质量的数据组织、管理、处理和存储。

Motorola 在 1987 年提出了六西格玛品质管理方法。西格玛是概率统计中的标准差，六西格玛意味着每一百万个机会中只能有三点四个出错的概率，但实际上六西格玛管理已不只是局限于统计学领域，现已发展为一个全新的概念，它是一项以顾客为中心，以数据为基础，以追求完美无瑕为目标的管理理念。该方法综合利用各种质量工具，以动态的、积极的及预防性的管理风格取代被动的管理习惯。如果说 ISO 9000 标准为组织的质量管理工作提供了一个基础平台，那么六西格玛管理法则给组织的质量管理工作带来了一个新的、垂直的方法体系。它是通过密切关注顾客、流程管理、流程改进以及合理利用数据和事实，实现和维持成功的业务管理的系统，其核心是将所有工作作为流程，采用量化的方法分析流程中影响质量的因素，找出最关键的因素加以改进，从而达到更高的客户满意度，对组织的关键流程进行改进。与全面质量管理相比，六西格玛品质管理更注重数据分析，可以清楚地知道自己处于什么水准，提高多少，追求利益的最大化，并强调把所有的运作都放在一个过程中进行提高；而全面质量管理虽然是要求全过程的管理，但是缺乏重点，较注重现象分析，强调提高单个不相关的运作流程，并且目标的量化指标概念模糊。

参考文献

[1] 中国机械工程学会. 中国机械工程技术路线图［M］. 北京：中国科学技术出版社，2011.

[2] 国家自然科学基金委员会工程与材料科学部. 机械工程学科发展战略报告［M］. 北京：科学出版社，2010.

[3] 王先逵. 机械加工工艺手册：精密加工和纳米加工 高速加工 难加工材料的切削加工［M］. 北京：机械工业出版社，2008.

[4] 汤扬华，叶雄英，周兆英. 微型机电系统在医疗中的应用［J］. 中国机械工程，2001，12（2）：226-231.

[5] 袁巨龙，张飞虎，戴一帆，等. 超精密加工领域科学技术发展研究［J］. 机械工程学报，2010，46（8）：161-177.

[6] 王先逵. 精密加工和超精密加工综述［J］. 中国机械工程，1999，10（5）：570-576.

[7] 刘战强，黄传真，郭培全. 先进切削加工技术及应用［M］. 北京：机械工业出版社，2006.

[8] 王庆明. 先进制造技术导论［M］. 上海：华东理工大学出版社，2007.

[9] 黎震，朱江峰. 先进制造技术［M］. 北京：北京理工大学出版社，2012.

[10] 刘忠伟. 先进制造技术［M］. 北京：国防工业出版社，2006.

[11] 何涛，杨竞，范云. 先进制造技术［M］. 北京：北京大学出版社，2006.

[12] 王润孝. 先进制造技术导论［M］. 北京：科学出版社，2004.

[13] 刘璇，冯凭. 先进制造技术［M］. 北京：北京大学出版社，2012.

[14] 朱林，杨春杰. 先进制造技术［M］. 北京：北京大学出版社，2013.

[15] 马利杰. 先进制造技术［M］. 北京：北京师范大学出版社，2011.

[16] 鲁明珠，王炳章. 先进制造工程论［M］. 北京：北京理工大学出版社，2012.

[17] 刘志东. 特种加工［M］. 北京：北京大学出版社，2013.

[18] 何宁. 高速切削技术［M］. 上海：上海科学技术出版社，2012.

[19] Herbert Schulz，Eberhand Abele，何宁. 高速加工理论与应用［M］. 北京：科学出版社，2010.

[20] 孙俊兰，姜大志. 超微细切削加工的技术难点及对策［J］. 工具技术，2001，35（1）：18-22.

[21] 陈日曜. 金属切削原理［M］. 2版. 北京：机械工业出版社，1993.

[22] 王振龙，等. 微细加工技术［M］. 北京：国防工业出版社，2005.

[23] 刘玉德，王西彬，石文天，等. 氧化硫硫杆菌和氧化亚铁硫杆菌生物刻蚀加工的协同作用［J］. 北京理工大学学报，2010，30（9）：1028-1031.

[24] 石文天，王西彬，辛民，等. 微细干车削硬铝合金 LY12 的表面粗糙度研究［J］. 工具技术，2009，43（1）：39-42.

[25] 石文天. 微细切削的基础理论和工艺方法研究［D］. 北京：北京理工大学，2009.

[26] 石文天，刘玉德，王西彬，等. 微细铣削表面粗糙度预测与试验［J］. 农业机械学报，

2010, 41 (1): 211-215.
[27] 石文天，微细切削技术 [M]. 北京：机械工业出版社，2011.
[28] David P Adams, Michael J Vasile, Gilbert Benavides. Micromilling of metal alloys with focused ion beam-fabricated tools [J]. Precision Engineering, 2001 (25): 107-113.
[29] D P Adamsa, M J Vasileb, A S M Krishnanb. Microgrooving and microthreading tools for fabricating curvilinear features [J]. Precision Engineering, 2000 (24): 347-356.
[30] 孙雅洲. 微小型机床及微细铣削加工技术研究 [D]. 哈尔滨：哈尔滨工业大学，2005.
[31] 唐玉兰，梁迎春，程凯，等. 单晶铜纳米切削过程的研究 [J]. 纳米技术与精密工程，2004 (2): 132-135.
[32] 李圣怡，朱建忠. 超精密加工及其关键技术的进展 [J]. 中国机械工程，2000，11 (1-2): 177-179.
[33] 曹自洋，何宁，李亮. 微细切削加工技术 [J]. 微细加工技术，2006 (3): 1-5.
[34] 袁哲俊. 精密和超精密加工技术的新进展 [J]. 工具技术，2006，40: 3-9.
[35] 梁迎春，陈国达，孙雅洲，等. 超精密机床研究现状与展望 [J]. 哈尔滨工业大学学报，2014，46 (5): 28-39.
[36] 周志雄，肖航，李伟，等. 微细切削用微机床的研究现状及发展趋势 [J]. 机械工程学报，2014，50 (9): 153-160.
[37] 郭东明，孙玉文，贾振元，等. 高性能精密制造方法及其研究进展 [J]. 机械工程学报，2014，50 (11): 119-134.
[38] 卢秉恒，吴永辉，李涤尘，等. 将在21世纪崛起的生物工程 [J]. 中国机械工程，2000，11 (2): 149-153.
[39] 刘水英，李新生，杨智勇，等. 中国生物制造研究现状与展望 [J]. 安徽农业科学，2013，41 (24): 9930-9933.
[40] 颜永年，熊卓，张人佶，等. 生物制造工程的原理与方法 [J]. 清华大学学报，2005，45 (2): 145-150.
[41] 刘玉德，王西彬，石文天，等. 氧化亚铁硫杆菌的诱变机理研究 [J]. 北京理工大学学报，2010，30 (7): 869-872.
[42] 赵清亮，董申，张秀利. 基于原子力显微镜的纳米加工研究 [J]. 机械工程学报，2000，36 (1): 64-69.
[43] 傅惠南. 纳米切削实验研究 [J]. 中国机械工程，2001，12 (8): 965-969.
[44] 蒋放，王西彬，刘志兵. 微细切削的尺度效应研究 [J]. 工具技术，2004，8 (38): 6-9.
[45] 张凯锋，雷鹍. 面向微细制造的微成形技术 [J]. 中国机械工程，2004，15 (12): 1121-1127.
[46] 温诗铸. 纳米摩擦学 [M]. 北京：清华大学出版社，1998.
[47] 魏悦广. 机械微型化所面临的科学难题——尺度效应 [J]. 世界科技研究与发展，2001，22 (2): 57-61.
[48] 杨广勇，王育民. 金属切削原理与刀具 [M]. 北京：北京理工大学出版社，1994.

[49] 师汉民. 金属切削理论及其应用新探 [M]. 武汉：华中科技大学出版社，2003.
[50] 陈志雄. 车削加工切屑形成机理及其仿真的研究 [D]. 大连：大连交通大学，2005.
[51] 周泽华. 金属切削理论 [M]. 北京：机械工业出版社，1992.
[52] F Z Fang, G X Zhang. An experimental study of edge radius effect on cutting single crystal silicion [J], The International Journal of Advanced Manufacturing Technology, 2003, 6: 1-11.
[53] 王西彬. 金刚石刀具高速精密切削加工的研究 [J]. 工具技术，2002，36：15-19.
[54] 王西彬，师汉民. 高速切削刀具的研究 [J]. 机械工艺师，1998，215 (8)：39-41.
[55] 刘志兵，王西彬，解丽静，等. 微细切削刀具的特征及其制备技术 [J]. 工具技术，2006，40 (10)：16-19.
[56] 于启勋. 刀具材料的历史、进展与展望 [J]. 机械工程学报，2003，39 (12)：62-66.
[57] 蒋放. 微小型刀具设计基础理论与制备工艺技术研究 [D]. 北京：北京理工大学，2007.